U0339385

第一推动丛书：综合系列
The Polytechnique Series

复杂
Complexity

［美］梅拉妮·米歇尔 著　唐璐 译
Melanie Mitchell

湖南科学技术出版社

THE
FIRST
MOVER

总序

《第一推动丛书》编委会

科学，特别是自然科学，最重要的目标之一，就是追寻科学本身的原动力，或曰追寻其第一推动。同时，科学的这种追求精神本身，又成为社会发展和人类进步的一种最基本的推动。

科学总是寻求发现和了解客观世界的新现象，研究和掌握新规律，总是在不懈地追求真理。科学是认真的、严谨的、实事求是的，同时，科学又是创造的。科学的最基本态度之一就是疑问，科学的最基本精神之一就是批判。

的确，科学活动，特别是自然科学活动，比起其他的人类活动来，其最基本特征就是不断进步。哪怕在其他方面倒退的时候，科学却总是进步着，即使是缓慢而艰难的进步。这表明，自然科学活动中包含着人类的最进步因素。

正是在这个意义上，科学堪称为人类进步的"第一推动"。

科学教育，特别是自然科学的教育，是提高人们素质的重要因素，是现代教育的一个核心。科学教育不仅使人获得生活和工作所需的知识和技能，更重要的是使人获得科学思想、科学精神、科学态度以及科学方法的熏陶和培养，使人获得非生物本能的智慧，获得非与生俱来的灵魂。可以这样说，没有科学的"教育"，只是培养信仰，而不是教育。没有受过科学教育的人，只能称为受过训练，而非受过教育。

正是在这个意义上，科学堪称为使人进化为现代人的"第一推动"。

近百年来，无数仁人志士意识到，强国富民再造中国离不开科学技术，他们为摆脱愚昧与无知做了艰苦卓绝的奋斗。中国的科学先贤们代代相传，不遗余力地为中国的进步献身于科学启蒙运动，以图完成国人的强国梦。然而可以说，这个目标远未达到。今日的中国需要新的科学启蒙，需要现代科学教育。只有全社会的人具备较高的科学素质，以科学的精神和思想、科学的态度和方法作为探讨和解决各类问题的共同基础和出发点，社会才能更好地向前发展和进步。因此，中国的进步离不开科学，是毋庸置疑的。

正是在这个意义上，似乎可以说，科学已被公认是中国进步所必不可少的推动。

然而，这并不意味着，科学的精神也同样地被公认和接受。虽然，科学已渗透到社会的各个领域和层面，科学的价值和地位也更高了，但是，毋庸讳言，在一定的范围内或某些特定时候，人们只是承认"科学是有用的"，只停留在对科学所带来的结果的接受和承认，而不是对科学的原动力——科学的精神的接受和承认。此种现象的存在也是不能忽视的。

科学的精神之一，是它自身就是自身的"第一推动"。也就是说，科学活动在原则上不隶属于服务于神学，不隶属于服务于儒学，科学活动在原则上也不隶属于服务于任何哲学。科学是超越宗教差别的，超越民族差别的，超越党派差别的，超越文化和地域差别的，科学是普适的、独立的，它自身就是自身的主宰。

　　湖南科学技术出版社精选了一批关于科学思想和科学精神的世界名著，请有关学者译成中文出版，其目的就是为了传播科学精神和科学思想，特别是自然科学的精神和思想，从而起到倡导科学精神，推动科技发展，对全民进行新的科学启蒙和科学教育的作用，为中国的进步做一点推动。丛书定名为"第一推动"，当然并非说其中每一册都是第一推动，但是可以肯定，蕴含在每一册中的科学的内容、观点、思想和精神，都会使你或多或少地更接近第一推动，或多或少地发现自身如何成为自身的主宰。

再版序
一个坠落苹果的两面：
极端智慧与极致想象

龚曙光

2017年9月8日凌晨于抱朴庐

连我们自己也很惊讶，《第一推动丛书》已经出了25年。

或许，因为全神贯注于每一本书的编辑和出版细节，反倒忽视了这套丛书的出版历程，忽视了自己头上的黑发渐染霜雪，忽视了团队编辑的老退新替，忽视好些早年的读者，已经成长为多个领域的栋梁。

对于一套丛书的出版而言，25年的确是一段不短的历程；对于科学研究的进程而言，四分之一个世纪更是一部跨越式的历史。古人"洞中方七日，世上已千秋"的时间感，用来形容人类科学探求的速律，倒也恰当和准确。回头看看我们逐年出版的这些科普著作，许多当年的假设已经被证实，也有一些结论被证伪；许多当年的理论已经被孵化，也有一些发明被淘汰……

无论这些著作阐释的学科和学说，属于以上所说的哪种状况，都本质地呈现了科学探索的旨趣与真相：科学永远是一个求真的过程，所谓的真理，都只是这一过程中的阶段性成果。论证被想象讪笑，结论被假设挑衅，人类以其最优越的物种秉赋——智慧，让锐利无比的理性之刃，和绚烂无比的想象之花相克相生，相否成成。在形形色色的生活中，似乎没有哪一个领域如同科学探索一样，既是一次次伟大的理性历险，又是一次次极致的感性审美。科学家们穷其毕生所奉献的，不仅仅是我们无法发现的科学结论，还是我们无法展开的绚丽想象。在我们难以感知的极小与极大世界中，没有他们记历这些伟大历险和极致审美的科普著作，我们不但永远无法洞悉我们赖以生存世界的各种奥秘，无法领略我们难以抵达世界的各种美丽，更无法认知人类在找到真理和遭遇美景时的心路历程。在这个意义上，科普是人类极端智慧和极致审美的结晶，是物种独有的精神文本，是人类任何其他创造 —— 神学、哲学、文学和艺术无法替代的文明载体。

在神学家给出"我是谁"的结论后，整个人类，不仅仅是科学家，包括庸常生活中的我们，都企图突破宗教教义的铁窗，自由探求世界的本质。于是，时间、物质和本源，成为了人类共同的终极探寻之地，成为了人类突破慵懒、挣脱琐碎、拒绝因袭的历险之旅。这一旅程中，引领着我们艰难而快乐前行的，是那一代又一代最伟大的科学家。他们是极端的智者和极致的幻想家，是真理的先知和审美的天使。

我曾有幸采访《时间简史》的作者史蒂芬·霍金，他痛苦地斜躺在轮椅上，用特制的语音器和我交谈。聆听着由他按击出的极其单调的金属般的音符，我确信，那个只留下萎缩的躯干和游丝一般生命气息的智者就是先知，就是上帝遣派给人类的孤独使者。倘若不是亲眼所见，你根本无法相信，那些深奥到极致而又浅白到极致，简练到极致而又美丽到极致的天书，竟是他蜷缩在轮椅上，用唯一能够动弹的手指，一个语音一个语音按击出来的。如果不是为了引导人类，你想象不出他人生此行还能有其他的目的。

无怪《时间简史》如此畅销！自出版始，每年都在中文图书的畅销榜上。其实何止《时间简史》，霍金的其他著作，《第一推动丛书》所遴选的其他作者著作，25年来都在热销。据此我们相信，这些著作不仅属于某一代人，甚至不仅属于20世纪。只要人类仍在为时间、物质乃至本源的命题所困扰，只要人类仍在为求真与审美的本能所驱动，丛书中的著作，便是永不过时的启蒙读本，永不熄灭的引领之光。

虽然著作中的某些假说会被否定,某些理论会被超越,但科学家们探求真理的精神,思考宇宙的智慧,感悟时空的审美,必将与日月同辉,成为人类进化中永不腐朽的历史界碑。

因而在25年这一时间节点上,我们合集再版这套丛书,便不只是为了纪念出版行为本身,更多的则是为了彰显这些著作的不朽,为了向新的时代和新的读者告白:21世纪不仅需要科学的功利,而且需要科学的审美。

当然,我们深知,并非所有的发现都为人类带来福祉,并非所有的创造都为世界带来安宁。在科学仍在为政治集团和经济集团所利用,甚至垄断的时代,初衷与结果悖反、无辜与有罪并存的科学公案屡见不鲜。对于科学可能带来的负能量,只能由了解科技的公民用群体的意愿抑制和抵消:选择推进人类进化的科学方向,选择造福人类生存的科学发现,是每个现代公民对自己,也是对物种应当肩负的一份责任、应该表达的一种诉求!在这一理解上,我们将科普阅读不仅视为一种个人爱好,而且视为一种公共使命!

牛顿站在苹果树下,在苹果坠落的那一刹那,他的顿悟一定不只包含了对于地心引力的推断,而且包含了对于苹果与地球、地球与行星、行星与未知宇宙奇妙关系的想象。我相信,那不仅仅是一次枯燥之极的理性推演,而且是一次瑰丽之极的感性审美……

如果说,求真与审美,是这套丛书难以评估的价值,那么,极端的智慧与极致的想象,则是这套丛书无法穷尽的魅力!

献给侯世达和霍兰德

前言

　　还原论[1]是对这个世界最自然的理解方式。它是说"如果你理解了整体的各个部分，以及把这些部分'整合'起来的机制，你就能够理解这个整体"。只要是精神正常的人就不会反对还原论。

　　　　　　　　　　　　　　　　　——侯世达（Douglas Hofstadter），

　　　　　　　　　　《哥德尔、艾舍尔、巴赫 —— 集异璧之大成》

　　从17世纪以来，还原论就一直在科学中占据着主导地位。还原论最早的倡议者之一笛卡儿这样描述他的科学方法："将面临的所有问题尽可能地细分，[2]细至能用最佳的方式将其解决为止"，并且"以特定的顺序引导我的思维，从最简单和最容易理解的对象开始，一步一步逐渐上升，直至最复杂的知识"。

　　从笛卡儿、牛顿等现代科学奠基者的时代，直到20世纪初，科学的主要目标都是用基础物理学来对一切现象进行还原论式的解释。19世纪末许多科学家都赞同物理学家迈克耳孙1894年说的一

---

1. 还原论：Hofstadter, D.R., *Gödel, Escher, Bach: an Eternal Golden Braid*. New York: Basic Books, 1979, p.312。
2. "将面临的所有问题尽可能地细分"：Descartes, R., *A Discourse on the Method*. Ian Maclean 英文翻译。Oxford: Oxford University Press, 1637/2006, p.17。

句名言："大部分大的基本原理似乎[1]已经被明确建立起来了，今后的进展主要是将这些原理严格应用到值得我们注意的一些现象中去。"

此后的30年里，物理学又有了相对论和量子力学这样革命性的发现。但20世纪的科学也见证了还原论梦想的破灭。虽然基础物理学和还原论对于解释极大和极小的事物取得了伟大的成就，但在对于接近人类尺度的复杂现象的解释上，它们却保持惊人的沉默。

还原论的计划在许多现象面前都止步不前：天气和气候似乎无法还原的不可预测性；生物以及威胁它们的疾病的复杂性和适应性；社会的经济、政治和文化行为；现代技术与通信网络的发展和影响；智能的本质以及用计算机实现智能的可能前景。对复杂行为如何从简单个体的大规模组合中出现进行解释时，混沌、系统生物学、进化经济学和网络理论等新学科胜过了还原论，反还原论者的口号 —— "整体大于部分之和"—— 也随之变得越来越有影响力。

20世纪中叶，许多科学家意识到，这类现象无法被归入单个学科，而需要在新的科学基础之上从交叉学科的角度进行理解。一些人开始尝试建立新的基础，这其中包括控制论、协同学、系统科学，以及最近才出现的 —— 复杂系统科学。

1984年，来自不同学科的24位科学家和数学家在新墨西哥州圣

---

1. "大部分大的基本原理似乎"：引自 Horgan, J., *The End of Science: Facing the Limits of Knowledge in the Twilight of the Scientific Age.* Reading, MA: Addison-Wesley, 1996, p.19.

塔菲的高原沙漠会聚一堂，讨论"科学中涌现的综合"。[1] 他们的目标是筹划建立一家新的研究机构，"致力于研究各种高度复杂和相互作用的系统，这些系统只有在交叉学科的背景下才能研究清楚"并"推动知识的统一和共担责任的意识，[2] 与目前盛行的知识界的各自为政作斗争"。就这样，圣塔菲研究所作为复杂系统的研究中心被建立起来了。

1984年我还没有听说过"复杂系统"一词，虽然头脑中已经有了类似的想法。我当时是密歇根大学计算机系的一年级研究生，研究方向是人工智能，也就是让计算机像人一样思维。事实上，我的一个目标就是理解人类如何思维——万亿个微小的脑细胞以及它们的电和化学通信如何涌现出抽象思维、情感、创造性，甚至意识。我曾深深迷恋于物理学和还原论的目标，后来才领悟到，目前的物理学对于智能可以做的很少，即便是专门研究大脑细胞的神经科学，也无法理解思维如何从大脑活动中涌现出来。很显然还原论者对认知的研究是误入歧途——我们根本无法在单个神经元和突触的层面上理解认知。

因此，虽然我以前没有听说过"复杂系统研究"，它却很快引起了我的强烈共鸣。同时我也感到，我自己的研究领域——计算机科学——在这里可以大有作为。受研究计算的先驱们影响，我觉得计算的思想要比操作系统、编程语言、数据库之类的东西深刻得多，计算的本质与生命和智能的内在本质有密切的关联。我很幸运，在密歇

1."科学中涌现的综合"：会议文集已结集出版：Pines, D., *Emerging Syntheses in Science*. Reading, MA：Addison-Wesley, 1988。
2."致力于研究各种高度复杂和相互作用的系统"；"推动知识的统一"：G. Cowan, Plans for the future. 收录于Pines, D., *Emerging Syntheses in Science*. Reading, MA：Addison-Wesley, 1988, pp. 235, 237。

根大学，"自然系统中的计算"是系里的核心课程，与软件工程和编译器设计一样。

1989年，我攻读研究生的最后一年，我的博士生导师侯世达受邀参加在新墨西哥州洛斯阿拉莫斯举行的主题为"涌现计算"的研讨会。[1]他太忙了抽不出时间，因此就让我替他去。在这样高水平的会议上报告自己的工作让我既兴奋又害怕。就是在这次会议上，我第一次遇见了一大群和我抱有同样想法的人。我发现他们不仅为这样的想法取了一个名字 —— 复杂系统 —— 而且他们在圣塔菲附近的研究所正是我想去的地方。我决定在这里争取一个职位。

不断坚持，再加上运气，我终于获得了圣塔菲研究所（Santa Fe Institute）的邀请，在那里访问一个夏天。一个夏天又延长为一年，后来又延长了一年。最终我成为研究所的常驻研究人员。来自不同国家和学科的人们聚集在这里，一起从不同的角度来探索同样的问题。我们如何超越还原论的传统范式，对似乎无法还原的复杂系统形成新的理解？

这本书源自我为圣塔菲的乌拉姆纪念讲座（Ulam Memorial Lecture）做的演讲 —— 这个讲座为普通听众举办，是关于复杂系统的年度系列讲座，以纪念伟大的数学家乌拉姆。我的系列演讲的题目是"复杂性科学的过去和未来"。要为非专业听众讲清楚领域广泛的复杂性研究，让他们理解研究的现状和广阔的前景，这极具挑战性。

1."主题为'涌现计算'的研讨会"：会议文集已结集出版：Forrest, S., *Emergent Computation*. Cambridge, MA: MIT Press, 1991。

我的角色很像是在一个幅员辽阔、文化多样的异国的导游。我们只有很短的时间来了解历史背景，参观著名景点，并感受这里的风土人情，必要时还要进行翻译以便于理解。

这本书就是由这些讲座扩充而成 —— 就像观光指南。书中讲述的是让我也让研究复杂系统的其他人曾经或正在着迷的问题：自然界中我们认为复杂和具有适应性的系统 —— 大脑、昆虫群落、免疫系统、细胞、全球经济、生物进化 —— 如何通过简单规则产生出复杂和适应性的行为？相互依赖而又自私的生物是如何一起协作，以解决影响它们整体生存的问题？这些现象存在普遍规律吗？生命、智能和适应性能用机械和计算实现吗？如果能，我们又能不能建造出真正具有生命和智能的机器？如果能做到，我们又应不应该这样做呢？

我听说随着学科间的界线变得模糊，科学术语的意义也会变得模糊。研究复杂系统的人们谈论各种模糊的概念，例如自发秩序、自组织、涌现（包括"复杂性"本身）。这本书的一个主要目的就是为这些人所谈论的提供一幅清晰的图景，并探讨这些交叉学科的概念和方法是否能产生出实用的科学和新的思想，以解决人类面临的各种难题，例如疾病的传播、世界自然和经济资源分配的不公平、武器扩散和冲突的增多，以及人类社会对环境和气候的影响。

这本书就像一本复杂性科学的核心思想的观光指南 —— 它们从何而来，又将到哪里去 —— 再加上我自己的一些见解。对于正在发展中的科学领域，其核心思想、意义以及可能导致的后果，人们的认识会（略）有不同。因此我的观点与其他专家也许会不一样。本书中一个重要的部分就是阐释这些差别，另外我也将尽我所能介绍一下那些未知的或刚刚开始被理解的领域。正是这些使得科学引人入胜，值得去探索和了解。我希望能让读者也感受到这些思想的迷人魅力和探索它们的过程中那种无可比拟的兴奋感觉。

本书分为5部分。在第1部分我将介绍4个主题的历史和内容，这4个主题是复杂系统研究的基础：信息、计算、动力学和混沌、进化。在第2到第4部分我将阐述这4个主题如何在复杂性科学中被组织到一起。我将描述如何在计算机中模拟生命和进化，以及计算的概念反过来又如何被用来解释自然系统的行为。我还会介绍网络科学的发展，以及网络科学发现的社会群体、互联网、传染病和生物代谢等各种系统中存在的深刻共性。另外，我还会用各种例子说明如何测量自然界中的复杂性，它又如何改变我们对生命系统的认识，以及这些新的认识能不能引导智能机器的设计。我会介绍复杂系统的各种计算机模型，以及这些模型所面临的风险。最后，书的末尾还将讨论寻找复杂性科学一般性原则的问题。

要理解书中内容无需数学或科学的背景知识，在涉及的时候我会小心地循序渐进。我希望这本书对专家和非专业读者都会有价值。虽然讨论不是技术性的，但我还是会尽力做到言而有物。注释中给出了引文的出处和讨论的附加内容，以及为想深入学习的读者准备的科学文献索引。

你对复杂性科学感到好奇吗？想不想探索一番呢？让我们出发吧。

致谢

受圣塔菲研究所（SFI）邀请主持复杂系统暑期学校和为乌拉姆纪念讲座演讲的经历激发了我写这本书的念头，在此向圣塔菲研究所表示感谢。同时也要感谢SFI多年来为我提供了极具启发而且富有成效的科学氛围。SFI大家庭中的众多科学家慷慨地分享了他们的思想，给了我很多灵感，这里无法将他们——列举，在此向他们全体表示感谢。还要感谢SFI的工作人员，我在研究所工作期间，他们真诚友善地给予了我帮助。

感谢Bob Axelrod、Liz Bradley、Jim Brown、Jim Crutchfield、Doyne Farmer、Stephanie Forrest、Bob French、Douglas Hofstadter、John Holland、Greg Huber、Ralf Juengling、Garrett Kenyon、Tom Kepler、David Krakauer、Will Landecker、Manuel Marques-Pita、Dan McShea、John Miller、Jack Mitchell、Norma Mitchell、Cris Moore、David Moser、Mark Newman、Norman Packard、Lee Segel、Cosma Shalizi、Eric Smith、Kendall Springer、J. Clint Sprott、Mick Thomure、Andreas Wagner、Chris Wood。他们热情地为我答疑，对书稿提出意见，并帮助我对书的内容有了更清晰的认识。当然，如果书中有任何不当之处，作者文责自负。

还要感谢牛津的编辑Kirk Jensen和Peter Prescott对我自始至终的支持和超凡的耐心，以及牛津的Keith Faivre和Tisse Takagi给予的帮助。感谢谷歌学术、谷歌图书、亚马逊网站以及经常不怎么公道但又极为有用的维基百科，它们使得学术搜索变得极为便利。

我要将这本书献给侯世达和霍兰德，他们对我的工作和生活给予了如此多的启发和鼓励，能得到他们的教诲和友爱是我三生有幸。

最后，感谢我的家人：我的父母Jack和Norma Mitchell、兄弟Jonathan Mitchell以及我的丈夫Kendall Springer，感谢他们给予我的爱和支持。感谢Jacob和Nicholas Springer，虽然他们的到来延误了这本书的写作，但他们也给我们的生活带来了新的欢乐和惹人喜爱的复杂性。

目录

科学已经探索了微观和宏观世界;[1] 我们对所处的方位已经有了很好的认识。亟待探索的前沿领域就是复杂性。

—— 斐杰斯 (Heinz Pagels),

《理性之梦》(*The Dreams of Reason*)

1

背景和历史

---

1. "科学已经探索了微观和宏观世界": Pagels, H., *The Dreams of Reason*。New York: Simon & Schuster, 1988, p. 12。

第1章
复杂性是什么

一些思想是由简单的思想组合而成，[1] 我称此为复杂；比如美、感激、人、军队、宇宙等。

——洛克（John Locke），

《人类理解论》(*An Essay Concerning Human Understanding*)

巴西：亚马孙雨林。几十万只行军蚁[2]（army ant）在行进。没有谁掌控这支军队，不存在指挥官。单个蚂蚁几乎没有什么视力，也没有多少智能，但是这些行进中的蚂蚁聚集在一起组成了扇形的蚁团，一路风卷残云，吃掉遇到的一切猎物。不能马上吃掉的就会被蚁群带走。在行进了一天并摧毁了足球场大小的浓密雨林中的一切食物后，蚂蚁会修筑夜间庇护所——由工蚁连在一起组成的球体，将幼蚁和蚁后围在中间保护起来。天亮后，蚁球又会散成一只只蚂蚁，各就各位进行白天的行军。

---

1. "一些思想是由简单的思想组合而成"：Locke，J.，*An Essay Concerning Human Understanding*。P. H. Nidditch 编辑。Oxford：Clarendon Press，1690/1975，p.2.12.1。
2. "几十万只行军蚁"：这段对行军蚁习性的介绍是根据以下来源整理：Franks，N. R.，Army ants：A collective intelligence. *American Scientist*，77(2)，1989，pp.138-145；以及 Hölldobler，B. Wilson，E. O.，*The Ants*. Cambridge，MA：Belknap Press，1990。

专门研究蚂蚁习性的生物学家弗兰克斯（Nigel Franks）写道，"单只行军蚁[1]是已知的行为最简单的生物"，"如果将100只行军蚁放在一个平面上，它们会不断往外绕圈直到体力耗尽死去"。然而，如果将上百万只放到一起，群体就会组成一个整体，形成具有所谓"集体智能（collective intelligence）"的"超生物（superorganism）"[2]。

这究竟是怎么回事呢？虽然科学家们已经很熟悉蚁群的习性，但集体智能的产生机制依然是个谜。就像弗兰克斯所说，"我研究了布氏游蚁[3]（E. burchelli，一种常见的行军蚁）很多年，我发现，对它们的社会结构了解得越多，对其社会组织的疑问就会越多"。

行军蚁是许多我们认为"复杂"的自然和社会系统的缩影。蚂蚁、白蚁以及人类这样的社会生物会聚集在一起，共同形成复杂的社会结构，从而增加种群整体的生存机会，目前还没有人确切地知道其背后的机理。类似的还有，免疫系统如何抵抗疾病，细胞如何自组织成眼睛和大脑，经济系统中自利的个体如何形成结构复杂的全球市场。最为神秘的是，所谓的"智能"和"意识"是如何从不具有智能和意识的物质中涌现出来的。

这些正是复杂系统所关注的问题。复杂系统试图解释，在不存在中央控制的情况下，大量简单个体如何自行组织成能够产生模式、处

---

1. "单只行军蚁"：Franks, N. R., Army ants: A collective intelligence. *American Scientist*, 77（2），1989, pp. 138-145。
2. "具有所谓'集体智能'的'超生物'"：例如，Hölldobler, B. Wilson, E. O., *The Ants*. Cambridge, MA: Belknap Press, 1990, p.107。
3. "我研究了布氏游蚁"：Franks, N. R., Army ants: A collective intelligence.*American Scientist*, 77（2），1989, p.140。

理信息甚至能够进化和学习的整体。这是一个交叉学科研究领域。复杂一词源自拉丁词根 plectere，意为编织、缠绕。在复杂系统中，大量简单成分相互缠绕纠结，而复杂性研究本身也是由许多研究领域交织而成。复杂系统专家认为，自然界中的各种复杂系统 —— 比如昆虫群落、免疫系统、大脑和经济 —— 之间，具有许多共性。下面我们来一一了解。

昆虫群落

　　社会性昆虫群落提供了极为丰富而神奇的复杂系统范例。例如，一个蚁群可能由数百只乃至上百万只蚂蚁组成，单只蚂蚁其实都相对简单，它们受遗传天性驱使寻找食物，对蚁群中其他蚂蚁释放的化学信号做出简单反应，抵抗入侵者，等等。然而，任何一个在野外观察过蚁群的人都会意识到，虽然单只蚂蚁的行为很简单，但整个蚁群一起构造出的结构却复杂得惊人，而且这种结构明显对群体的生存极为重要。它们使用泥土、树叶和小树枝建造出极为稳固的巢穴，巢穴中有宏大的通道网络，育婴室温暖而干爽，温度由腐烂的巢穴材料和蚂蚁自身的身体控制。一些种类的蚂蚁还会将它们的身体相互连在一起组成很长的桥，从而可以跨越很长的距离（对它们来说很长），通过树干转移到另一蚁穴（图1.1）。科学家们对蚂蚁及其社会结构进行了细致的研究，但现在仍然无法彻底弄清它们的个体和群体行为：蚂蚁的个体行为如何形成庞大而复杂的结构，蚂蚁之间如何相互通信，蚁群作为整体如何适应环境变化（比如天气变化和受到攻击）。生物进化又是如何产生出个体如此简单、整体上却如此复杂的生物？

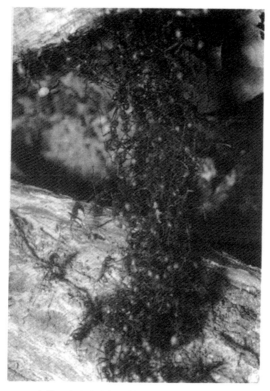

图1.1 蚂蚁用身体建造出一座桥，让蚁群能迅速通过沟壑（图片由Carl Rettenmeyer提供）

大脑

认知科学家侯世达在《哥德尔、艾舍尔、巴赫 —— 集异璧之大成》一书中[1]对蚁群和大脑进行了比较。两者都是由相对简单的个体组成，个体之间只进行有限的通信，整体上却表现出极为复杂的系统

---

1. "侯世达在《哥德尔、艾舍尔、巴赫 —— 集异璧之大成》一书中"：Hofstadter，D. R.，Ant fugue。见 *Gödel, Escher, Bach: an Eternal Golden Braid*. New York：Basic Books，1979。

（"全局"）行为。在大脑中，简单个体是神经元。除了神经元，大脑中还有许多不同的细胞，但绝大多数脑科学家都认为是神经元的活动以及神经元群的连接模式决定了感知、思维、情感、意识等重要的宏观大脑活动。

　　图1.2（上图）就是神经元的图像。神经元主要由三部分组成：细胞体，接收其他神经元信号的分支（树突），以及向其他神经元发送信号的主干（轴突）。大致上，神经元可以处于活跃状态（激发）或非活跃状态（未激发）。当神经元通过树突从其他神经元接收到足够强的信号时，它就会激发。激发时会通过轴突传出电信号，然后释放出神经递质转换成化学信号，化学信号又会作用于其他神经元的树突对其进行触发。神经元的激发频率和产生的化学输出信号会根据输入和最近的激发状况随时间变化。

　　这与蚁群很类似：个体（神经元或蚂蚁）之间相互传递信号，信号的总强度达到一定程度时，会导致个体以特定的方式动作，从而再次产生信号。总体上会产生非常复杂的效果。前面说过对蚂蚁及其社会结构尚未完全了解；同样，对于单个神经元的行为和庞大的神经网络如何产生出大脑的宏观行为（图1.2，下图），科学家们也没有弄清楚。他们不知道神经元信号的意义，不知道大量神经元如何一起协作产生出整体上的认知行为，也不知道它们是怎样让大脑能够思维和学习新事物。同样，最让人迷惑的也许就是，如此精巧、整体能力如此强大的信号系统是怎样进化出来的。

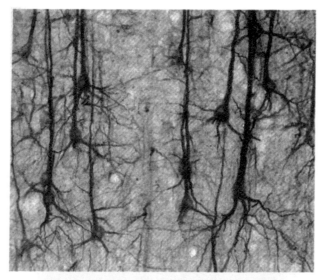

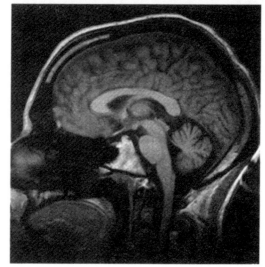

图1.2　上图：神经元着色显微图像。下图：人类大脑。一个层次上的行为是如何产生出更高层次上的行为呢？［神经元图像来自brainmaps. org（http://brainmaps. org/smi32-pic. jpg），由知识共享组织（Creative Commons）授权使用（http://creativecommons.org/licenses/by/3.0/）。大脑图像由Christian R. Linder提供］

免疫系统

免疫系统是又一个例子。在免疫系统中，相对简单的组分一起产生出包含信号传递和控制的复杂行为，并不断进行适应。图1.3展现了免疫系统的复杂性。

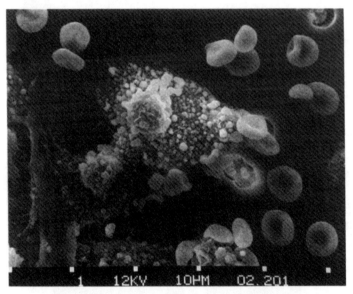

图1.3　免疫细胞攻击癌症细胞［Susan Arnold摄影，图片来自美国国家癌症研究所视觉在线网站（National Cancer Institute Visuals Online）（http://visualsonline. cancer.gov/details.cfm?imageid＝2370）］

同大脑一样，不同动物的免疫系统的复杂程度也各不相同，但总体上的原则是一样的。免疫系统由许多不同的细胞组成，分布在身体各处（血液、骨髓、淋巴结等）。这些细胞在没有中央控制的情况下一起高效地工作。

免疫系统中的主角是白细胞，也称为淋巴细胞。白细胞能通过其细胞体上的受体识别与某种可能入侵者（比如细菌）相对应的分子。大量白细胞哨兵在血液中不停巡逻，如果被激活——也就是特定受体偶然遇到了与其匹配的入侵者——就发出警报。一旦淋巴细胞被激活，就会分泌出大量能够识别类似入侵者的分子——抗体。这些抗体会到处去搜寻和摧毁入侵者。被激活的淋巴细胞的分裂速度也会加快，从而产生出更多后代淋巴细胞，帮助搜寻入侵者和释放抗体。后代淋巴细胞会不断繁衍，从而让身体能记住入侵者特征，再次遇到这种入侵者时就能具有免疫力。

有一类细胞被称为B细胞（B是指它们产生自骨髓，Bone marrow），它具有一种奇特的性质：B细胞与某种入侵者匹配得越好，它产生的后代细胞就越多。通过随机变异，子细胞与母细胞会稍有不同，而这些子细胞产生后代的能力也与它们同入侵者相匹配的程度成正比。这样就形成了达尔文自然选择机制，B细胞变得与入侵者越来越匹配，从而产生出能极为高效地搜寻和摧毁微生物罪犯的抗体。

还有许多种类的细胞也参与了免疫反应的大合奏。T细胞（产生自胸腺，Thymus）对于调节B细胞的反应很重要。巨噬细胞四处游荡，寻找已被抗体标记的东西，然后将其摧毁。有些细胞让免疫能长期有效。此外，系统中还有一部分是用来防止免疫系统攻击身体的正常细胞。

同大脑和蚁群一样，免疫系统的行为是通过大量简单参与者的独自行动产生，并没有谁在进行掌控。简单参与者——B细胞、T细胞、巨噬细胞，等等——的行动可以看作某种化学信号处理网络，一旦有一个细胞识别出入侵者就会触发细胞之间产生信号雪崩，从而产生精巧而复杂的反应。不过目前这个信号处理系统的许多关键细节还没有研究清楚。比如，目前仍然没有完全弄清楚相关的信号是什么，它们具体的功能是什么，它们又是如何相互协作，从而使得系统作为一个整体能够"知道"环境中存在何种威胁，并产生出应对这种威胁的长期免疫力。我们也不清楚这种系统是如何避免攻击身体；又是什么导致系统失灵，例如如果患有自身免疫病（autoimmune diseases），系统就会对身体发起攻击；艾滋病毒（HIV）又是用怎样的策略直接攻击免疫系统本身。同样，还有一个关键问题，就是这样高效的复杂系统当初是如何进化出来的。

经济

经济也是复杂系统，在其中由人（或公司）组成的"简单、微观的"个体购买和出售商品，而整个市场的行为则复杂而且无法预测，比如不同地区的住宅价格或股价的波动（图1.4）。很多经济学家认为经济在微观和宏观层面上都具有适应性。在微观层面上，个人、公司和市场都试图通过研究其他人和公司的行为来增加自己的收益。以前一直认为，微观上的自利行为会使得市场在总体上 —— 宏观层面上 —— 趋于均衡，在均衡状态下商品价格无论怎样变化都无法让所有人受益。从收益或消费者满意度来看，如果有人受益，就肯定会有人受损。市场能达到均衡态就认为市场是有效的。18世纪经济学家亚当·斯密（Adam Smith）将市场的这种自组织行为称为"看不见的手"：它产生自无数买卖双方的微观行为。

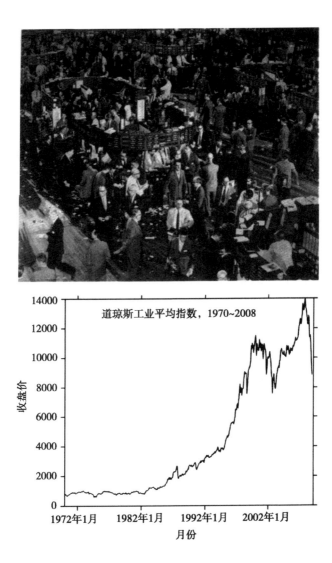

图1.4 个体的交易行为产生出金融市场无法预测的宏观行为。上图：纽约股票交易所［图片来自纽约公立图书馆麦斯坦部（Milstein Division of US History, Local History and Genealogy, The New York Public Library），经阿斯特、莱诺克斯和狄尔登基金（Astor, Lenox and Tilden Foundations）许可使用］。下图：1970~2008年各月道琼斯工业平均指数收盘价

　　经济学家感兴趣的问题是，市场怎样才会变得有效，以及反过来，为何在现实世界中市场会失效。近年来，关注复杂系统研究的经济学家开始尝试用复杂系统的术语来解释市场的行为：动力学无法预测的全局行为模式，比如市场泡沫及其崩溃的模式；信号和信息的处理，比如个体买卖者的决策过程，以及市场作为整体"计算"有效价格的"信息处理"能力；还有学习和适应，比如商家调整产品以适应消费者的需求变化，以及市场作为一个整体对价格进行调整。

万维网

　　万维网诞生于20世纪90年代初，此后呈爆炸性增长。与前面描述的系统类似，万维网可以视为自组织的社会系统：每个人都看不到网络的全貌，只是简单地发布网页并将其链接到其他网页。然而，复杂系统专家发现这个网络在整体上具有一些出人意料的宏观特性，包括其结构、增长方式，信息如何通过链接传播，以及搜索引擎和万维网链接结构的协同演化，这一切都可以视为系统作为一个整体的"适应"行为。万维网从简单规则中涌现出的复杂行为是目前复杂系统研究的热点。图1.5展现了一部分网页以及其链接的结构。似乎许多部分都很相似，问题是，为什么会这样？

复杂系统的共性

　　这些系统在细节上很不一样，但如果从抽象层面上来看，则会发现它们有很多有趣的共性。

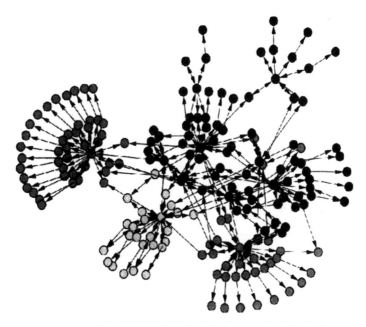

图1.5 万维网的部分网络结构（引自 M. E. J. Newman & M. Girvin, Physical Review Letters E, 69, 026113, 2004。美国物理学会版权所有。经许可重印）

1.复杂的集体行为：前面讲到的所有系统都是由个体组分（蚂蚁、B细胞、神经元、股票交易者、网站设计人员）组成的大规模网络，个体一般都遵循相对简单的规则，不存在中央控制或领导者。大量个体的集体行为产生出了复杂、不断变化而且难以预测的行为模式，让我们为之着迷。

2.信号和信息处理：所有这些系统都利用来自内部和外部环境中的信息和信号，同时也产生信息和信号。

3.适应性：所有这些系统都通过学习和进化过程进行适应，即改变自身的行为以增加生存或成功的机会。

现在我可以对复杂系统加以定义：复杂系统是由大量组分组成的网络，不存在中央控制，通过简单运作规则产生出复杂的集体行为和复杂的信息处理，并通过学习和进化产生适应性。[有时候会对复杂适应系统（在其中适应性扮演重要角色）和复杂非适应系统（比如飓风或湍流）加以区分。在书中讨论的大部分系统都是适应性的，我不再区分。]

如果系统有组织的行为不存在内部和外部的控制者或领导者，则称之为自组织（self-organizing）。由于简单规则以难以预测的方式产生出复杂行为，这种系统的宏观行为有时也称为涌现（emergent）。这样就有了复杂系统的另一个定义：具有涌现和自组织行为的系统。复杂性科学的核心问题是：涌现和自组织行为是如何产生的。在书中我会尝试从各种角度来阐释这个问题。

如何度量复杂性

前面我介绍了复杂系统的一些性质。但是还有量的问题：一个特定的复杂系统到底有多复杂呢？也就是说，我们该如何度量复杂性？可以精确地说出一个系统比另一个复杂多少吗？这个问题很重要，但是还没有完全解决，至今仍是充满争议的领域。在第7章我们会看到，有许多度量复杂性的方式；不过还没有哪一种得到公认。书中许多章节描述了复杂性的各种度量方法及其用途。

但是如果公认的复杂性定义都没有，又如何会有复杂性科学呢？

对这个问题我有两个回答。首先，虽然有很多书和文章使用这些术语，但是既不存在单独的复杂性科学，也不存在单独的复杂性理论。其次，我在书中会反复提到，一门新的科学形成的过程，就是不断尝试对其中心概念进行定义的过程。对信息、计算、序和生命等核心概念的定义就是这样的例子。书中我会对这些奋斗历程的历史和现状进行阐述，并将它们与我们对复杂性的理解结合起来。这本书讲的是科学前沿，但也讲述科技前沿背后的核心概念的历史，下面四章讲的就是贯穿全书的核心概念的历史和背景。

第 2 章
动力学、混沌和预测

再一次一无所知[1]，从头开始……这让我很开心。

对于我们来说平常大小的事物，人们为之写诗的那些——云彩、水仙花、瀑布，它们对于我们，就好像天堂对于古希腊人，充满了神奇……现在也许是最好的时代，你曾以为正确的东西几乎都是错的。

> ——斯托帕德（Tom Stoppard），
> 《阿卡狄亚》（*Arcadia*）

动力系统理论（动力学，dynamics）关注的是对系统的描述和预测，其所关注的系统通过许多相互作用的组分的集体行为涌现出宏观层面的复杂变化。动力一词意味着变化。而动力系统则是以某种方式随时间变化的系统。下面是动力系统的一些例子：

◆太阳系（行星位置随时间变化）；

◆心脏（周期性跳动）；

1."再一次一无所知": Stoppard, T., *Arcadia*. New York: Faber & Faber, 1993, pp.47-48。

◆大脑（神经元不断激发，神经递质在神经元之间传递，突触强度变化，整个系统不断变化）；

◆股票市场；

◆世界人口；

◆全球气候。

不仅这些，其他你想得到的系统几乎都是动力系统。甚至岩石在地理时间尺度上也是变化的。动力系统理论以最一般化的方式描述系统的变化，描述变化可能的宏观形态，以及对于其变化能够做出怎样的估计和预测。

近年来，动力系统理论很受大众关注，这是因为它的一个分支——混沌学——发现了一些让人着迷的结果。但实际上它的历史很悠久，同许多学科一样，它可以追溯到古希腊哲学家亚里士多德。

动力系统理论的起源

亚里士多德（图2.1）是目前所知的最早论述运动理论的人之一，他的理论流行了1500多年。他的理论有两个主要原理，后来发现都是错的。首先，他认为地面上的运动与天上的不同。他认为地面上的物体在受到力推动时才会沿直线运动；没有力，物体就会保持静止。而在天上，行星等天体是围绕着地球不断做圆周运动。另外，亚里士多德认为，在地面上，不同物质组成的物体运动方式也不一样。比如，他认为石头落向地面是因为石头主要是由土元素组成，而烟会上升则是因为烟是由气元素组成。在天上也是一样，越重的物体中的土元素越多，下落也越快。

图2.1 亚里士多德（前384—前322）（卢多威斯收藏）（Ludovisi Collection）

同以前许多理论家一样，亚里士多德在构造理论时没有考虑实验验证。他的方法是用逻辑和常识引导理论；用实验对理论进行验证的重要性在当时还没有被认识到；亚里士多德的思想影响很大，一直统治着西方科学，直到16世纪 —— 伽利略（图2.2）登上历史舞台。

伽利略、他之前的哥白尼以及与他同时代的开普勒是实验和观察科学的先驱。哥白尼提出行星不是围绕地球而是围绕太阳运行。（伽利略在宣扬这种观点时受到了天主教会的强烈阻挠，最后被迫公开宣布放弃。直到1992年教会才正式承认对伽利略的迫害是错误的。）在16世纪初，开普勒发现行星的运行轨迹不是圆而是椭圆，他还发现了关于这种椭圆运动的几条定律。

图2.2 伽利略 （1564—1642）（美国物理学会西格尔图像档案，斯科特·贝尔收藏）

哥白尼和开普勒只研究了天体的运动，而伽利略不仅研究天上的运动，也研究地面上的，他做了一些我们现在在中学物理课上会学到的实验：单摆、沿斜面滚动的小球、自由落体、镜面光线反射。不过伽利略可没有我们现在使用的那些精密实验设备，据说他通过数脉搏来计算单摆的摆动周期，还在比萨斜塔上下落物体以测量重力的效应。这些经典实验彻底改变了对运动的理解，并且直接驳斥了长期盛行的亚里士多德的观点。与直觉不同，静止并不是物体的自然状态；相反，要施加力才能让运动物体停下来。不管物体多重，在真空中下落的速度都是一样的。最具革命性的是，地面上的运动定律居然也能解释天上的运动。自从伽利略之后，有了实验观察作为基础，科学革命的发生就不可避免了。

动力学历史上最重要的人物是牛顿（图2.3），牛顿生于伽利略死后那一年。他可以说是凭一己之力创建了动力学。为了创建动力学，他还要先发明微积分——描述运动和变化的数学。

图2.3　牛顿（1643—1727）（不知名艺术家雕刻，由美国物理学会西格尔图像档案提供）

物理学家将对运动的总体研究称为机械力学（mechanics）。这个词源自古希腊，因为古典观点认为，所有运动都可以用杠杆、滑轮、轮轴等简单"机械"的动作组合来解释。牛顿的工作现在被称为经典力学。力学分为两部分：描述物体如何运动的运动学（kinematic），以及解释物体为何遵循运动学定律的动力学。例如开普勒定律就是运动学定律，它们描述了行星如何运动（以太阳为焦点沿椭圆运动），但没有解释行星为何这样运动。牛顿的定律则是动力学的基础，它们用力和质量作为基本概念解释了一切物体的运动，包括行星。

下面是著名的牛顿三大定律：

1.在任何情况下，一切物体在不受外力作用时，总保持静止或匀速直线运动状态。

2.物体的加速度与物体的质量成反比。

3.两个物体之间的作用力和反作用力，在同一条直线上，大小相等，方向相反。

牛顿的伟大之处在于他认识到这些定律不仅适用于地面上的物体，对天上的物体也同样适用。匀速运动定律是伽利略首先提出来的，但是他认为只适用于地面上的物体。而牛顿则认为这条定律对行星应该也适用，并且认识到需要用力（引力）来解释椭圆运动方向的不断变化。牛顿的另一重要贡献是提出了万有引力定律：两个物体之间的引力与两者质量的乘积成正比，与两者距离的平方成反比。牛顿深刻认识到这条定律适用于宇宙中一切事物，无论是行星还是苹果，这个认识是现代科学的基石。正如他说的："自然简单而自足,[1] 对宏大物体的运动成立的,对微小物体也同样成立。"

牛顿力学描绘了一幅"钟表宇宙"的图景:设定好初始状态,然后就遵循着三条定律一直运行下去。数学家拉普拉斯认识到其中蕴含了可以如钟表般精准预测的观念:他在1814年断言,根据牛顿定律,只要知道宇宙中所有粒子的当前位置和速度,原则上就有可能预测任何时刻的情况。[2] 在20世纪40年代计算机被发明出来之后,这种"原则上"的可能似乎有可能变成现实了。

对预测的重新认识

然而,20世纪的两个重要发现表明,拉普拉斯的精确预测的梦想,即使在原则上也是不可能的。1927年,海森堡(Werner Heisenberg)提出了量子力学中的"测不准原理",证明不可能在准确测量粒子位置的同时,又准确测量其动量(质量乘以速度)。对于其位置知道得越多,对于其动量就知道得越少,反过来也是一样。不过,海森堡原理还只是限制了对量子世界微观粒子的测量,大多数人都只是觉得它挺有趣,但是对宏观尺度上的预测——比如天气预报——应该没有多大影响。

然而混沌的发现给了精确预测的梦想最后一击。混沌指的是一些

1."自然简单而自足":引自Westfall, R. S., *Never at Rest : A Biography of Isaac Newton*. Cambridge : Cambridge University Press, 1983, p.389。
2."原则上就有可能预测任何时刻的情况":Laplace, P. S., *Essai Philosophique Sur Les Probabilites*. Paris : Courcier, 1814。

系统 —— 混沌系统 —— 对于其初始位置和动量的测量如果有极其微小的不精确，也会导致对其的长期预测产生巨大的误差。也就是常说的"对初始条件的敏感依赖性"。

对于一些自然系统，并没有这个问题。如果你对初始条件的测量不是十分精确，你的预测即使不全对，也会八九不离十。例如天文学家在测量行星位置时即使误差较大，也还是能准确预测日食。而对初始条件的敏感依赖性指的是，如果系统是混沌的，在测量初始位置时即使只有极其微小的误差，在预测其未来的运动时也会产生巨大的误差。对于这样的系统（飓风就是例子），一点点误差，不管多小，也会导致长期预测很不精确。

这一点很不符合直觉，事实上，很长一段时间里，科学家们都认为这不可能。然而，混沌现象在很多系统中都被观测到了，心脏紊乱、湍流、电路、水滴，还有许多其他看似无关的现象。现在混沌系统的存在已成为科学中公认的事实。

现在已无法说清楚是谁最先意识到可能存在这类系统。远在量子力学出现之前，就有很多人提出了对初始条件敏感依赖性的可能性。例如，物理学家麦克斯韦（James Clerk Maxwell）在1873年就猜想，有些量的"物理尺度太小，[1] 以致无法被有局限性的人类注意，却有可能导致极为重要的结果"。

---

1. "物理尺度太小"：Liu, Huajie, A brief history of the concept of chaos, 1999（http://members. tripod.com/~huajie/Paper/chaos.htm）。

　　第一个明确的混沌系统的例子可能是19世纪末由法国数学家庞加莱（Henri Poincaré）（图2.4）给出。庞加莱是现代动力系统理论的奠基者，可能也是贡献最大的人，大力推动了牛顿力学的发展。庞加莱在试图解决一个比预测飓风简单得多的问题时发现了对初始条件的敏感依赖性。他试图解决的是所谓的三体问题（three-body problem）：用牛顿定律预测通过引力相互作用的三个物体的长期运动。牛顿已经解决了二体问题。但没想到三体问题要复杂得多。在向瑞典国王表示敬意的一次数学竞赛中，庞加莱将其解决了。竞赛主办方提供2500瑞典克朗奖励解决"多体"问题：用牛顿定律预测任意多个相互吸引的物体的未来运动。提出这个问题是为了确定太阳系是否稳定，行星是会维持还是会偏离目前的轨道？庞加莱想先试着解决三体问题。

图2.4　庞加莱（1854—1912）（美国物理学会西格尔图像档案）

他并没有完全成功——这个问题实在太复杂了。但是他的尝试很精彩，所以最后还是赢得了奖金。牛顿发明了微积分，而庞加莱为了解决这个问题也创建了一个新的数学分支——代数拓扑（algebraic topology）。拓扑学是几何学的扩展，正是在研究三体问题的几何结果的过程中，庞加莱发现了对初始条件的敏感依赖性。下面是他对此的总结：

> 如果我们能知道自然界的定律[1]和宇宙在初始时刻的精确位置，我们就能精确预测宇宙在此后的情况。但是即便我们弄清了自然界的定律，我们也还是只能近似地知道初始状态。如果我们能同样近似地预测以后的状态，这也够了，我们也就能说现象是可以预测的，而且受到定律的约束。但并不总是这样，初始条件的细微差别有可能会导致最终现象的极大不同。前者的微小误差会导致后者的巨大误差。预测变得不可能……

换句话说，即便我们完全知道了运动定律，两组不同的初始条件（在这里是指物体的初始位置、质量和速度），即使差别很小，有时候也会导致系统随后的运动极为不同。庞加莱在三体问题中发现了一个这样的例子。

直到电子计算机出现之后，科学界才开始认识这类现象的意义。庞加莱远远超越了他所处的时代，他意识到对初始条件的敏感依赖性

1."如果我们能知道自然界的定律"：Poincaré, H., *Science and Method*.Francis Maitland 英文翻译。London：Nelson and Sons，1914。

将会阻碍对天气的长期预报。他的远见于1963年被证实，气象学家洛伦兹（Edward Lorenz）发现，[1] 即使是很简单的计算机气象模型，也会有对初始条件的敏感依赖性。现在虽然有了高度复杂的气象计算模型，天气预报也最多只能做到大致准确预测一个星期。目前还不清楚这个局限是否是天气的混沌本质导致的，也不知道通过收集更多数据和构造更好的模型，可以将这个局限推进多远。

线性兔子和非线性兔子

现在我们再详细了解一下对初始条件的敏感依赖性。混沌系统中初始的不确定性到底是如何被急剧放大的呢？关键因素是非线性。对于线性系统，你可以先了解其组成，然后将它们合到一起。当我的两个儿子和我一起做厨艺时，他们喜欢轮流加原料。杰克放两杯面粉，跟着尼克又加一杯糖。结果呢？三杯面粉和糖的混合物，整体等于部分之和。

对于非线性系统，整体则不等于部分之和。杰克放了两杯苏打粉，尼克又加了一杯醋。整个事情就不可收拾了（你可以自己在家里试试）。有什么后果？你会得到大量醋、苏打粉和二氧化碳混合的泡泡。两者之间的区别在于：前面的糖和面粉不会产生反应生成新的东西，而后者的醋和苏打粉会剧烈反应，产生很多二氧化碳。

还原论者喜欢线性，而非线性则是还原论者的梦魇。理解线性和

---

1. "洛伦兹发现"：Lorenz, E. N., Deterministic nonperiodic flow.*Journal of Atmospheric Science*, 357, 1963, pp. 130–141。

非线性的区别很有用，值得研究一下。为了更好地理解非线性以及混沌现象，我们要研究一点点简单的数学，借用一个经典的生物群体数量动力学模型来阐释线性和非线性。设想你养了一群兔子，兔子会配对生小兔子，每对兔子父母每年会生4只小兔子然后死去。图2.5显示了兔子的繁殖状况。

0年

1年

2年

图2.5 倍增的兔群

很显然，如果不受限制，兔子的数量会每年翻番（这意味着兔子很快会接管这个星球，乃至太阳系和整个宇宙，不过我们暂时还不用担心）。

这是一个线性系统：[1] 整体等于部分之和。我想让它们做什么呢？我们先将4只兔子分开放到两个岛上，每个岛上2只。然后让兔子继续繁殖。图2.6显示了繁殖两年的情形。

---

1. "这是一个线性系统"：有人可能会说这个并不真的是线性系统，因为群体数量随时间呈指数增长：$n_t = 2^t n_0$。不过这里的线性指的是从 n_t 到 n_{t+1} 是线性映射。

两边都是每年翻番。不管是哪一年，如果你把两个岛的兔子加起来，你得到的数量还是与没分开时一样多。

如果以当年的兔子数量为横坐标，以次年的兔子数量为纵坐标，将各年的数据标上去，你将会得到一条直线（图2.7）。这就是为什么称之为线性系统。

图2.6　倍增的兔群，分开在两个岛上

但是如果考虑到种群数量增长所受的限制，情况会怎样呢？这会使得增长规则变为非线性的。假定前面的规则仍然成立，每对兔子每年生4只小兔子然后死去。不过现在有些小兔子会因为太过拥挤没有繁殖就死去。研究种群数量的生物学家常用逻辑斯蒂模型[1]（Logistic

---

1."逻辑斯蒂模型"：参见（http://mathworld.wolfram.com/LogisticEquation.html）："逻辑斯蒂方程[有时也称为费尔哈斯特模型（Verhulst model）、逻辑斯蒂模型或逻辑斯蒂增长曲线]是种群数量增长模型，最早由费尔哈斯特（Pierre Verhulst）发表（1845）。模型是时间连续的，但从连续模型得出的离散二次迭代方程也叫逻辑斯蒂方程。"逻辑斯蒂映射是表示逻辑斯蒂模型的非常有用的方式。

model）描述这种情形下群体数量的增长。这个模型以一种简化方式描述群体数量的增长。你设定好出生率、死亡率（由于种群数量过多导致的死亡概率）以及最大种群承载能力（栖息地所能承载的种群数量上限），然后将这一代的种群数量代入逻辑斯蒂模型，就能算出下一代的种群数量。在这里我不给出逻辑斯蒂模型的具体形式[1]（注释中有），你可以在图 2.8 中看到它的变化情况。

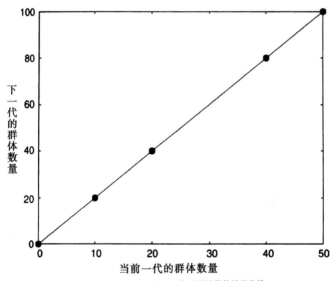

图2.7　线性模型中当年与次年种群数量的关系曲线

---

1. "我不给出逻辑斯蒂模型的具体形式"：逻辑斯蒂模型如下：
$$n_{t+1} = (出生率 - 死亡率)\left[kn_t - n_t^2\right]/k,$$
其中 n_t 是当前这一代的种群数量，k 是承载能力。让 $x_t = n_t / k$，$R = (出生率 - 死亡率)$，就能从中得到逻辑斯蒂映射。其中 x_t 表示 "承载率"：当前种群数量与最大可能的种群数量的比率。从而
$$x_{t+1} = Rx_t (1-x_t)$$
因为种群数量 n_t 总是介于 0 和 k 之间，所以 x_t 总是介于 0 和 1 之间。

举个简单的例子，设出生率为2，死亡率为0.4，承载力为32，第一代有20只兔子。用逻辑斯蒂模型算出第二代为12只。将新的种群数量再代进去，又可以得出第三代仍然是12只兔子存活。此后的兔子数量将一直维持在12只。

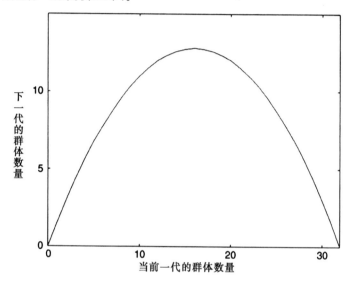

图2.8 根据逻辑斯蒂模型得出的当年与次年种群数量的关系曲线，出生率为2，死亡率为0.4，承载力为32。如果取其他参数，曲线仍然是抛物线

如果将死亡率降到0.1（其他参数不变），会有些有趣的事情发生。根据模型可以得出第二代为14.25只兔子，第三代则为15.01816只。

等一下！怎么会有0.25只兔子，还有稀奇古怪的0.01816只？在真实世界中显然是不可能的，不过这只是模型，允许兔子数量为小数。这样在数学上简单些，而且预测的兔子数量仍然大致符合实际。所以这里我们无须为此担心。

　　将算出的种群数量再代进去计算下一代的种群数量，这个不断重复的过程即所谓的"对模型进行迭代"。

　　如果将死亡率恢复成 0.4，承载力翻一倍变成 64，结果又会怎样呢？根据模型我们发现，从 20 只兔子出发，9 年后种群数量会变为接近 24 的一个值，然后停在那里。

　　你可能注意到了这些例子中的种群变化比前面单纯每年翻番的情形复杂得多。这是因为引入了种群数量过多导致的死亡，模型变成了非线性的。其图形不再是直线，而是抛物线（图 2.8）。逻辑斯蒂模型中的群体数量变化不再简单等于部分之和。为了说明这一点，我们将 20 只兔子分为两群，每群 10 只，再对各群进行迭代（参数同前面一样，出生率为 2，死亡率为 0.4）。图 2.9 为迭代结果。

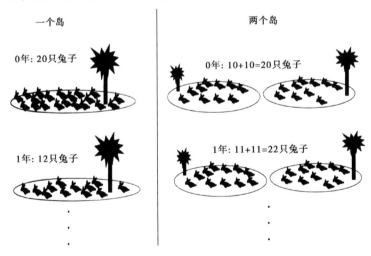

图2.9　分到两个岛上的兔子，逻辑斯蒂模型

第一年，前面是20只兔子只剩下12只，而分成两群后，每群有11只，总共22只。整体的变化不再等于各部分的变化之和。

逻辑斯蒂映射[1]

许多研究这一类事物的科学家和数学家使用逻辑斯蒂模型的一个简化形式，逻辑斯蒂映射（logistic map），它也许是动力系统理论和混沌研究中最著名的方程。逻辑斯蒂映射中出生率和死亡率的效应被合成一个数，记作 R。种群规模用"承载率"替代，记为 x。这个简化模型问世之后，科学界和数学界很快就将种群规模、承载力等与现实世界的联系抛到脑后，转而着迷于这个方程本身，因为它的特性太让人震惊了。现在我们也来体验一下。

下面就是这个方程，其中 x_t 是当前值，x_{t+1} 则是下一步的值：[2]

$$x_{t+1} = Rx_t\,(1-x_t)$$

我给出逻辑斯蒂映射的方程是为了向你展示它有多简单。事实上，它是能抓住混沌本质——对初始条件的敏感依赖性——的最简

---

1. "逻辑斯蒂映射"：以下文献中有对逻辑斯蒂映射的细节讨论，有普通科学教育背景的读者可以看一看：

Feigenbaum, M. J., Universal behavior in nonlinear systems. *Los Alamos Science*, 1(1), 1980, pp. 4–27；

Hofstadter, D. R., Mathematical chaos and strange attractors. *Metamagical Themas*.New York：Basic Books, 1985；

Kadanoff, Leo P., Chaos, A view of complexity in the physical sciences. *From Order to Chaos：Essays：Critical, Chaotic, and Otherwise*.Singapore：World Scientific, 1993.
2. 科普书作者都会被告知一条定律：书中每增加一个数学公式，读者就会减少一半。我也不例外——我的编辑明确告诉了我这一点。不过我还是要列出逻辑斯蒂映射的等式，因此如果你是碰到公式就要扔书的那一半读者，请跳过下一行。

单的系统之一。1971年，数学生物学家梅（Robert May）在著名的《自然》杂志上发表了一篇文章[1]分析逻辑斯蒂映射，引起了种群生物学家的关注。在此之前也有一些数学家对其进行了详细分析，包括乌拉姆（Stanislaw Ulam）、冯·诺依曼（John von Neumann）、梅特罗波利斯（Nicholas Metropolis）、保罗·斯坦（Paul Stein）和米隆·斯坦（Myron Stein）。[2]但它真正变得有名是在20世纪80年代，物理学家费根鲍姆（Mitchell Feigenbaum）利用它展示了一大类混沌系统的共性。由于其显然的简单性和深厚的历史，它成了介绍动力系统理论和混沌的一些主要概念的完美载体。

如果我们让 R 的值变化，逻辑斯蒂映射就变得非常有趣。我们先从 $R=2$ 开始。x 的初始值 x_0 也必须介于0和1之间，姑且设为0.5。将它们代入逻辑斯蒂映射，得出 x_1 为0.5。同样，x_2 也是0.5，后面也一样。因此，如果 $R=2$，种群初始值为最大值的一半，以后就会一直不变。

现在让 $x_0=0.2$。你可以自己用计算器算一下（我用的一个最多显示7位小数的计算器）。结果更有意思了：

$x_0 = 0.2$

$x_1 = 0.32$

---

1. "1971年，数学生物学家梅在著名的《自然》杂志上发表了一篇文章"：May, R. M., Simple mathematical models with very complicated dynamics. *Nature*, 261, pp. 459–467, 1976。

2. "乌拉姆、冯·诺依曼、梅特罗波利斯、保罗·斯坦和米隆·斯坦"：
    Ulam, S. M., and von Neumann, J., *Bulletin of the American Mathematical Society*, 53, 1947, p. 1120；
    Metropolis, N., Stein, M. L., & Stein, P. R., On finite limit sets for transformations on the unit interval. *Journal of Combinatorial Theory*, 15(A), 1973, pp. 25–44。

$x_2 = 0.4352$

$x_3 = 0.4916019$

$x_4 = 0.4998589$

$x_5 = 0.5$

$x_6 = 0.5$

……

最终结果是一样的（永远是$x_t = 0.5$），但是迭代了5次才得到。

用图可以看得更清楚。图2.10是x_t在前20步的值的图形。我用线将这些点连起来了，这样可以更清楚地看到，随着时间推移，x迅速收敛到0.5。

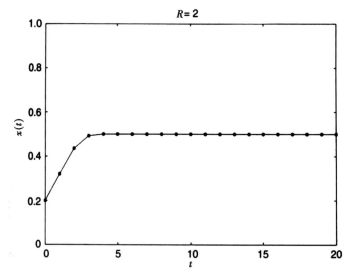

图2.10　$R = 2$，$x_0 = 0.2$时逻辑斯蒂映射的变化情况

如果x_0很大，比如0.99，又会怎样呢？图2.11显示了得到的图形。

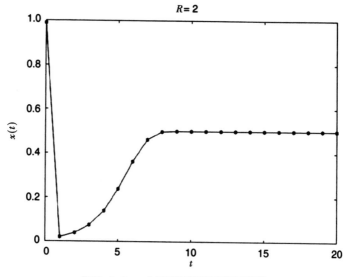

图2.11 $R=2$，$x_0=0.99$时逻辑斯蒂映射的变化情况

最终的结果还是一样的，不过过程要长一些，波动也更剧烈。

你可能已经猜到了：只要$R=2$，x_t最终都会到达0.5，并停在那里。0.5正是所谓的不动点（fixed point）：到达这一点所花的时间依赖于出发点，但是一旦你到达了那里，你就会保持不动。如果你愿意，可以让$R=2.5$，再试一下，同样你会发现系统总是到达一个不动点，不过这次不动点是0.6。

$R=3.1$的情形更有趣。逻辑斯蒂映射的变化更加复杂了。图2.12是$x_0=0.2$时的图形。

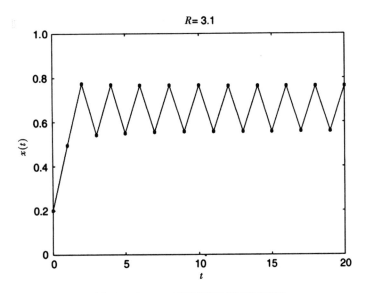

图2.12 $R=3.1$，$x_0=0.2$时逻辑斯蒂映射的变化情况

在这个例子中，x永远也不会停在一个不动点；它最终会在两个值（0.5580141和0.7645665）之间振荡。如果将前者代入方程，就会得到后者，反过来也是一样，因此振荡会一直持续下去。不管x_0取什么值，最后都会形成这个振荡。这种最终的变化位置（无论是不动点还是振荡）被称为"吸引子"，这个说法很形象，因为任何初始位置最终都会"被吸引到其中"。

往上一直到R等于大约3.4，逻辑斯蒂映射都会有类似的变化：在迭代一些步骤后，系统会在两个不同的值之间周期振荡（最终的振荡点由R决定）。因为是在两个值之间振荡，系统的周期为2。

但是如果R介于3.4和3.5之间，情况又突然变了。不管x_0取何值，系统最终都会形成在四个值之间的周期振荡，而不是两个。例如，如果 $R = 3.49$，$x_0 = 0.2$，最终的结果就像图2.13那样。

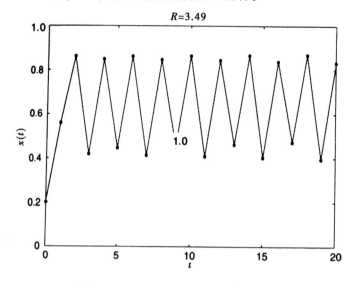

图2.13　$R = 3.49$，$x_0 = 0.2$时逻辑斯蒂映射的变化情况

x 的值很快就开始在四个不同的值之间周期振荡（如果你想知道，它们分别大约是0.872，0.389，0.829和0.494）。也就是说，在3.4和3.5之间的某个 R 值，最终的振荡周期突然从2增到4。

在3.54和3.55之间的某个 R 值，周期再次突然倍增，一下跃升到8。在3.564和3.565之间的某个值周期跃升到16。在3.5687和3.5688之间周期又跃升到32。周期一次又一次倍增，前后 R 的间隔也越来越小，很快，在 R 大约等于3.569946时，周期已趋向于无穷。在此之前，逻辑斯蒂映射的变化大致都可以预测。如果 R 值给定，从任何 x_0 点出发的最终长期变化都能预测得到：R 小于3.1时会到达不动点，R介于3.1和3.4之间时会形成双周期振荡，等等。

　　但是当R等于大约3.569946时，x的值不再进入振荡，它们会变成混沌。[1] 下面解释一下。将x_0，x_1，x_2……的值组成的序列称为x的轨道。在产生混沌的R值，让两条轨道从非常接近的x_0值出发，结果不会收敛到同一个不动点或周期振荡，相反它们会逐渐发散开。在$R = 3.569946$时，发散还很慢，但如果将R设为4.0，我们就会发现轨道极为敏感地依赖于x_0。我们先将x_0设为0.2，对逻辑斯蒂映射进行迭代，得到一条轨道。然后细微地变动一下x_0，让$x_0 = 0.2000000001$，再对逻辑斯蒂映射进行迭代，得到第二条轨道。图2.14中的实心圆圈连成的实线就是第一条轨道，空心圆圈连成的虚线则是第二条轨道。

　　这两条轨道开始的时候很接近（非常接近，以至于实线轨道把虚线轨道都盖住了），但在大约30次迭代之后，它们明显分开了，很快就不再具有相关性。这就是"对初始条件的敏感依赖性"的由来。

　　我们已经看到有三种不同的最终状态（吸引子）：不动点、周期和混沌（混沌吸引子有时候也称为"奇怪吸引子"）。吸引子的类型是动力系统理论刻画系统行为的一种方式。

　　我们再仔细来看看混沌行为到底有多不寻常。逻辑斯蒂映射极为简单，并且完全是确定性的：每个x_t值都有且仅有一个映射值x_{t+1}。然

---

1. "x的值……会变成混沌"：怎么知道系统不会在迭代许多步后最终进入周期振荡呢？这可以在数学上进行证明；例如，参见Strogtaz, S., *Nonlinear Dynamics and Chaos*. Reading, MA：Addison-Wesley，1994，pp. 368-369。

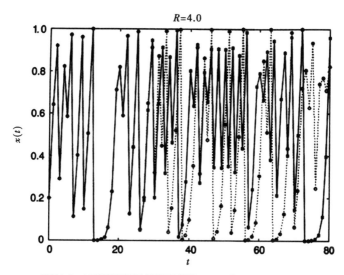

图2.14　$R=4.0$时逻辑斯蒂映射的两条轨道：$x_0=0.2$和$x_0=0.2000000001$

而得到的混沌轨道看上去却非常随机 —— 事实上逻辑斯蒂映射还被用来在计算机中生成伪随机数[1]。因此，表面上的随机可以来自非常简单的确定性系统。

　　此外，对于产生混沌的R值，如果初始条件x_0有任何的不确定性，对一定时间之后的轨道就无法再预测了。$R=4$时我们已经看到这种状况。如果我们对x_0不能精确到小数点后第10位 —— 大多数实验观

---

1. "被用来在计算机中生成伪随机数"：伪随机数发生器是一个确定的函数或算法，输出值的分布和相关性满足特定的统计随机性检验。这种算法在现代计算中有许多应用。乌拉姆和冯·诺依曼首先提出可以用逻辑斯蒂映射作为伪随机数发生器的基础［Ulam, S. M., von Neumann, J., On combination of stochastic and deterministic processes (abstract). *Bulletin of the American Mathematical Society*, 53, 1947, p. 1120］。许多学者对此进行了深入研究，例如，Wagner, N. R., The logistic equation in random number generation. 收录在 *Proceedings of the Thirtieth Annual Allerton Conference on Communications*, *Control*, *and Computing*, University of Illinois at Urbana-Champaign, 1993, pp. 922–931。

察都做不到这么精确 —— 那么大约在 $t = 30$ 时，x_t 的值就无法预测了。对于任何能产生混沌的 R 值，只要 x_0 有不确定性，不管精确到小数点后多少位，最终都会在 t 大于某个值时变得无法预测。

数学生物学家梅对这些惊人的特性进行了总结，与庞加莱遥相呼应：

> 简单的确定性方程[1]（1）（即逻辑斯蒂映射）能产生类似于随机噪声的确定性轨道，这个事实有着让人困扰的实际含义。例如，这就意味着种群调查数据中那种明显的不稳定波动不一定表明环境的变化莫测或是采样有错误：它们有可能就是像方程（1）这样完全确定性的种群数量变化关系所导致的 …… 另外，还可以看到，在混沌中，不管初始条件有多接近，在足够长的时间之后，它们的轨道还是会相互分开。这意味着，即使我们的模型很简单，所有的参数也都完全确定，长期预测也仍然是不可能的。

简而言之，系统存在混沌也就意味着，拉普拉斯式的完美预测不仅在实践中无法做到，在原则上也是不可能的，因为我们永远也无法知道 x_0 小数点后的无穷多位数值。这是一个非常深刻的负面结论，它与量子力学一起，摧毁了19世纪以来的乐观心态 —— 认为牛顿式宇宙就像钟表一样沿着可预测的路径运行。

---

1. "简单的确定性方程": May, R. M., Simple mathematical models with very complicated dynamics. *Nature*, 261, 1976, pp. 459-467。

　　但是对逻辑斯蒂映射的研究是不是也会产生一些正面作用呢？对于试图发现随时间变化的系统的一般原则的动力系统理论，它能有所助益吗？事实上，对逻辑斯蒂等映射的深入研究也已经得到了同样深刻的正面结果 —— 从中发现了混沌系统的普遍特征。

混沌的共性

　　最早用术语混沌来描述对初始条件具有敏感依赖性的动力系统的人是物理学家李天岩（T. Y. Li）和约克（James Yorke）。[1]这个词用得恰到好处：在口语中"混沌"一词意指随机和不可预测，在逻辑斯蒂映射的混沌中就有这些性质。然而，与口语中的混沌不同，数学混沌还有本质上的秩序，即很多混沌系统所共有的普适性。

第一条普适性质：通往混沌的倍周期之路

　　在前面的数学探讨中，我们看到随着 R 从 2.0 增大到 4.0，逻辑斯蒂迭代最初会产生不动点，然后是 2 周期振荡，然后是 4 周期，然后是 8 周期，一直下去，直到出现混沌。在动力系统理论中，这些突然的周期倍增被称为分叉（bifurcation）。不断分叉直至混沌的过程就是"通往混沌的倍周期之路"。

　　我们经常用分叉图来表现分叉，分叉图是"控制参数"（比如 R）和系统吸引子之间的函数关系。图 2.15 就是逻辑斯蒂映射的分叉

---

1. "最早用术语混沌 …… 李天岩（T. Y. Li）和约克"：Li, T. Y. & Yorke, J. A., Period three implies chaos. *American Mathematical Monthly* 82，1975，p. 985。

图。横坐标为R，纵坐标是各R值对应的x的最终值（吸引子）。例如，$R=2.9$时，x会到达固定点吸引子$x=0.655$。$R=3.0$时，x会到达双周期吸引子。这就是图中第一个分叉点，不动点吸引子换成了双周期吸引子。在3.4和3.5之间，又分叉为4周期吸引子，后面不断周期倍增，直至R到达3.569946附近，开始出现混沌的发端（onset of chaos）。

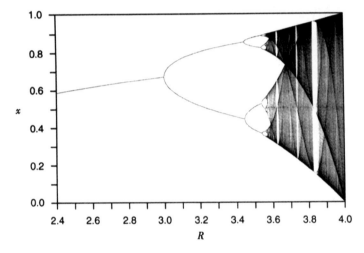

图2.15　逻辑斯蒂映射分叉图，用吸引子作为R的函数

通往混沌的倍周期之路有着悠久的历史。[1] 早在20世纪20年代，就在数学方程中发现了倍周期分叉，20世纪50年代芬兰数学家米尔堡（P. J. Myrberg）描述了类似的连续分叉。洛斯阿拉莫斯国家实验室的梅特罗波利斯、保罗·斯坦和米隆·斯坦证明，倍周期之路并不是只有逻辑斯蒂映射才有，事实上任何抛物线形状的映射都有类似现

1."通往混沌的倍周期之路有着悠久的历史"：对于混沌研究的有趣历史，参见Aubin, D. & Dalmedico, A. D., Writing the History of Dynamical Systems and Chaos: *Longue Durée* and revolution, disciplines, and cultures. *Historia Mathematica* 29, 2002, pp. 273-339。

象。这里"抛物线形状"意指映射的图形有一个隆起 —— 用数学术语
说就是"单峰（unimodal）"。

第二条普适性质：费根鲍姆常数

到 20 世纪 70 年代，物理学家费根鲍姆（图 2.16）的发现让倍周
期之路得以在数学界闻名。费根鲍姆用一台可编程的台式计算器算出
了倍周期分叉点的 R 值表（其中"≈"表示"约等于"）：

$R_1 \approx 3.0$

$R_2 \approx 3.44949$

$R_3 \approx 3.54409$

$R_4 \approx 3.564407$

$R_5 \approx 3.568759$

$R_6 \approx 3.569692$

$R_7 \approx 3.569891$

$R_8 \approx 3.569934$

…

$R_\infty \approx 3.569946$

这里 R_1 对应周期 2^1（= 2），R_2 对应周期 2^2（= 4），R_n 对应周期 2^n。符
号 ∞（"无穷大"）用来标志混沌的出现——周期为无穷大的轨道。

费根鲍姆注意到，随着周期增大，R 值之间的距离越来越近。这
意味着随着 R 的增大，分叉之间的间隔越来越短。在图 2.15 的分叉图
中可以看到这一点。费根鲍姆用这些 R 值计算了分叉靠近的速度，也

就是R值的收敛速度。他发现速度约等于常数4.6692016。这意味着随着R值增加，新的周期倍增比前面的周期倍增出现的速度快大约4.6692016倍。

图2.16　费根鲍姆（美国物理学会西格尔图像档案，当代物理藏品）

这很有趣，但还不至于让人震惊。当费根鲍姆研究了其他一些映射后——逻辑斯蒂只是研究过的映射之一——事情变得更有趣了。我在前面提到，在费根鲍姆进行这些计算之前的几年，他在洛斯阿拉莫斯的同事梅特罗波利斯、保罗·斯坦和米隆·斯坦就证明了所有单峰映射都会有类似的倍周期现象。费根鲍姆下一步做的就是计算其他单峰映射的收敛速度。他先算了正弦映射，正弦映射与逻辑斯蒂映射相似，不过用的是正弦函数。

费根鲍姆重复了前面的步骤：计算正弦映射的倍周期分叉点的 R 值，然后计算这些值的收敛速度。他发现收敛速度为 4.6692016。

费根鲍姆很吃惊，速度是一样的。他又检验了其他单峰映射，结果还是一样。所有人，包括费根鲍姆自己，都根本没有想到会是这样。发现这个结果后，费根鲍姆接着又从理论上解释了为何常数 4.6692016 具有普适性 —— 对所有单峰映射都成立。这个数现在被称为费根鲍姆常数。常数的理论解释使用了一种复杂的数学技巧 —— 重正化（renormalization）。重正化最初是从量子力学中发展出来，后来又被应用到另一个物理学领域：相变和其他"临界现象"的研究。费根鲍姆将其引入了动力系统理论，[1] 并成为理解混沌的基石。

后来发现这并不仅仅是数学现象。费根鲍姆做出这个发现之后，他的理论在多个物理动力系统的实验中得到了证实，包括流体、电路、激光和化学反应。在这些系统中都发现了倍周期分叉，也用类似的方法计算了费根鲍姆常数。在这些实验中很难准确测量分叉点的 R 值，但即使这样，实验得到的费根鲍姆常数也仍然在接近 4.6692016 的误差范围之内。这很让人印象深刻，因为费根鲍姆的理论在算出这个数时只涉及数学，没涉及物理。正如费根鲍姆的同事卡达诺夫（Leo

---

1. "费根鲍姆将其引入了动力系统理论"：对费根鲍姆理论的简单解释，参见 Hofstadter, D. R., Mathematical chaos and strange attractors. *Metamagical Themas*. New York：Basic Books，1985。

Kadanoff）所说的，这是"一个科学家所能遇到的最好的事情,[1] 头脑中想到的东西在自然界中得到了完美的印证"。

气象这样的大尺度的系统很难直接做实验，因此没有人在大尺度系统中直接观察到倍周期分叉或混沌。不过，一些气象计算机模型[2]却表现出了通往混沌的倍周期之路，另外电力系统、心脏、行星等系统的计算机模型中也有类似发现。

关于这个故事还有一件让人吃惊的事情。同许多重要的数学发现一样，几乎在费根鲍姆做出他的发现同时，另一个研究小组也独立发现了这个规律。这个小组是法国科学家科雷特（Pierre Coullet）和特雷瑟（Charles Tresser），他们也用重正化技术研究了倍周期分叉，[3] 并且发现了单峰映射的普适常数4.6692016。费根鲍姆也许的确是第一个发现者，并且向科学界广泛而清晰地传播了这个结果，所以这个成就大部分被归功于他。不过在许多科技文献中，也称这个理论为"费根鲍姆-科雷特-特雷瑟理论"，称费根鲍姆常数为"费根鲍姆-科雷特-特雷瑟常数"。在书中还有几个这样的例子，都是在思想条件成熟时同时独立做出发现。

---

1. "一个科学家所能遇到的最好的事情"：引自 Gleick, J., *Chaos : Making a New Science*. New York : Viking , 1987 , p. 189。

2. "一些气象计算机模型"：参见 Selvam, A. M.. The dynamics of deterministic chaos in numerical weather prediction models. *Proceedings of the American Meteorological Society* , 8th Conference on *Numerical Weather Prediction* , Baltimore , MD , 1988；以 及 Lee, B. & Ajjarapu, V., Period-doubling route to chaos in an electrical power system. *IEE Proceedings* , Part C , 140 , 1993 , pp. 490–496。

3. "科雷特和特雷瑟，他们也用重正化技术研究了倍周期分叉"：Coullet, P., & Tresser, C., Itérations d'endomorphismes et groupe de renormalization. *Comptes Rendues de Académie des Sciences* , Paris A , 287 , 1978 , pp. 577–580。

混沌思想带来的革命

在这一章我们看到，混沌的发现使得科学的许多核心原则被重新加以思考。这里我总结一下这些新思想，19 世纪的科学家几乎没人会相信这些。

◆看似混沌的行为有可能来自确定性系统，无须外部的随机源。

◆一些简单的确定性系统的长期变化，由于对初始条件的敏感依赖性，即使在原则上也无法预测。

◆虽然混沌系统的具体变化无法预测，在大量混沌系统的普适共性中却有一些"混沌中的秩序"，例如通往混沌的倍周期之路，以及费根鲍姆常数。因此虽然在细节上"预测变得不可能"，但在更高的层面上混沌系统却是可以预测的。

总的来说，变化、难以预测的宏观行为是复杂系统的标志。动力系统理论为刻画其行为提供了数学词汇表，例如分叉、吸引子以及系统变化方式的普适特性。这些词汇在复杂系统的研究中频繁出现。

逻辑斯蒂映射是种群数量增长的简化模型，但是对其以及类似模型的详细研究却带来了对秩序、随机和可预测性的重新认识。这证明了理想模型（idea models）的力量 —— 这些模型很简单，用数学或计算机就足以进行研究，但是又抓住了自然界复杂系统的本质。理想模型在这本书中，乃至整个复杂系统科学中都扮演了重要角色。

刻画复杂系统的动力学还只是理解它的第一步。我们还要理解这些动力系统如何被用在生命系统中以处理信息和适应环境变化。后三章会针对这些主题给出一些背景知识，然后我们再来看看从动力学中得到的思想如何与信息论、计算和进化结合起来。

第 3 章
信息

　　我认为，熵增定律[1] ——热力学第二定律——在自然界的定律中具有至高无上的地位……如果你的理论被发现违背了热力学第二定律，你就一点希望都没有，结局必然是彻底崩塌。

——爱丁顿爵士（Sir Arthur Eddington），
《物理世界的本性》（*The Nature of the Physical World*）

　　讨论复杂系统时经常会说到"自组织"：例如，行军蚁搭建的桥；萤火虫的同步闪动；经济系统中相互维系的市场；干细胞发育成特定的器官——这些都是自组织的例子。与通常情形中的有序消退、无序（熵）增长相反，这里是有序从无序中产生。

　　复杂系统科学最关注的问题就是这种逆熵的自组织系统是如何可能的。不过要着手这个问题，还要先了解一下什么是"有序"和"无序"，以及人们如何看待对这种抽象性质的度量。

1."熵增定律"：Eddington，A. E.，*The Nature of the Physical World*. Macmillan，New York，1928，p. 74。

许多复杂系统学家用信息的概念来刻画和度量有序和无序、复杂性和简单性。免疫学家科恩（Irun Cohen）曾说，"复杂系统比简单系统更能接收、存储和利用信息"。[1] 经济学家贝哈克（Eric Beinhocker）写道，"进化不仅只会用DNA耍把戏，[2] 对所有能处理和存储信息的系统也可以"。物理学家盖尔曼（Murray Gell-Mann）在讨论复杂系统理论时则说，"虽然它们的物理属性很不相同，[3] 但它们处理信息的方式却是类似的。这个共性也许是对它们进行研究最好的起点"。

但是"信息"到底是什么呢？

信息是什么

现在"信息"一词随处可见：信息革命、信息时代、信息技术（常常简化为IT）、信息高速公路，诸如此类。信息在口语中被用来泛指所有表示知识或事实的媒介：报纸、书籍，我母亲在电话里唠叨家里的亲人，还有现在大行其道的万维网。专业点说，信息描述了一大类现象，从在万维网上通过光纤传送的信号，到大脑中在神经元之间传递的微小分子。

在第1章中提到的那些复杂系统的例子无一例外都涉及以各种形

---

1. "复杂系统比简单系统更能接收、存储和利用信息"：Cohen, I., Informational landscapes in art, science, and evolution. *Bulletin of Mathematical Biology*, 68, 2006, p. 1218。
2. "进化不仅只会用DNA耍把戏"：Beinhocker, E. D., *The Origin of Wealth : Evolution, Complexity, and the Radical Remaking of Economics.* Cambridge, MA : Harvard Business School Press, 2006, p. 12。
3. "虽然它们的物理属性很不相同"：Gell-Mann, M., *The Quark and the Jaguar.* New York : W. H. Freeman, 1994, p. 21。

式交流和处理信息。进入计算机时代后,科学家们开始想到信息的传递和计算不仅仅发生在电子电路中,在生命系统中也同样存在。

　　要理解这些系统中的信息和计算,首先当然要对信息和计算这两个术语的意义有精确的定义。两者都是到 20 世纪才在数学上被定义。让人吃惊的是,两者居然都是从 19 世纪末的一个物理难题发展而来,这个难题中有个非常聪明的"小妖",它似乎不用耗费任何能量就能做很多事情。这个难题曾让物理学家们非常担心,以为他们的基本定律可能哪里错了。信息的概念是如何拯救这一切的呢?在了解这些之前,我们先要了解一点关于能量、功和熵等物理概念的背景。

能量、功、熵

　　对于信息的科学研究始自热力学,热力学描述能量以及其与物质的相互作用。19 世纪的物理学家认为宇宙是由物质(固体、液体、气体,等等)和能量(热能、光能、声能,等等)组成。

　　能量大致上可以定义为系统"做功"的潜力,这符合我们对能量的直观感觉,特别是在这个精力十足的工作狂的时代。英语中能量(energy)一词源自古希腊语中的 energia,字面意思是"工作"。不过在物理学中,对一个物体做的"工作"有特定的含义:对物体施加力的大小乘以物体沿力的方向前进的距离。

　　打个比方,假设你的车在路上抛锚了,你不得不自己把车推到最近的加油站。用物理学的话讲,你做的功等于你推车的力的大小乘以到加油站的距离。在推车的过程中，你将你体内储存的能量转化成了车的动能，而转化的能量就等于所做的功加上轮子与地面摩擦消耗的热量以及你自己体温升高所耗费的热量。这个热量损失可以用熵度量。熵是对不能转化成功的能量的度量。"熵（entropy）"一词源自另一个古希腊词汇——"trope"——意思是"变成"或"转化"。

在19世纪末，两条关于能量的基本定律——也就是热力学定律——被发现了。这些定律所针对的是"封闭系统"——它们与外界没有能量交换。

第一定律：能量守恒。宇宙中的总能量守恒。能量可以从一种形式转化成另一种形式，比如从体内储存的能量转化成推车的动能加上消耗的热能。但是能量既不能被创生也不能被消灭。因此说是"守恒的"。

第二定律：熵总是不断增加直至最大。系统总的熵会不断增加，直至可能的最大值；除非通过外部做功，否则它自身永远也不会减少。

你可能曾注意过，房间不会自己变干净，饮料如果泼到地上，永远也不会回到杯子里。要想将无序变成有序，就得额外做功。

此外，能量转化的时候，比如前面推车的例子，总是会产生一些不能做功的热能。这也就是为什么没法将你家冰箱后面产生的热量转化成电力再来驱动你的冰箱。这也解释了为何永动机是不可能的。

热力学第二定律被认为是定义了"时间之箭",因为它证明了存在时间上不可逆的过程(比如,热量自发地回到你的冰箱,并转化成电能进行制冷)。"未来"可以定义为熵增的时间方向。有趣的是,热力学第二定律是唯一区分过去和未来的基本物理定律。其他物理定律在时间上都是可逆的。比如,假设可以将电子等基本粒子的相互作用拍成电影,然后给物理学家播放这段电影。如果将电影倒放,然后问物理学家哪个版本是"真实"版本。物理学家肯定猜不出来,因为不管是正放还是倒放,其中的相互作用都没有违反物理定律。这就是可逆的含义。但是如果你用红外胶片拍下冰箱释放热量的过程,然后正放和倒放,物理学家将能辨别出正放的那个是"正确的",因为遵守了第二定律,而倒放的则没有遵守。这也就是不可逆的含义。为什么第二定律会与众不同呢?这个问题很深奥。就像物理学家罗斯曼(Tony Rothman)所指出的,"为什么第二定律能区分过去和现在,[1] 而其他自然定律却不能?这也许是物理学中最大的谜团"。

麦克斯韦妖

英国物理学家麦克斯韦(James Clerk Maxwell)提出了著名的麦克斯韦方程,从而统一了电学和磁学。他是当时世界上最受尊敬的科学家,也是古往今来最伟大的科学家之一。

1871年,麦克斯韦在《论热能》(*Theory of Heat*)一书中提出了一个难题,题为"热力学第二定律的局限"。麦克斯韦假设有一个箱子

---

1. "为什么第二定律能区分过去和现在": Rothman, T., The evolution of entropy. *Science à la Mode. Princeton*, NJ: Princeton University Press, 1989, p. 82。

被一块板子隔成两部分，板子上有一个活门，如图3.1所示。活门有
一个"小妖"把守，小妖能测量气体分子的速度。对于右边来的分子，
如果速度快，他就打开门让其通过，速度慢就关上门不让通过。对于
左边来的分子，则速度慢的就让其通过，速度快的就不让通过。一段
时间以后，箱子左边分子的速度就会很快，右边则会很慢，这样熵就
增加了。

图3.1　上图：麦克斯韦（1831—1879）（美国物理学会西格尔图像档案）。下图：
麦克斯韦妖会在快分子（白色）通往左边时和慢分子（黑色）通往右边时打开门

根据热力学第二定律，要减少熵就得做功。小妖又做了什么功呢？当然，他开门关门无数次。但是麦克斯韦假设了小妖使用的门既无质量也无摩擦，因此开门关门要不了多少功，可以忽略不计（对这种门提出了可行的设计）。那么小妖还做了其他的功吗？

麦克斯韦的回答是没有："热系统（左边）变得更热，[1] 冷系统（右边）变得更冷，然而却没有做功，只有一个眼光锐利、手脚麻利的智能生物在工作。"

为什么没做功，熵也减少了呢？这岂不是违反了热力学第二定律？麦克斯韦的小妖难住了19世纪末和20世纪初许多杰出的头脑。麦克斯韦自己的回答是第二定律（熵随时间增加）根本就不是一条定律，而是在大量分子情形下成立的统计效应，在个体分子尺度上并不必然成立。

但是当时和后来许多物理学家都强烈反对。他们认为第二定律绝对没错，肯定是那个小妖玩了猫腻。既然熵减少了，肯定以某种难以确定的方式做了功，否则不可能。

很多人都想解决这个悖论，但是直到60年后这个问题才被圆满解决。1929年，突破出现了：杰出的匈牙利物理学家西拉德（Leo Szilard）提出，做功的是小妖的"智能"，更精确地说，是通过测量获

---

1. "热系统（左边）变得更热"：Maxwell，引自Leff，H. S.& Rex，A. F.，*Maxwell's Demon: Entropy*, *Information*, *Computing*. Princeton University Press. Second edition 2003, Institute of Physics Pub., 1990, p. 5。

取信息的行为。

　　西拉德（图3.2）是第一个将熵与信息联系起来的人，这个关联后来成了信息论的基础和复杂系统的关键思想。西拉德写了一篇题为"热力学系统在智能生物的干预下的熵的减少"的著名论文[1]，文中西拉德认为测量过程（小妖要通过测量获取"比特"信息，比如趋近的分子速度是慢是快）需要能量，因此必然会产生一定的熵，数量不少于分子变得有序而减少的熵。这样由箱子、分子和小妖组成的整个系统就仍然遵守热力学第二定律。

图3.2　西拉德（1898—1964）（美国物理学会西格尔图像档案）

1. 一篇……著名论文"：Szilard，L.，On the decrease of entropy in a thermodynamic system by the intervention of intelligent beings. *Zeitschrift fuer Physik*，53，1929，pp.840−856。

西拉德在此过程中也顺便定义了信息比特的概念 —— 通过回答是/否（对小妖是"快/慢"）获得的信息。他可能是第一个这样做的人。

现在回过头来看，获取信息需要额外做功可能是很显然的事情，起码不那么让人吃惊。但是在麦克斯韦的时代，甚至到60年后西拉德写文章的时候，人们仍然强烈倾向于将物理和精神过程视为完全独立。也许正是这种牢固的直觉使得像麦克斯韦这样睿智的人也没有看出小妖的"智能"或"观测能力"对箱子–分子–小妖系统的热力学有影响。直到20世纪发现"观察者"在量子力学中扮演了关键角色之后，信息与物理的关系才开始被理解。

西拉德的理论后来由法国物理学家布里渊（Leon Brillouin）和伽柏（Denis Gabor）进行了扩展和一般化。此后许多科学家都认为，布里渊的理论彻底揭示了测量是如何产生熵，从而终结了小妖。

然而，事情还没有结束。在西拉德的论文发表50年后，西拉德和布里渊的论证都被发现有一些漏洞。20世纪80年代，数学家班尼特（Charles Bennett）证明，[1] 有非常巧妙的方式可以观察和记住信息 —— 对小妖来说，也就是弄清分子是快是慢 —— 而不用增加熵。班尼特的证明成了可逆计算（reversible computing）的基础，他证明在理论上可以进行任何计算而不用耗费能量。班尼特的发现似乎意

---

1. "数学家班尼特证明"：班尼特的论证很巧妙；细节见Bennett, C. H., The thermodynamics of computation — a review. *International Journal of Theoretical Physics*, 21, 1982, pp. 905–940。这些思想中许多又被物理学家奥利弗·彭罗斯（Oliver Penrose）独立发现（Leff, H. S. and Rex, A. F., *Maxwell's Demon*: *Entropy*, *Information*, *Computing*, Taylor & Francis, 1990；second edition, Institute of Physics Pub., 2003）。

味着小妖又回来了，因为测量可以不用耗费能量。不过，班尼特认为，物理学家兰道（Rolf Landauer）在20世纪60年代做出的一项发现可以挽救热力学第二定律：并不是测量行为，而是擦除记忆的行为，必然会增加熵。擦除记忆是不可逆的；如果被擦除了，那么一旦信息没有了，不进行额外的测量就无法恢复。班尼特证明，小妖如果要工作，到一定的时候就必须擦除记忆，如果这样，擦除的动作就会产生热，增加的熵刚好抵消小妖对分子进行分选而减少的熵。

兰道和班尼特弥补了西拉德论证的漏洞，但思路仍然是一致的：小妖测量和进行判断时（必然会进行擦除），不可避免地会增加熵，从而热力学第二定律仍然成立。（不过仍然有一些物理学家不认可兰道和班尼特的论证，小妖的问题依然存在争议。[1]）

麦克斯韦发明小妖是将其作为一个简单的思维实验，以证明热力学第二定律不是一条定律，而只是统计效应。然而，同其他许多优秀的思维实验一样，小妖的影响很深远；对小妖难题的解决成为两个新领域的基础——信息论和信息物理学。

统计力学提要

在前面我将"熵"定义为对无法做功而只能转换成热的能量的测量。这个熵的概念最初是由克劳休斯（Rudolph Clausius）于1865年定义的。在克劳休斯的年代，热被认为是某种可以从一个系统流向另

---

1. "小妖的问题依然存在争议"：例如，参见Maddox, J., Slamming the door. *Nature*, 417, 2007, p.903。

一个系统的流质，而温度则是系统受热流影响的一种属性。

此后数十年里，科学界开始出现一种新的关于热的观念：系统是由分子组成，而热则是分子运动 —— 或者说动能 —— 的产物。这种新观念主要归功于玻尔兹曼（Ludwig Boltzmann，图3.3），他创建了一门新学科，现在被称为统计力学。

图3.3　玻尔兹曼（1844—1906）（美国物理学会西格尔图像档案，西格尔收藏）

统计力学认为宏观尺度上的属性（例如热）是由微观属性产生（例如无数分子的运动）。比如，想象房间里充满了运动的空气分子。经典力学分析是确定每个分子的位置和速度，以及作用在分子上的力，并根据这些确定每个分子未来的位置和速度。当然，如果有500亿亿个分子，要解出来可得花不少时间——实际上是完全不可能的，并且根据量子力学，在原则上也不可能。而统计力学的方法则不关心各个分子具体的位置、速度以及未来的变化，而是去预测大量分子整体上的平均位置和速度。

简而言之，经典力学试图用牛顿定律分析所有的单个微观对象（例如分子）。而热力学则只给出了宏观现象——热、能量和熵——的定律，没有说明微观分子是这些宏观现象的源头。统计力学则在两个极端之间搭建了一座桥梁，解释了宏观现象是如何从对大量微观对象的整体上的统计产生。

统计方法有一个问题——它只给出系统的可能行为。例如，如果房间里的空气分子随机运动，那么它们将极有可能扩散到整个房间，从而保证我们所有人都可以呼吸到空气。我们预计会这样，并且生命维系于此，而且也从没有失败。然而，根据统计力学，由于分子是随机运动，这样就存在一个极小的概率在某个时间分子都飞到一个角落里。然后那个角落里的人会被高气压压死，而我们其他人则会窒息而死。不过据我所知，这样的事情还从未发生过。这并不违反牛顿定律，只是极为不可能。玻尔兹曼认为，如果有足够多的微观对象进行平均，他的统计方法就几乎一直都能给出正确答案，而事实上也确实如此。但是在玻尔兹曼的时代，大部分物理学家都只接受[1]绝对正确

---

1. "大部分物理学家都只接受"：有证据表明玻尔兹曼自己对别人的工作也不留情面。据艾维戴尔（William Everdell）说，玻尔兹曼写了文章，题为"论叔本华（Schopenhauer）"的一篇论文，而后来又写道，他想用这样的标题，"证明叔本华是一个堕落、没有思想、无知、胡说八道的哲学家，他的观点完全是空洞的言语垃圾"。Everdell, W. R., *The First Moderns : Profiles in the Origins of Twentieth-Century Thought.* Chicago, IL : University of Chicago Press, 1998, p. 370。

的物理定律，"几乎一直"正确的物理定律是不会被接受的。此外，玻尔兹曼认为存在分子和原子这样的微观对象也让他的同行们感到不可理喻。玻尔兹曼于1906年自杀离世，有人认为这是大多数科学家对他的思想排斥所导致的。他死后不久，他的思想就被广泛认同了；现在他被认为是历史上最伟大的科学家之一。

微观态与宏观态

在充满空气的房间中，在任意时刻每个分子都有特定的位置和速度，只是无法具体测量。在统计力学的术语中，特定分子集合在某一时刻的位置和速度称为那个时刻的微观状态。对于充满了随机飞舞的分子的房间，最可能的微观状态类型就是空气分子均匀地充满整个房间。而最不可能的微观状态就是空气分子紧紧地聚到一个地方。这看上去显而易见，但是玻尔兹曼注意到这是因为分子均匀分布的微观状态比聚到一起的微观状态要多得多。

这种情形有点类似吃角子老虎（图3.4）。假设三幅图片可能为"苹果""橙子""樱桃""梨"或"柠檬"。你投个硬币进去，让老虎机转起来。图片存在不同（你输钱）的可能性比图片全部相同（你大赢一笔）的可能性要大得多。现在假设老虎机有500亿亿种图片，要让所有图片都相同就类似于让所有分子都聚到一点的情形，可能性基本为零。

系统的宏观状态就是微观状态的类型，例如，"所有图片都相同 —— 你赢"相对"图片不完全相同 —— 你输"，或者"分子聚集到

图3.4　有三个旋转图片的老虎机,说明微观状态和宏观状态的概念(David Moser绘制)

一起 —— 我们窒息"相对"分子均匀分布 —— 我们能呼吸",一个宏观状态能对应许多不同的微观状态。玩老虎机时,有各种由不同图片组成的微观状态,这些微观状态都对应于同一个宏观状态"你输",而只有不多的微观状态对应宏观状态"你赢"。这就是为什么赌场能挣大钱的原因。温度也是宏观状态 —— 它与许多不同的微观状态相对应,各微观状态的分子平均速度恰好对应相同的温度。

根据这些思想,玻尔兹曼将热力学第二定律解释为封闭系统更有可能处于可能性大的宏观状态。这听起来像是废话,不过在当时这种想法却相当离经叛道,因为涉及了概率的概念。玻尔兹曼将宏观状态的熵定义为[1] 其对应的微观状态的数量。例如，图3.4的老虎机中，图片可以是"苹果""橙子""樱桃""梨"或"柠檬"，这样就总共有125种可能的组合（微观状态），其中有5种对应于"所有图片都相同 —— 你赢"的宏观状态，120种对应于"图片不完全相同 —— 你输"的宏观状态。后一种宏观状态的玻尔兹曼熵明显高于前一种。

玻尔兹曼熵遵守热力学第二定律。除非做功，否则玻尔兹曼熵会一直增加，直到到达最大可能熵的宏观状态。玻尔兹曼证明，在许多情形下，他对熵的简单定义与克劳休斯的定义等价。

玻尔兹曼熵的公式[2] 被刻在维也纳玻尔兹曼的墓碑上（图3.5），现在这个方程已经成为物理学的基石。

图3.5 玻尔兹曼的墓碑，维也纳（Martin Roell提供图片）

1."玻尔兹曼将宏观状态的熵定义为"：玻尔兹曼的定义假定对应于给定的宏观态的所有微观态都有相等的概率。玻尔兹曼还给出了一个更广义的公式定义非等概率微观态的熵。
2."玻尔兹曼熵的公式"：玻尔兹曼熵的公式为：$S = k\log W$，S 是熵，W 是对应给定宏观态的可能微观态的数量，k 是"玻尔兹曼常数"，这个数用来将熵变成标准单位。

香农信息

科学上许多最基本的思想都是由技术进步促进。19世纪的热力学研究就是由改进蒸汽机时遇到的挑战驱使。而数学家香农（Claude Shannon，图3.6）发展信息论也是受20世纪的通信革命推动，尤其是电报和电话的发展。1940年，香农改进了玻尔兹曼的思想，以适用于更为抽象的通信领域。香农在美国电话电报公司（AT&T）贝尔实验室工作。AT&T当时面临的最重要的问题就是如何通过电报和电话线快速有效地传送信息。

图3.6 香农（1916—2001）（经朗讯公司贝尔实验室许可使用）

香农从数学上解决了这个问题，从而开创了一个新领域 —— 信息论。1948年，香农发表了论文"通信的数学理论"，[1] 在文中香农给出了信息的一个狭义定义，并且证明了一个非常重要的定理，定理给出了通过给定通道传输的最大可能传输率，无论信道是否存在噪声。这个最大传输率就是信道容量（channel capacity）。

香农的信息定义中有一个发送者向接收者发送信息。例如图3.7有两个发送者通过电话与接收者交谈的例子。发送者说的每个词都是香农意义上的信息。电话并不理解所说的词，而只是传送编码声音的电脉冲，香农对信息的定义也完全忽略信息的意义，而只考虑发送者向接收者发送信息的速度。

香农问："发送者传送了多少信息给接收者呢？"与玻尔兹曼的思想类似，香农将宏观状态（这里是发送者）的信息定义为可以由发送者发送的可能微观状态（可能信息的集合）的数量的函数。我的儿子尼可还在蹒跚学步时，我会让他通过电话同奶奶讲话。他喜欢讲电话，不过只会说一个词——"Da"。他发给奶奶的信息是"Da Da Da Da Da …"换句话说，尼可的宏观状态只有一种可能的微观状态（"Da"序列），因此虽然这个宏观状态很有趣，但信息量却为零。奶奶知道听到的会是什么。我的儿子杰克两岁了，他也喜欢讲电话，不过他的词汇量大些，因此会告诉奶奶他干的事情，经常让奶奶对他讲的话吃惊。显然发送者杰克的信息量要多得多，因为可能的微观状态——即各种不同的信息组成的集合——要多得多。

---

1. "1948年，香农发表了论文'通信的数学理论'": Shannon，C.，A mathematical theory of communication. *The Bell System Technical Journal*，27，1948，pp. 379–423，623–656。

图3.7 上图：尼可同奶奶交谈的信息量（为零）。下图：杰克同奶奶的交谈有更多的信息量（David Moser绘制）

香农对信息量的定义与玻尔兹曼对熵更一般化的定义几乎一样。在1948年的经典文章中，香农用信息源的熵定义信息量（这个熵的概念通常被称为香农熵，以区别于玻尔兹曼给出的熵的定义）。

人们有时候将香农的信息量定义描述为接收者在接收信息时体验到的"平均惊奇度"，其中"惊奇"意指接收者对于发送源将要传送的信息的"不确定度"。奶奶对杰克所说的肯定会比对尼可所说的更觉得惊奇，因为她完全知道尼可会说什么，却不那么容易知道杰克会说什么。因此杰克所说的给她的平均"信息量"要比尼可说的多。

总体上，根据香农的理论，信息可以是通信的任何单位，可以是一个字母、一个词、一句话，甚至是一个比特（0或1）。发送源的熵（信息量）用信息的可能性定义，而与信息的"意义"无关。

香农的结果在许多领域都有应用。最广为人知的应用就是编码理论，研究数据压缩问题和可靠传输的编码方法。编码理论对电子通信的所有领域几乎都有影响：移动电话、计算机网络、全球定位系统，等等。

信息论也是密码学和新兴的生物信息学的基础，生物信息学通过分析基因序列的模式测量熵等信息论度量。信息论也被应用到语言和音乐的分析，以及心理学、统计推断和人工智能等领域。虽然信息论受到热力学和统计力学熵的概念启发，信息论对物理学的各领域是否有反向影响还有争议。1961年，通信工程师和作家皮尔斯

（John Pierce）开玩笑说："让通信理论和物理学联姻的努力[1]有趣却没什么结果。"一些物理学家认同他的观点。不过，一些基于香农信息论的物理学新思路（例如量子信息论和信息物理学）正不断发展。

在后面你会看到，熵、信息量、交互信息、信息动力学等信息论中的思想在对复杂性概念的定义和对各种类型复杂系统的刻画中扮演了重要而富有争议的角色。

1."让通信理论和物理学联姻的努力"：Pierce, J. R., *An Introduction to Information Theory：Symbols, Signals, and Noise.* New York：Dover, 1980, p. 24。（1961年第一版）

第 4 章
计算

Quo facto,[1] quando orientur controversiae, non magis disputatione opus erit inter duos philosophos, quam inter duos Computistas. Sufficiet enim calamos in manus sumere sedereque ad abacos, et sibi mutuo dicere：Calculemus！

（如果产生了争议，哲学家们用不着像会计师一样相互争执，他们只需要掏出纸和笔，然后说：来，演算一下。）

—— 莱布尼茨（转译自罗素译文）

在普通人眼里，计算就是计算机做的事情，电子表格、文档处理、电子邮件，诸如此类。计算机在人们脑海里就是台式电脑或笔记本，里面有电子电路，一般都带有显示器和鼠标，以前还流行用真空管。对于我们自己的大脑，我们也模糊地觉得有点像计算机，有逻辑演算、记忆存储和输入输出。

不过如果你读复杂系统方面的学术文献，你会发现计算这个词的

---

1. "Quo facto"：Leibniz，G. (1890). 收录在 C. Gerhardt（编辑），*Die Philosophischen Schriften von Gottfried Wilheml Liebniz*，Volume Ⅶ. Berlin：Olms. 英文引文引自 Russell，B.，*A History of Western Philosophy*，Touchstone，1967，p. 592。（1901年第一版）

用法蛮奇怪:"细胞和组织中的计算"[1];"免疫系统的计算"[2];"市场的分布式计算的本质和局限"[3];"植物中的涌现计算"[4]。这样的例子数不胜数。

自从计算机诞生以来,计算的概念已经走过了很长一段时间,现在许多科学家都将计算视为自然界中很普遍的现象。细胞、组织、植物、免疫系统和金融市场显然和计算机的运作方式不一样,那么他们说的计算到底是什么呢?他们又为什么要这样说呢?

在第12章我们会讨论这些问题,在此之前我们先了解一下计算思想的历史以及科学家用来理解自然界复杂系统的计算概念的基础。

什么是计算? 什么可以计算

香农的信息定义关注的是消息源的可预测性。不过在现实世界中,信息是用来分析并产生意义的东西,信息被存储,并和其他信息结合,产生结果或行为。总之,信息是用来计算的。

历史上计算的意义变化很大。直到20世纪40年代末,计算

1."细胞和组织中的计算": E.g., Paton, R., Bolouri, H., Holcombe, M., Parish, J.H., & Tateson. R.编辑, *Computation in Cells and Tissues: Perspectives and Tools of Thought*, Berlin: Springer-Verlag, 2004。

2."免疫系统的计算": Cohen, I.R., Immune system computation and the immunological homunculus. 收录于 O. Nierstrasz 等(编辑), *MoDELS 2006*, Lecture Notes in Computer Science 4199. Springer-Verlag, 2006, pp. 499-512。

3."市场的分布式计算的本质和局限": David Pennock题为"Information and complexity in securities markets"的演讲, Institute for Computational and Mathematical Engineering, Stanford University, November 2005。

4."植物中的涌现计算": Peak, D., West, J.D., Messinger, S.M., & Mott, K.A., Evidence for complex, collective dynamics and emergent, distributed computation in plants. *Proceedings of the National Academy of Sciences*, USA, 101(4), 2004, pp. 918-922。

都是指手工进行数学运算（小学生称之为"做算术"）。计算员（Computer）就是做数学运算的人。我以前的老师伯克斯（Art Burks）常和我们说他娶的是"计算机"——指的是第二次世界大战时被征召入伍手工计算弹道的妇女，伯克斯的夫人在遇到他时正是这样一位计算员。

现在计算指的是各式各样的计算机干的事情，另外自然界的复杂系统似乎也干这个。但是计算到底是什么呢？它又能做些什么呢？计算机什么都能算吗？是不是存在原则上的局限性？这些问题都是在20世纪中叶才得到解决。

希尔伯特问题和哥德尔定理

对计算的基础及其局限的研究，导致了电子计算机的发明，但其最初的根源却是为了解决一组抽象（而且深奥）的数学问题。这些问题是德国数学大师希尔伯特（David Hilbert，图4.1）于1900年在巴黎的国际数学家大会上提出来的。

希尔伯特在演讲中提出了世纪之交面临的23个亟待解决的数学问题。其中第2个和第10个问题在后来影响最大。实际上，它们不仅仅是数学内部的问题，它们还是关于数学本身以及数学能证明什么的问题。总的来说，这些问题可以分为三个部分：

1.数学是不是完备的？也就是说，是不是所有数学命题都可以用一组有限的公理证明或证否。

图4.1 希尔伯特（1862—1943）（美国物理学会西格尔图像档案，兰德收藏）

举个例子，还记得中学几何里学过的欧几里得公理吧？记不记得用这些公理可以证明"三角形内角和为180度"这样的定理？希尔伯特的问题是：是不是有某个公理集可以证明所有真命题？

2.数学是不是一致的？换句话说，是不是可以证明的都是真命题？"真命题"是专业术语，但我在这里用的是直接意义。假如我们证出了假命题，例如1+1＝3，数学就是不一致的，这样就会有大麻烦。

3.是不是所有命题都是数学可判定的？也就是说，是不是对所有命题都有明确程序（definite procedure）可以在有限时间内告诉我们命题是真是假？这样你就可以提出一个数学命题，比如"所有比2大的偶数都可以表示为两个素数之和"，然后将它交给计算机，计算机就会用"明确程序"在有限时间内得出命题是"真"还是"假"的结论。

最后这个问题就是所谓的Entscheidungsproblem("判定问题"),它可以追溯到17世纪的数学家莱布尼茨(Gottfried Leibniz)。莱布尼茨建造了他自己的计算机器,并且认为人类将建造出能判定所有数学命题真假的机器。

这三个问题过了30年都没有解决,不过希尔伯特很有信心,认为答案一定是"是",并且还断言"不存在不可解的问题"。[1]

然而他的乐观断言并没有维持太久,可以说非常短命。因为就在希尔伯特做出上述断言的同一次会议中,一位25岁的数学家宣布了对不完备性定理的证明,他的发现震惊了整个数学界,这位年轻人名叫哥德尔(Kurt Gödel,图4.2)。不完备性定理说的是,如果上面的问题2的答案是"是"(即数学是一致的),那么问题1(数学是不是完备的)的答案就必须是"否"。

哥德尔的不完备性定理是从算术着手。他证明,如果算术是一致的,那么在算术中就必然存在无法被证明的真命题 —— 也就是说,算术是不完备的。而如果算术是不一致的,那么就会存在能被证明的假命题,这样整个数学都会崩塌。

1."不存在不可解的问题":引自Hodges, A., *Alan Turing: The Enigma*, New York: Simon & Schuster, 1983, p.92。

图4.2　哥德尔（1906—1978）（照片由普林斯顿大学图书馆提供）

哥德尔的证明很复杂。[1] 不过直观上却很容易解释。哥德尔给出了一个数学命题，翻译成白话就是"这个命题是不可证的"。

仔细思考一下。这个命题很奇怪，它居然谈论的是它自身——事实上，它说的是它不可证。我们姑且称它为"命题A"。现在假设命题A可证，那它就为假（因为它说它不可证），这就意味着证明了假命

---

1. "哥德尔的证明很复杂"：对这个证明的出色阐释，参见 Nagel, E. & Newman, J. R., *Gödel's Proof*. New York : New York University, 1958；以及 Hofstadter, D. R., *Gödel, Escher, Bach : an Eternal Golden Braid*. New York : Basic Books, 1979。

题 —— 从而算术是不一致的。好了，那我们就假设命题 A 不可证，这就意味着命题 A 为真（因为它断言的就是自己不可证），但这样就存在不可证的真命题 —— 算术是不完备的。因此，算术要么不一致，要么不完备。

难以想象这个命题如何转换成用数学语言表述，但是哥德尔做到了 —— 哥德尔证明的复杂和精彩之处就在此，在这里我们不去讨论。

绝大多数数学家和哲学家都坚定地认为希尔伯特问题能被正面解决，这对他们是个沉重的打击。就像数学作家霍吉斯（Andrew Hodges）说的："这是在研究中惊人的转折，[1] 因为希尔伯特曾以为他的计划将一统天下。对于那些认为数学完美而且无懈可击的人来说，这让人难以接受……"

图灵机和不可计算性

哥德尔干净利落地解决了希尔伯特第一和第二问题，接着第三问题又被英国数学家图灵（Alan Turing，图 4.3）干掉了。[2]

1935 年，图灵 23 岁，在剑桥跟随逻辑学家纽曼（Max Newman）攻读研究生。纽曼向图灵介绍了哥德尔刚刚得出的不完备性定理。在理解哥德尔的结果之后，图灵发现了该如何解决希尔伯特的第三问题，

---

1. "这是在研究中惊人的转折"：Hodges, A., *Alan Turing : The Enigma*. New York: Simon & Schuster, 1983, p. 92。
2. "第三问题又被英国数学家图灵干掉了"：还有一位数学家丘奇（Alonzo Church），也证明了在数学中存在不可判定命题，但后来图灵的研究更有影响力。

判定问题，同样，他的答案也是"否"[1]。

　　图灵是怎么证明的呢？前面说过，判定问题问的是，是否有"明确程序"可以判定任意命题是否可证？"明确程序"指的是什么呢？图灵的第一步就是定义这个概念。沿着莱布尼茨在两个世纪以前的思路，图灵通过构想一种强有力的运算机器来阐述他的定义，这个机器不仅能进行算术运算，也能操作符号，这样就能证明数学命题。通过思考人类如何计算，他构造了一种假想的机器，这种机器现在被称为图灵机。图灵机后来成了电子计算机的蓝图。

图4.3 图灵（1912—1954）（Photo Researchers公司版权所有©2003，经许可重印）

1."同样，他的答案也是'否'": Turing, A. M., On computable numbers, with an application to the *Entscheidungsproblem. Proceedings of the London Mathematical Society*, 2(42), 1936, pp. 230-265。

图灵机概述

如图4.4所示，图灵机由三部分组成：

1.带子，被分成许多方格（或"地址"），符号可以被写入其中或从中读出。带子两头都有无限长。

2.可以移动的读写头，能从带子上读取符号或将符号写到带子上。在任何时候，读写头都处于一组状态中的一个。

3.指示读写头下一步如何做的一组规则。

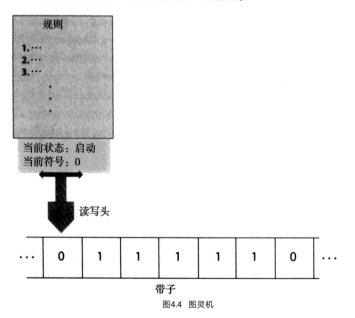

图4.4　图灵机

读写头开始处于特定的开始状态，并停在特定的格子上。每一步，读写头读取当前格子中的符号。然后读写头根据读取的符号和读写头的当前状态按照规则动作。规则决定读写头在当前格子中写入什么符号（替换当前符号）；读写头是向右还是向左移动或是停止不动；以及读写头的新状态是什么。如果读写头进入停机状态，机器就会停下来。

图灵机的输入是机器启动之前写在带子上的符号集合。输出则是停机之后留在带子上的符号集。

一个简单的例子

用一个简单的例子解释一下。为简便起见，假设带子上的符号只有0和1（同真正的计算机一样），而空符号则指格子中为空。我们设计一个图灵机，它读取的带子上有两个0，中间夹着一串1（例如，011110），然后判断1的个数是奇数还是偶数。如果是偶数，机器最后就在带子上输出一个0（其他格子为空）。如果是奇数，最后就在带子上输出一个1（其他格子为空）。假设带子的输入总是刚好有两个0，中间夹着零个或多个1，其他的格子都为空。

我们的图灵机的读写头得有4种可能状态：启动、偶数、奇数和停机。读写头最初停在最左边的0，处于启动状态。我们编写规则让读写头往右移动，每次一格，用空格替换遇到的0和1。如果读写头在当前格子中读到1，读写头就变成奇数状态，并往右移动一格。如果再次读到1，就变成偶数状态，再往右移动一格。就这样读到1就在偶数和奇数状态之间切换，一直往下。

　　如果读写头读到 0，输入就走完了，这时所处的状态（奇数或偶数）就是想要的结果。然后机器根据状态在当前格子里写 1 或 0，并变成停机状态。

　　下面是读写头实现这个算法的规则：

　　1. 如果处于启动状态，当前格子为 0，就变成偶数状态，把 0 擦掉，并往右移动一格。

　　2. 如果处于偶数状态，当前格子为 1，就变为奇数状态，把 1 擦掉，并往右移动一格。

　　3. 如果处于奇数状态，当前格子为 1，就变成偶数状态，把 1 擦掉，并往右移动一格。

　　4. 如果处于奇数状态，当前格子为 0，就在格子中写入 1，并变成停机状态。

　　5. 如果处于偶数状态，当前格子为 0，就在格子中写入 0，并变成停机状态。

　　首先在带子上写好输入，然后让图灵机根据规则顺序处理输入，这个过程被称为"根据输入运行图灵机"。

定义为图灵机的明确程序

在上面的例子中，如果输入的格式正确，不管具体的输入是什么（包括一个1也没有的情况，这时视为有偶数个1），根据输入运行图灵机都能确保得出正确的输出。虽然这有点小儿科，但你还是得承认这是一个解决奇偶问题的"明确程序"，每一步都很明确。图灵的第一个目标就是落实明确程序的概念。其中的思想是，对于特定的问题，你可以通过设计一个解决这个问题的图灵机来构造明确程序。这样"明确程序"就定义为图灵机，虽然目前还有些模糊不清。

在对此进行思考时，图灵并没有真的去建造一台机器（虽然后来他这样做了）。他对图灵机的所有思考都是通过纸和笔完成的。

通用图灵机

接下来，图灵又证明了图灵机的一个神奇特性：人们可以设计出一种通用图灵机（称之为U），它可以模拟任何图灵机的运作。U在模拟图灵机M处理输入I时，U处理的带子上不仅包含编码输入I的序列，还包含编码图灵机M的序列。你可能会奇怪图灵机M也能被编码，不过这其实不难。首先，所有规则（同前面那五条差不多）都可以简写成下面这种形式：

— 当前状态 — 当前符号 — 新状态 — 新符号 — 动作 —

这样前面的规则1就表示成：

—启动—0—偶数—空—右移—

（分隔符"—"不是必需的，只是方便我们读规则。）然后用
0/1序列对规则进行编码：例如，启动 = 000，偶数 = 001，奇数
= 010，停机 = 100。类似的，符号也能编码成0/1序列：例如，符号
"0" = 000，符号"1" = 001，空符号 = 100。0/1序列可以随意设定，
只要与符号一一对应就行。状态和符号 —— 比如启动和"0"—— 之
间使用的0/1序列可以相同；因为我们知道规则的结构形式，据此就
能分析出编码的内容。

类似的，也可对动作进行编码，"右移"对应000，"左移"对应
111。将分隔符"—"编码成111。这样整条规则都可以编成0/1序列了。
编码出来的规则1是这个样子：

1110001110001110011110011110001111

其他规则也可以依此编为0/1码。将所有规则的编码连到一起，
形成一个长串，就是图灵机M的编码。为了让U模拟M处理I，U最初
的带子上既包含I也包含M的编码。U的每一步在带子的输入部分读
取I的当前符号，并从带子的M部分读取相应的规则，应用于输入部
分；这样就能模拟跟踪M在处理给定输入时的状态和输出。

如果M到达停机状态，U也会停机，并且带子上产生的输出会与
M处理给定输入I时产生的输出一样。因此我们说"U在I上运行M"。
这里没有讨论U本身的状态和规则，因为比较复杂，但是这种图灵机

是肯定可以设计出来的。事实上，现在的可编程计算机正是这样一台通用图灵机：它读取存储的程序，并在存储的输入I上运行这个程序。在图灵证明了存在通用图灵机之后十来年，第一台可编程的计算机就被建造出来了。

图灵对判定问题的解决

再来看看判定问题：是否有明确程序可以判定任意命题是否为真？

通过证明通用图灵机的存在，图灵证明了这个问题的答案是"否"。他意识到图灵机的编码也可以作为另一台图灵机的输入。这就好像用一个计算机程序作为另一个程序的输入。比方说，你可以用WORD写一个程序，存成一个文件，然后用另一个程序（字数统计）处理这个文件，输出你的程序的字数。字数统计程序并不运行你的程序，它只是统计文本文件中的字数。

类似的，你也可以设计出统计输入中1的个数的图灵机M（这个不是很难），然后运行M处理另一个图灵机M'。M会统计M'中的1的个数。当然，在通用图灵机U中，将M的代码置于U的带子的"程序"部分，将M置于带子的"输入"部分，U就能在M上运行M。为了好玩，我们也可以在U的带子的"程序"和"输入"部分都放置M，让M处理它自己的编码！这就好像让字数统计程序来计数它自己的字数。完全没有问题！

带子上的0/1序列既可以作为程序，也可以作为另一个程序的输入。对熟悉计算机的你来说，这一点可能稀松平常，但是在图灵提出他的证明的年代，这点洞察却是革命性的。

现在我们来看看图灵的证明。

图灵是用反证法证明判定问题的答案为"否"。首先假设答案是"是"，然后证明这个假设会导致矛盾，从而证明答案是相反的。

图灵首先假设，存在明确程序可以判定任意给定命题是否为真。然后他给出了这样一个命题：

图灵命题：图灵机M对于给定输入I会在有限步后停机。

根据前面的假设，将M和I作为输入，有一个明确程序可以判定这个命题是否为真。图灵证明，这个假设会导致矛盾。

我们注意到有一些图灵机永远也不会停机。例如，考虑与前面例子类似的一个图灵机，只有两条规则：

1.如果处于启动状态，读取到0或1，变为偶数状态，并往右移动一格。

2.如果处于偶数状态，读取到0或1，变为启动状态，并往左移动一格。

　　这个图灵机完全没有错误，但是它永远不会停机。用现在的话说是"死循环"——写程序时经常会碰到的bug。死循环有时候隐藏很深，让你很难发现。

　　前面假设了有明确程序能够判定图灵命题是否成立，这就等价于说我们能设计一个图灵机来检查死循环。

　　具体说，这个假设说的是我们能设计一个图灵机H，对于任何给定的图灵机M和输入I，都能在有限时间内判断M对输入I是会停机还是会进入死循环，停不了机。

　　设计H的问题被称为"停机问题"。注意到H本身必须总是能停机，不管答案是"是"还是"否"。因此H不能通过在I上运行M来做到这一点，因为有可能M不会停机，从而H也停不了。H必须想其他办法做到这一点。

　　虽然还不清楚H要如何做，但是我们假设了H是存在的。我们将运行H处理M和I记为H（M，I）。如果M对于I会停机就输出"是"（例如在带子上写一个1），如果M对于I不会停机就输出"否"（例如在带子上写一个0）。

　　然后图灵把H变了一下，将图灵机M也作为输入，计算H（M，M），记为H'。H'执行的步骤同H一样，它确定M处理它自身的编码M时会不会停机。不过，在得到结果后，H'执行的动作同H不一样。H在回答"是"或"否"后停机。H'则只有答案是"M对于编码M不会停机"时才会停机。如果答案是"M对于编码M会停机"，H′ 就进入死循环，永不停机。

这可能有点让人糊涂，希望你们能跟上。在计算理论的课程中，这是一个分水岭，一些学生会变得绝望，"我没法想明白这玩意！"一些学生则会拍手称快，"我喜欢这玩意！"

当初我也有些糊涂，不过我还是喜欢上了这些。也许你和我一样。我们来深呼吸一下，然后继续。

现在图灵抛出了最后的问题：

如果用H′自身的编码作为H′的输入，H′ 会怎么做呢？

到这个时候，拍手称快的学生也会开始头大。这确实很难想明白，不过我们还是试一试。

先假设H′ 对于输入H′ 不会停机。但这样就有个问题。前面说了，H′ 以图灵机M的编码作为输入时，如果M对于M会停机，H′ 就会进入死循环，反之则停机。因此，如果H′ 对于输入M不能停机，就意味着M对于输入M会停机。发现会有什么结果了吧？H′ 对于输入H′ 不会停机意味着H′ 对于输入H′ 会停机。但是H′ 不能既停机又不停机，这样就导致了矛盾。

因此假设H′ 对于H′ 不会停机是错误的，只能认为H′ 对于H′ 会停机。但是这样又会有问题。只有在M对于M不会停机时，H′才会停机。因此如果H′对于H′不会停机，H′对于H′就会停机。又导致了矛盾。

这证明H′对于输入H′既不能停机也不能不停机。这是没法做到的，因此H′不可能存在。H′本身是H的特例，因此我们就证明了H不可能存在。

因此不存在明确程序能解决停机问题，这就是图灵的最后结论。停机问题证明了判定问题的答案是"否"；不存在明确程序能判定任意数学命题是否为真。图灵从而彻底埋葬了希尔伯特的这个问题。

从上面可以看出，图灵对停机问题不可计算性的证明，与哥德尔的不完备性定理具有同样的核心思想。哥德尔提出了可以编码数学命题的方法，从而让它们可以谈论自身。图灵则提出了编码图灵机的方法，让它们可以运行自身。

在这里我总结一下图灵里程碑式的成就。首先，他严格定义了"明确程序"的概念。其次，他提出的图灵机为电子计算机的发明奠定了基础。第三，他改变了大多数人的观念——计算存在局限。

哥德尔和图灵的命运

19世纪时，数学和科学被认为无所不能。希尔伯特和他的追随者认为他们即将实现莱布尼茨的梦想：发现自动判定命题的方法，并证明数学无所不能。类似的，在第2章我们看到，拉普拉斯相信，根据牛顿定律，科学家原则上能预测宇宙将发生的一切。

然而，20世纪早期在数学和物理上的发现表明，这个无所不能实际上并不存在。量子力学和混沌摧垮了精确预测的希望，哥德尔和图灵的结果则摧垮了数学和计算无所不能的希望。然而，图灵对停机问题的解决却为另一个伟大发现 —— 可编程电子计算机 —— 开辟了舞台。计算机后来给科学研究以及我们的生活带来了翻天覆地的变化。

在20世纪30年代发表他们的成果之后，图灵和哥德尔的命运迥异。同当时许多人一样，在希特勒和第三帝国出现后，他们的命运被彻底改变了。哥德尔受到时断时续的精神问题困扰，他在维也纳一直待到1940年，最后为了不被征入德军服兵役，移民到美国。（据他的传记作者王浩说，[1] 在准备美国入籍面试时，他发现了美国宪法中的不一致性，结果他的朋友爱因斯坦在陪他去面试时只好不断同他聊天，以引开他的注意力。）

哥德尔和爱因斯坦一样，加入了声名卓著的普林斯顿高等研究院，并继续在数理逻辑领域做出重要贡献。然而，在20世纪60—70年代，他的精神状况不断恶化。去世前，他得了严重的妄想症，认为有人要毒害他。他拒绝进食，最终死于饥饿。

图灵也访问了普林斯顿高等研究院并得到了职位，但他决定回到

---

1. "据他的传记作者王浩说"：Wang, H., *Reflections on Kurt Gödel*. Cambridge, MA：MIT Press，1987。

英国。在第二次世界大战中，他加入了英国绝密的破解德军谜团密码（Enigma）的计划。以他的逻辑和统计学专长，再加上在电子计算上的成就，图灵领导研发了破译机器，最终几乎破解了所有使用谜团密码的情报。这使得英国在同德国作战时具有很大优势，并成为最终战胜纳粹的重要因素。

　　战后，图灵在曼彻斯特大学参与研制了第一批可编程电子计算机（基于通用图灵机的思想）。此后他的兴趣又回到探索大脑和身体的"计算"原理，他研究了神经学和生理学，并在发育生物学理论上做了有影响的工作，还探讨了智能计算机的可能性。然而他的生活与当时的社会道德习惯相抵触：他没有隐瞒自己的同性恋倾向。在20世纪50年代的英国同性恋是非法的，图灵因为与男性发生关系而被逮捕，并被判决接受药物"治疗"以改变他的"状况"。他也被取消了接触政府机密的权力。这些事件最终导致他在1954年自杀。有意思的是，哥德尔是因为怕被下毒而把自己饿死，图灵则是吃了有氰化物的苹果把自己毒死。图灵死的时候年仅41岁。

第5章
进化

> 一切伟大的真理开始时都是大逆不道。[1]
>
> —— 萧伯纳 (George Bernard Shaw),
>
> 《安纳扬斯卡，布尔什维克女皇》
>
> (*Annajanska*, *The Bolshevik Empress*)

　　热力学第二定律认为封闭系统的熵会一直增加直至最大。这一点我们通过直觉就能认识到 —— 不仅在科学上是这样，在我们的日常生活中，在我们对历史的理解中，在艺术、文学、宗教中都是这样。佛偈云，"一切行无常，生者必有尽。"[2] 旧约先知以赛亚预言"地必如衣服渐渐旧了"。[3] 莎士比亚则说：

　　　　哦，夏日的芳香怎能抵抗，[4]

　　　　多少个日夜前来猛烈地围攻，

1."一切伟大的真理开始时都是大逆不道": Shaw, G. B., *Annajanska, the Bolshevik Empress*. London: Kessinger Publishing, 1919/2004, p. 15。

2."一切行无常，生者必有尽": 引自Bowker, J.（编辑）, *The Cambridge Illustrated History of Religions*. Cambridge, UK: Cambridge University Press, 2002, p. 76。

3."地必如衣服渐渐旧了": Isaiah 51:6. *The Holy Bible*, King James Version。

4."哦，夏日的芳香怎能抵抗": 引自Shakespeare, Sonnet 65。

就如岩石般顽强也无法坚守，

钢门结实，都得被时间磨空？

这真让人沮丧，一切都不可阻挡地走向最大熵。但是大自然中又能见到与之不符的例子：生命。不管从哪方面看，生命系统都是复杂的 —— 它们处于有序和无序之间的某个地方。我们可以看到，在漫长的历史中，生命系统变得越来越精巧复杂，而不是熵逐渐增加，越来越无序。

我们已经知道，要让熵减少就必须做功。那么又是谁，是什么在创造和维持生命系统，并让它们越来越复杂呢？一些宗教认为这是神迹，但是在19世纪中叶，达尔文提出，生命进化是通过自然选择造就的。

还没有哪种科学思想像达尔文的进化论这样动摇过人类对于他们自身的观念。它也许是科学史上最具争议的思想，但它也是最好的思想。哲学家丹内特（Daniel Dennett）曾说：

如果要我选择一个历史上最重要的思想，[1] 我认为不是牛顿，也不是爱因斯坦，或是其他人，而是达尔文。自然选择的进化思想统一了生命和意义的疆域，还有可能会统一空间和时间、因果效应、机能和物理定律。

---

1. "如果要我选择一个历史上最重要的思想"：Dennett, D. R., *Darwin's Dangerous Idea*. New York: Simon & Schuster, 1995, p. 21。

这一章将介绍达尔文进化论的历史和主要思想，以及进化如何产生出组织和适应。来自进化论的观念将一次又一次在这本书中出现。在第18章，我还将阐释这些观念如何被分子生物学以及复杂系统的研究成果进一步修正。

达尔文之前的进化观念

进化一词有"逐渐变化"的意思。生物进化就是生物的物种形态逐渐变化（有时候也很快）的过程。直到18世纪，物种形态都被认为是不会改变的；所有生物都是由神创造，从被创造出来就一直保持不变。在古希腊和印度曾有些哲学家认为人类可能是从其他物种变化而来，但是在西方，神创造万物的思想直到18世纪才开始被广泛质疑。

在18世纪中叶，达尔文提出进化论之前100年，法国动物学家布冯（George Louis Leclerc de Buffon）出版了鸿篇巨著《自然历史学》（*Historie Naturelle*），书中描述了各种物种之间的相似之处。布冯认为地球的年龄远远大于圣经上说的6000年，而且现在所有物种都是由同一祖先进化而来，不过他没有说明进化的机制是怎样的。布冯在生物学和地质学上的研究对于之前的神创论是很大的突破。毫不奇怪法国天主教堂要将他的书烧掉。

查尔斯·达尔文的祖父厄拉斯莫斯·达尔文（Erasmus Darwin）也是一位杰出的学者，他也认为所有物种都是由同一祖先进化而来。他提出的进化机制是他孙子的自然选择理论的先驱。厄拉斯莫斯·达尔文在科学作品和诗中都表达了这种思想：

无垠波涛下的有机生命，[1]

在大海的呵护下孕育生长；

开始时很微小，显微镜下也看不见，

在淤泥中移动，在水中穿行；

随着一代一代繁衍，

逐渐获得了新的力量，具备了更强大的肢体；

从此开始出现数不清的植物群落，

和有鳍有脚有翅膀的会呼吸的动物。

比起现在的科学家来真是优雅多了！不过，和法国一样，英国天主教会也不喜欢这些思想。

达尔文之前最著名的进化论者是拉马克（Jean-Baptiste Lamarck，图5.1）。拉马克是法国贵族，也是一位植物学家，他在1809年出版了一本书——《动物哲学》（*Philosophie Zoologique*），书中他提出了一种进化理论：新的物种从非生命物质中自发产生，然后物种会通过"获得性状的遗传"不断进化。这个思想认为生物在生命过程中会适应环境，而这种获得的适应性会直接遗传给后代。拉马克在书中举的一个例子是鹳类这样的涉水鸟类的长腿。他认为鹳类最初会不断伸展它们的腿，以免身体接触到水。经常伸展腿使得它们的腿越来越长，

1."无垠波涛下的有机生命"：Darwin, E., *The Temple of Nature*；或 *The Origin of Society*：*A Poem with Philosophical Notes*. London：J. Johnson，1803。

而这种获得的长腿性状又遗传给它们的后代，就这样越来越长。结果就造成了我们现在看见的涉水鸟类的长腿。

图5.1 拉马克（1744—1829）［图像出自《LES CONTEMPORAINS N 554: Lamarck , naturaliste（1744—1829）》，特莱（Louis Théret）著，博讷出版社（Bonne Press）1903年出版。Scientia Digital（http://www.scientiadigital.com）拥有图像版权。经许可重印］

拉马克举了许多这样的例子。他还断言进化会产生"进步的趋势"，生物会进化得越来越高级，人类则是其巅峰。因此，生物的绝大部分变化都是越来越好，也越来越复杂。

当时绝大多数人都不接受拉马克的思想 —— 不仅神创论者反对，相信进化的人也不认同。进化论者完全不信服拉马克对获得性状遗传的论证。事实上，他的经验数据也确实没有说服力，提到的生物特征的产生过程基本都只是他的臆测。

　　不过达尔文自己最初倒似乎很认同拉马克："拉马克……有一些很确凿的证据，[1] 但是太过粗糙，他那些极具天赋的远见就好像科学中的先知、最自负的天才。"达尔文也认为，除了自然选择，获得性状的遗传也是进化的机制之一（这个思想在现在的"达尔文主义"中并没有留存下来）。

　　拉马克和达尔文都无法解释这样的遗传是如何发生的。在达尔文之后，随着遗传学的发展，才明确获得性状的遗传是不可能的。到20世纪初，拉马克的理论已没有什么影响，不过一些杰出的心理学家还是认为它能解释思维的某些方面，比如本能。弗洛伊德（Sigmund Freud）就表达了这种观点，"如果动物的本能生活能有任何解释，[2] 就只能是这个：它们将其经验赋予了它们的后代；也就是说，它们在记忆思维中保留了祖先的经验"。不过在弗洛伊德之后这些观念在心理学中也不再有影响。

达尔文理论的起源

　　达尔文（图5.2）是所有后进学生的榜样。孩童时期，他是才华横溢的家庭中成绩普通的学生。（他的父亲是一位成功的乡村医生，在

1."拉马克……有一些很确凿的证据"：引自Grinnell，G. J.，The rise and fall of Darwin's second theory. *Journal of the History of Biology*，18（1），1985，p. 53。
2."如果动物的本能生活能有任何解释"：Freud，S.，*Moses and Monotheism*. New York：Vintage Books，1939，pp. 128–129. 引自Cochrane，E.，Viva Lamarck：A brief history of the inheritance of acquired characteristics. *Aeon* 2：2，1997，pp. 5–39。

达尔文十几岁时，有一次气得实在受不了，对他说："除了打猎、养狗、抓老鼠，你还会什么？[1] 你只会让你自己和家族蒙羞！"）这个当时的后进学生后来却成了历史上最重要也最著名的生物学家。

图 5.2　达尔文（1809—1882），照片摄于 1854 年，数年后他出版了《物种起源》[照片来自范维尔（John van Wyhe）编辑的网上达尔文作品全集（http://darwin-online.org.uk /），经许可引用]

1831 年，在选择自己未来职业的时候（选择似乎包括乡村医生和乡村牧师），达尔文得到一个工作机会，在小猎犬号测绘船（H. M. S. Beagle）上担任"博物学家"和"陪船长吃饭"。船长是一位"绅士"，旅途觉得寂寞，又不想和阶层低下的船员一起吃饭，就想找个绅士陪他吃饭。结果找到了达尔文。

1."除了打猎、养狗、抓老鼠，你还会什么"：Darwin, C.& Barlow, N. D., *The Autobiography of Charles Darwin*. Reissue edition, New York：W. W. Norton, 1958 / 1993, p. 28。

达尔文在小猎犬号上待了将近5年（1831—1836），大部分时候在南非，除了陪船长吃饭，他还收集了许多植物、动物和化石标本，并且不断阅读、思考、写作。幸运的是他写了很多信，还保存了很多笔记，里面有很多观察、思考和阅读笔记。此后一生中他一直详细记录自己的思想。达尔文如果活到现在，肯定会热衷于写博客。

在随小猎犬号航行期间和之后，达尔文从多个学科的书籍和文章中汲取了大量思想。他信奉莱尔（Charles Lyell）的《地质学原理》（*Principles of Geology*, 1830），认为各种地貌（山脉、峡谷和岩石的形成）是受风力、水流、火山爆发、地震等因素不断侵蚀而成，而不是圣经中所说的诺亚洪水这样的灾难造成的。这种渐进主义观点——微小因素日积月累也会有很大的影响——不容于当时的原教旨主义者，但是莱尔的证据让达尔文很信服，特别是航海经历让他看到了各种地质作用。

马尔萨斯（Thomas Malthus）的《人口学原理》（*Essay on the Principle of Population*, 1798）让达尔文意识到群体数量的增长会导致对食物等资源的竞争。马尔萨斯论述的是人类数量的增长，达尔文却吸收其思想用来解释所有生物不断"为生存而斗争"，从而导致进化。

达尔文还读了亚当·斯密的自由市场圣经[1]——《国富论》（*The Wealth of Nations*, 1776）。他通过这本书了解了斯密的经济的看不见

1."达尔文还读了亚当·斯密的自由市场圣经"：达尔文在给 W. D. Fox 的一封信中写到（1829年1月），"我的研究中包括亚当·斯密和洛克（Locke）。"*The Correspondence of Charles Darwin*，第1卷（F. Burkhardt & S. Smith 编辑）. Cambridge, U.K.: Cambridge University Press, 1985, p.72。

的手的思想，大量个体只关心自己的私利，却使得整个社会的利益最大化。

通过在南非等地的观察，达尔文深深震惊于物种之间的巨大差异，以及不同物种对于环境的明显适应。他的一个最著名的例子是加拉帕格斯群岛（Galápagos）的燕雀，加拉帕格斯群岛距厄瓜多尔海岸约1000千米。达尔文发现燕雀的不同种群之间虽然很相似，它们的喙的大小和形状却差别很大。达尔文认识到岛上的不同燕雀都有共同的祖先，它们的祖先通过迁徙来到加拉帕格斯群岛。他还证明喙的形态是对不同食物来源的适应，[1] 各小岛上的食物很不相同。达尔文认为各岛之间距离遥远，加上环境差异很大，导致共同的祖先进化成了不同的物种。

可以想象，在达尔文航海期间和回到英国后，这些思想一直萦绕在他的脑海，他努力想要理解他看到的一切。微小的变化日积月累也会产生很大的影响。种群数量增长，资源却有限，因而不得不为生存而斗争。个体的自利行为却使得整体受益。生命的变化似乎有无限可能，各物种的性状似乎是针对它们所处的环境专门设计。物种从共同的祖先分化而来。

通过多年思考，这一切在他的脑中逐渐形成了统一的理论。在资源有限的情况下，生物个体存活的后代越多，则越占优势。后代不是完全复制父代，而是有一些细微的性状变化。有利于后代生存和繁衍

---

1. "喙的形态是对不同食物来源的适应"：对此的进一步阅读，参见 Weiner, J., *The Beak of the Finch : A Story of Evolution in Our Time.* New York : Knopf, 1994。

的性状会被遗传给更多后代，从而在种群中扩散开来。慢慢地，通过繁殖时的随机变异和个体的生存斗争，就会形成适应环境的新物种。达尔文称这个过程为*自然选择导致进化*。

形成自己的理论之后数年里，达尔文只同莱尔等少数人交流了自己的思想。他之所以沉默，部分是由于他希望得到更多证据来支撑他的理论，更主要是因为他担心自己的理论会让宗教人士不快，尤其是他自己的夫人也是一位虔诚的宗教信徒。他再一次考虑成为乡村牧师，但又为自己的思想感到不安："（与我以前秉持的信念恰恰相反）我深信物种不是不可改变的[1]（这让我有沉重的负罪感）。"

另外，留下来的笔记还表明，达尔文当时已经意识到自己的理论对于人类地位的哲学意义。他写道："柏拉图……在《斐多篇》（*Phaedo*）中说[2]我们'与生俱来的思想'不可能来自经验，而是来自前世——但前世可能是猴子。"

竞争不仅是进化的中心要素，也是科学研究本身的主要动力。达尔文对发表成果的犹豫很快就消失了，因为他发现他可能会被抢先。1858年，达尔文收到了英国另一位自然学家华莱士（Alfred Russell Wallace）的手稿，《论变种无限地偏离原始类型的倾向》（*On the Tendency of Varieties to Depart Indefinitely from the Original Type*）。达

---

1. "我深信物种不是不可改变的"：引自 Bowlby, J., *Charles Darwin : A New Life*. New York W. W. Norton, 1992, p. 254。

2. "柏拉图……在《斐多篇》中说"：Barrett, P.（编辑），*Charles Darwin's Notebooks*, 1836−1844 : *Geology*, *Transmutation of Species*, *Metaphysical Enquiries*. Ithaca, NY : Cornell University Press, 1987, p. 551。

尔文惊奇地发现华莱士也独立得出了自然选择导致进化的思想。达尔文在给莱尔的信中表达了自己的担心："我的所有成果，[1] 不管意义有多大，也许都得不到承认。" 然而，他还是慷慨地帮助华莱士发表了他的论文，只是要求自己的成果也能同时发表，虽然他担心这个要求"有些可鄙"[2]。

莱尔也认为，达尔文和华莱士应当同时发表他们的成果，以解决优先权问题。这个合作成果于1858年夏在林奈学会（Linnean Society）宣读。1859年底，达尔文出版了400多页的《物种起源》。

但优先权问题还是没有彻底解决。达尔文不知道，早在《物种起源》出版之前28年，一位不为人知的苏格兰人马修（Patrick Matthew）出版了一本标题和内容都很晦涩的书——《论海军木材和树木栽培》（*On Naval Timber and Arboriculture*），书的附录中他提出了与达尔文的自然选择非常类似的思想。1860年，马修在杂志《加蒂纳记事》（*Gardiner's Chronicle*）上看到了达尔文的思想，就给杂志写了一封信申明他有优先权。达尔文心里也非常不安，他在信中回应道："我完全承认马修先生多年前[3]就提出了我对于物种起源提出的自然选择解释…… 我只能向马修先生道歉，因为我完全不知道他的著作。"

那么自然选择的思想到底该归功于谁呢？显然，这又是一个同时

---

1. "我的所有成果"：参见达尔文1858年6月18日给莱尔的信。收录在 *The Darwin Correspondence Online Database*（http://www.darwinproject.ac.uk），Letter 2285。
2. "有些可鄙"：参见达尔文1858年6月25日给莱尔的信。同上，Letter 2294。
3. "我完全承认马修先生多年前"：引自Darwin, C., *The Autobiography of Charles Darwin.* Lanham, MD：Barnes & Noble Publishing，尾注21，2005，p.382。1887年首次发表。

独立发现的例子，一旦思想的时机成熟，就必然会有人想到。达尔文的同行赫胥黎（Thomas Huxley）就曾责骂自己："真蠢，我怎么没有想到！"[1]

为什么最后是达尔文得到了一切荣誉呢？有几个原因，首先他当时已是声望很高的学者，最重要的是，与华莱士和马修的著作比起来，达尔文书中的思想更加清晰，给出的证据也多得多。是达尔文让自然选择从有趣而合理的猜测变成了极为完善的理论。

总结一下达尔文理论的主要思想：

◆存在进化，所有物种都来自共同的祖先。生命的历史就是物种呈树状分化。

◆一旦生物的数量超出了资源的承载能力，生物个体就会为资源竞争，从而导致自然选择。

◆生物性状会遗传变异。变异在某种意义上是随机的 —— 变异并不必然会增加适应性（虽然前面提到达尔文自己接受拉马克的观点，认为是这样的）。能够适应当前环境的变异更有可能被选择，也就是说具有这种变异的生物更有可能存活，并将这种新的性状遗传给后代，从而让后代中具有这种性状的个体增加。

1."真蠢，我怎么没有想到！"：引自 Provine，W. B.，*The Origins of Theoretical Population Genetics.* Chicago：University of Chicago Press，1971，p. 4。

◆进化是通过细微的有利变异不断累积逐渐形成的。

根据这个观点，自然选择导致的进化产物就像是被"设计"出来的，却不存在设计者。是机遇、自然选择和漫长的时间造就了这一切。熵的减少（生命系统结构越来越复杂，就像设计过的）是自然选择的结果。这个过程所需的能量来自生物从环境中获取的能量（阳光、食物等）。

孟德尔和遗传律

达尔文的理论没有解释性状如何从父代传给子代，也没有解释自然选择的基础——性状的变异——是如何产生的。直到20世纪40年代才发现DNA是遗传信息的载体。19世纪提出了许多遗传理论，但都没有产生很大影响，直到1900年，孟德尔（Gregor Mendel，图5.3）的工作被"重新发现"。

孟德尔是奥地利人，他是一位修道士，又是一位对自然有着强烈兴趣的物理教师。孟德尔在了解拉马克的获得性状遗传理论后，用豌豆做了一系列实验，以验证拉马克的理论，时间长达8年。他的结果不仅否定了拉马克的推测，同时也揭示了遗传的一些惊人的本质。

孟德尔研究了豌豆的几种性状：种子的光滑度和颜色；豆荚的形状；豆荚和花的颜色；花在植株上的位置以及植株的高度。每种性状都有两种不同的表现（例如，豆荚可以是绿色或黄色；植株可以是高或矮）。

图5.3 孟德尔（1822—1884）（引自国家医药图书馆，National Library of Medicine）（http://wwwils.nlm.nih.gov/visibleproofs/galleries/technologies/dna.html）

直到现在，孟德尔的发现在遗传学中都被认为大致是正确的。首先，他发现植株的后代并不能遗传父代在生命期中获得的性状。因此拉马克式的遗传是不成立的。

另外他发现遗传是通过父母提供的离散"因子"产生的，每种性状对应父母提供的一种因子（也就是说，父母提供的一个因子决定了是高株还是矮株）。这里的因子大致对应于我们所说的基因。因此遗传的媒介是离散的，而不是像达尔文等人提出的是连续的（豌豆既可自花授粉也可异花授粉）。

孟德尔还发现，对于他研究的每一种性状，每一植株都有一对基因与之相对应（简单起见，我使用更为现代的术语，在孟德尔的时代并没有"基因"这个术语）。其中每个基因都对那种性状 —— 例如高和矮 —— 进行编码。这被称为等位基因（allele）。这样对于植株高度，其等位基因的编码就有三种可能：两者一样（高 / 高或矮 / 矮）或者不同（高 / 矮，与矮 / 高等同）。

不仅如此，孟德尔还发现，对于每一种性状，等位基因中有一个是显性的（例如高矮性状中高为显性性状），另一个则是隐性的（例如矮为隐性形状）。高 / 高个体总是表现为高株。高 / 矮个体也会表现为高株，因为高是显性的；只要有一个显性基因就够了。而只有矮 / 矮个体 —— 两者都是隐性基因 —— 才会表现为矮株。

举个例子，假设你用两株高 / 矮个体进行异花授粉。父母都很高，却还是有四分之一的可能他们的后代会从两者都遗传到矮基因，从而产生出矮 / 矮个体。

利用概率和推理，孟德尔能成功预测一代植株中表现出显性性状和隐性性状的植株各有多少。孟德尔的实验推翻了当时盛行的"混合遗传"的观念 —— 认为子代的性状会是父母性状的平均。

孟德尔的研究是对遗传现象的第一个解释和量化预测，虽然孟德尔不知道他说的"因子"是什么构成的，也不知道它们如何通过交配重组。遗憾的是，1865年他的论文《植物杂交实验》发表在一个相当不著名的期刊上，因而其重要性直到1900年才被承认，后来有几位科学家也通过实验得到了类似的结果。

现代综合

你可能会认为孟德尔的结果对达尔文主义会是极大的促进，因为它为遗传机制提供了实验验证。但其实在数十年里，孟德尔的思想都被认为是否定了达尔文的思想。达尔文的理论认为进化包括变异都是连续的（也就是说，生物个体之间的差异可以极为细微），而孟德尔的理论则提出变异是离散的（豌豆植株要么高要么矮，不能介于两者之间）。孟德尔理论的许多早期拥护者信奉突变学说（mutation theory）——认为生物变异是由于后代的突变，有可能非常大，并且自身产生进化，而自然选择只是用来保留（或消除）种群中这种突变的次要机制。达尔文及其早期追随者则坚决反对这种思想；达尔文理论的基石就是个体变异必须非常小，正是对这种微小变化的自然选择导致了进化，而且进化是渐进的。对于突变学说，达尔文有一句著名的驳斥，"Natura non facit saltum（自然不会跳跃）"。

达尔文主义者和孟德尔主义者相互论战了多年，直到20世纪20年代，人们发现，与孟德尔的豌豆的性状不同，生物的大部分性状都是由许多基因一起决定的，每个基因都有数个不同的等位基因，这种争论才烟消云散。多个不同等位基因会有数量极大的组合可能，从而使得生物的变异像是连续的。生物在基因层面的离散变异会导致表型——基因决定的生理特征（例如高矮、肤色等）——看似连续的变异。人们最终认识到，达尔文与孟德尔的理论并不矛盾，而是互补的。

早期达尔文主义者与孟德尔主义者之所以会水火不容，还有另一个原因，就是虽然双方都有实验证据支撑他们的立场，但当时却还没有成熟的概念体系（例如多个基因控制性状）和数学能将双方的理论融合到一起。要分析在杂交种群中多个基因在自然选择下相互作用的孟德尔式遗传的结果，必须发展出一套全新的数学工具。这套工具到 20 世纪 20 — 30 年代才由数学生物学家费希尔（Ronald Fisher）发展出来。

费希尔和高尔顿（Francis Galton）一起，创建了现代统计学。他最初是受现实世界中的农业和动物养殖问题的驱使。费希尔的成果，再加上霍尔丹（J.B.S.Haldane）和赖特（Sewall Wright）的工作，证明了达尔文与孟德尔的理论实际上是一致的。不仅如此，费希尔、霍尔丹和赖特还提供了一个数学框架 —— 群体遗传学（population genetics）—— 用来理解在孟德尔遗传学和自然选择作用下演化种群的等位基因的动力学。达尔文理论和孟德尔遗传学，[1] 再加上群体遗传学，共同形成了后来所谓的"现代综合（the Modern Synthesis）"。

费希尔、霍尔丹和赖特被认为是现代综合的奠基者。三人的意见有很多分歧，尤其是费希尔和赖特对自然选择和"随机基因漂移"的相对作用有激烈争议。在随机基因漂移过程中，某种等位基因占优势

1."达尔文理论和孟德尔遗传学"："现代综合"一词来自 Julian Huxley 的名著 *Evolution : The Modern Synthesis*，New York，London: Harper，1942。现代综合也称新达尔文综合（*Neo-Darwinian Synthesis*），现代进化论综合（*Modern Evolutionary Synthesis*），熟悉的人就直接称之为综合（*Synthesis*）。

仅仅是因为随机的结果。例如，假设豌豆的高矮性状对植株整体的适应性没有影响。同时假设在某个时刻，仅仅是由于随机，群体中矮等位基因占的比重超过了高等位基因。如果每株高植株和矮植株产生的后代数量大致相同，则矮等位基因会更有可能在下一代中出现得更频繁，而这仅仅是因为具有矮等位基因的父代植株较多。通常，如果两种性状的选择优势没有差异，则其中一种性状最终会扩散至种群全体。漂移在小种群中的作用更强，因为在大种群中，漂移产生的微小波动会趋于被抹平。

赖特认为随机基因漂移在进化和新物种的产生中扮演了关键角色，而费希尔则认为漂移顶多是个次要角色。

双方的观点都有些道理，也很有趣。人们可能会认为，当英国人费希尔和美国人赖特碰面的时候，两人会一边喝啤酒，一边进行热烈而友善的讨论。然而两人富有成效的交流在他们各自发表文章攻击对方后结束了，到1934年，两人的通信基本终止。对于自然选择和随机漂移的相对作用的争论同以前孟德尔主义者与达尔文主义者之间的争议一样具有火药味——这真让人感到讽刺，因为正是费希尔和赖特的工作表明了双方的争议是不必要的。

现代综合在20世纪30—40年代得到了进一步发展，并形成了此后50年被生物学家普遍接受的一系列进化原则：

◆自然选择是进化和适应的主要机制。

◆进化是渐进过程，通过自然选择作用和个体非常细微的随机变异产生。这类变异在群体中大量发生，并且不存在偏好（也就是说并不是像拉马克认为的，必然会导致"进步"）。个体变异来源于随机基因突变和重组。

◆宏观尺度上的现象，比如新物种的产生，可以用基因变异和自然选择的微观过程来解释。

现代综合的最初创建者认为他们解决了解释进化的主要问题，虽然他们还不知道基因的分子结构，也不知道变异产生的机制。就像进化学家塔特萨尔（Ian Tattersall）说的："没有人在审视进化过程时能忽略现代综合的体系。[1] 这个体系不仅优雅有力，同时也让组织生物学各分支的研究者走到了一起，结束了纷争四起、互不认同、浪费精力的年代。"

对现代综合的挑战

对现代综合的合理性的严肃挑战始于20世纪60年代和70年代。最杰出的挑战者可能是古生物学家古尔德（Stephen Jay Gould，图5.4）和埃尔德雷奇（Niles Eldredge，图5.5），他们指出现代综合的预测与真实的化石记录并不相符。古尔德同时还是达尔文进化论最著名的鼓吹者和阐释者（他为普通读者写了大量书和文章），也是现代综合最激烈的批评者。

---

1. "没有人在审视进化过程时能忽略现代综合的体系"：Tattersall, I., *Becoming Human: Evolution and Human Uniqueness.* New York: Harvest Books, 1999, p. 83。

图5.4　古尔德（1941—2002）（Jon Chase/哈佛新闻办公室。哈佛大学版权所有，经许可重印）

　　古尔德和埃尔德雷奇等人提出，现代综合预测的生物形态渐变不符合实际的化石记录：生物形态在很长时间里都没有变化（也没有新物种出现），而在（相对）很短的时间里形态却出现了剧烈变化，并产生出新的物种。这个特点被称为间断平衡（punctuated equilibria）。另有一些人则维护现代综合，认为化石记录很不完整，不能做出这样的推断。（一些诋毁间断平衡的人谑称其为"抽筋进化论"，古尔德则回击说渐进论拥护者支持的是"蠕动进化论"。）间断平衡在验证进化论的实验和进化计算机模拟中已被广泛观察到了。

图5.5 埃尔德雷奇（照片由埃尔德雷奇本人提供）

因此古尔德与其合作者认为现代综合的"渐进主义"观点是错误的。他们还认为，其另外两个观点 —— 自然选择和细微基因变异在生命史中起主要作用 —— 也无法得到证据支持。

古尔德同意自然选择是进化很重要的机制，但他认为历史偶然和生物约束（biological constraints）的作用至少同样重要。历史偶然是指各种或大或小的随机事件都对生物的塑造有影响。一个例子就是流星的撞击摧毁了物种的栖息地，导致其灭绝，从而让新的物种得以产生。另一个例子就是未知的命运巧合让食肉哺乳动物比食肉鸟类更具优势，结果曾经很兴盛的食肉鸟类反而灭绝了。

对于偶然因素的作用，古尔德打了一个比方，想象一盘"生命录影带",影带上记录了自地球诞生以来的一切进化事件。古尔德问,如果将影带倒回去重放,让初始条件稍微有些不同,又会怎么样呢?我们还会看到上次放映时进化出的类似生物吗?现代综合的回答可能会是"是"——自然选择仍然会修正生物以最好地适应环境,因此它们看上去会与实际发生的差不多。古尔德的回答是历史偶然会使得录影带重放时截然不同。

生物约束则是指自然选择所能创造的会有局限。显然自然选择不能违背物理定律 —— 它不能创造出违反万有引力定律的飞禽或是无须进食的永动动物。古尔德等人认为,同物理约束一样,生物约束也对生物的进化有限制。

这个观点很自然延伸出一个结论,就是并不是生物的所有性状都能用"适应性"解释。饥饿感和性欲这些性状显然能增加我们的生存和繁衍机会。但有些性状可能是来源于偶然,或是适应性状和发育约束的旁效应。古尔德经常批评他所谓的"绝对适应论者"—— 他们坚持认为自然选择是复杂生物组织的唯一可能解释。

此外,古尔德等人还抨击了现代综合的第三个支柱,他们认为一些大尺度的进化现象无法用微观的基因变异过程和自然选择来解释。而需要自然选择作用于比基因和个体更高的层面 —— 也许是整个种群。

古尔德质疑现代综合的一些证据来自分子进化。20世纪60年代,木村(Motoo Kimura)根据对蛋白质进化的观察提出了"中性进化"

的理论，[1] 挑战自然选择在进化中的中心地位。20世纪70年代，化学家艾根（Manfred Eigen）和舒斯特（Peter Schuster）在RNA构成的病毒的进化中观察到了间断平衡现象，[2] 并发展出理论对其进行解释，认为进化的单位不是单个病毒，而是由原始病毒的变异复制体组成的病毒群体，即准物种（quasi-species）。

　　进化论者根本不接受这些对现代综合的挑战，而且同达尔文主义以前的情况相似，争论经常充满敌意。1980年，古尔德写道，"综合理论事实上已经死了，[3] 虽然它还在教科书上被当做正统"。埃尔德雷奇和塔特萨尔甚至走得更远，他们声称，将进化归因于现代综合是"20世纪生物学最大的神话"。[4] 另一阵营中，杰出的生物学家麦尔（Ernst Mayr）和道金斯（Richard Dawkins）则坚决维护现代综合的信条。麦尔写道，"我认为进化综合的成果并没有严重错误，[5] 也不必被取代。"道金斯写道，"累积式的自然选择进化论[6] 是我们所知唯一能在原理上解释有组织复杂性的存在的理论。"现在许多人仍然持这个观点，然而，就像在第18章我们将看到的，随着新技术在遗传学中的应用，一些出人意料的发现已经深刻改变了人们对进化的认识，将自

1."木村根据对蛋白质进化的观察提出了'中性进化'的理论"：对木村的理论的讨论，参见 Dietrich, M. R., The origins of the neutral theory of molecular evolution. *Journal of the History of Biology*, 27 (1), 1994, pp. 21–59。
2."艾根和舒斯特在RNA构成的病毒的进化中观察到了间断平衡现象"：对艾根和舒斯特的研究很好的阐释，参见 Eigen, M., *Steps Towards Life*. Oxford: Oxford University Press, 1992。
3."综合理论事实上已经死了": Gould, S. J., Is a new and general theory of evolution emerging? *Paleobiology*, 6, 1980, p. 120。
4."将进化归因于现代综合是'20世纪生物学最大的神话'": Eldredge, N. & Tattersall, I., *The Myths of Human Evolution*. New York: Columbia University Press, 1982, p. 43。
5."我认为进化综合的成果并没有严重错误": Mayr, E., An overview of current evolutionary biology。收录在 Warren, L. & Koprowski, H.（编辑）, *New Perspectives on Evolution*. New York: Wiley-Liss, 1991, p. 12。
6."累积式的自然选择进化论": Dawkins, R., *The Extended Phenotype*（重印版）。Oxford University Press, 1989, p. 317。1982年首次发表。

然选择导致的渐变作为塑造生命的唯一或主要力量的观点正受到越来越多的挑战。

　　必须强调的是，虽然古尔德和埃尔德雷奇等人挑战了现代综合的信条，但他们却同所有生物学家一样，仍然拥护达尔文主义的基本思想：进化在过去40亿年的生命史中一直存在，在未来也将继续存在；所有现代物种都是起源于共同的祖先；自然选择在进化中扮演了重要角色；并不存在"智能"引导了生物的进化或设计。

第 6 章
遗传学概要

　　近几十年来，分子生物学的进展已经改变了大多数生物学家对于进化的认识，并且对现代综合形成了挑战。

　　在第 18 章我将阐释其中一些结果，并介绍它们对遗传学和进化理论的影响。为了进行后面其他部分的讨论，这一章将简要介绍一些遗传学的基础知识。如果你对遗传学很熟悉，可以跳过这一章。

　　人们在 19 世纪早期发现所有生物都是由微小的细胞组成。在 19 世纪晚期又发现细胞的细胞核中有狭长的大分子，这种分子被称为染色体（因为它们很容易在实验中被染色），但是当时并不知道它们的功能。当时还发现细胞可以分裂成两个同样的细胞，从而复制自身，这个过程被称为有丝分裂，分裂过程中染色体会进行复制。我们身体中许多细胞每过几小时就会分裂一次 —— 这是身体发育、修复和日常维持的必要过程。

　　减数分裂也在同时期被发现，二倍体生物在产生卵子和精子时就是减数分裂。大部分哺乳动物都是二倍体生物，其他很多生物也是，它们的染色体（除了精子和卵子这些生殖细胞）都是成对出现（人类有23对）。减数分裂时，二倍体细胞会分裂成四个生殖细胞，每个生殖细胞的染色体数量为原细胞的一半。原细胞中每对染色体会断开，然后重组成新生殖细胞中的染色体。受精时，两个生殖细胞中的染色体会结合到一起，从而产生染色体数量正常的细胞。这样子代的染色体就是父母染色体的混合。这是有性生殖生物变异的主要来源。无性生殖的生物，后代与父代几乎一样。

这确实很复杂，也难怪生物学家们花了很长时间才弄清是怎么回事。但这还只是开始。

1902年，孟德尔的工作被重新发现后第二年，萨顿（Walter Sutton）首先提出染色体可能是遗传物质的载体。萨顿猜想染色体是由与孟德尔提出的因子相对应的单元（"基因"）组成，并且用减数分裂对孟德尔遗传学进行了解释。几年后，摩根（Thomas Hunt Morgan）用遗传学家的宠儿 —— 果蝇 —— 做实验，证实了萨顿的猜想。不过，基因的分子结构以及它们如何产生出生物的生理性状仍然是个谜。

到20世纪20年代末，化学家发现了核糖核酸（RNA）和脱氧核糖核酸（DNA），但是发现它们与基因的关联还要再过几年。接着又发现染色体中含有DNA，有些人开始怀疑DNA就是遗传物质。另一些人则认为细胞核中的蛋白质才是遗传物质。当然后来发现DNA才是正确答案，20世纪40年代中期最终通过实验证明了这一点。

但是还是有一些大的挑战。DNA到底是怎样决定生物性状的？

比如说高株和矮株？细胞有丝分裂时DNA又是如何复制？作为自然选择基础的变异为何会发生在DNA层面上？

此后10年，这些问题都大致得到了解决。最大的突破发生在1953年，沃森（James Watson）和克里克（Francis Crick）发现，DNA的结构是双螺旋。20世纪60年代初，几位科学家一起成功破解了遗传密码——DNA如何编码构成蛋白质的氨基酸。孟德尔无法知道基因的分子结构，但认识到了基因的存在，而现在基因终于可以用编码特定蛋白质的DNA片段进行定义了。很快又发现了编码如何被细胞转化为蛋白质，DNA如何复制自身，以及复制错误、突变和性重组如何引起变异。遗传学研究从此被引爆，此后迅速发展，直至现在。

生物的所有性状——表型——几乎都是源自细胞中蛋白质的特性及其相互作用。蛋白质是由氨基酸组成的长链分子。

你身体中每个细胞都有几乎一样的完整DNA序列，DNA序列由核苷酸连在一起组成。核苷酸含有称为碱基的化合物，碱基有四种形式，（缩写为）A、C、G、T。人类的DNA序列实际上是由A、C、G、T分子对组成的双线。化学势使得A总是与T配对，C则与G配对。

序列经常用两行符号（碱基对）表示，例如：

TCCGATT…

AGGCTAA…

在DNA分子中，双线相互缠绕，形成一条双螺旋（图6.1）。

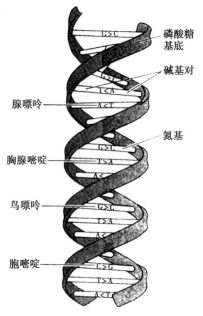

图6.1 DNA的双螺旋结构［美国国家人类基因组研究所，基因研究组语音词汇（http://www.genome.gov/glossary.cfm.）］

基因就是由DNA的序列片段组成。大致上，一个基因对应于一个特定的蛋白质。基因编码了构成蛋白质的氨基酸。氨基酸的编码方式就是遗传密码。这个编码对地球上的所有生物几乎都是一样的。三个碱基对应一种氨基酸。例如AAG就对应苯基丙氨酸，CAC则对应缬氨酸。这种三联体被称为密码子。

基因又是如何构造蛋白质的呢？每个细胞都有一套复杂的分子机制来进行这个工作。第一步是转录（图6.2），这一步是在细胞核中进行。一种被称为核糖核酸聚合酶的活性蛋白会从双螺旋的一边松开一小段DNA。然后这种酶会用DNA的一边产生出信使RNA分子（mRNA），mRNA逐字复制DNA片段。实际上是反拷贝：如果基因上为C，mRNA上则对应为G，如果基因上为A，mRNA上就对应为U（mRNA版本的T）。通过反复制又可以重构出原来的序列。

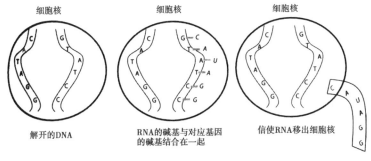

图6.2 DNA转录为信使RNA。注意DNA中是符号T，RNA中则是符号U

这个转录过程一直持续到基因完全转录成mRNA。

第二步是翻译（图6.3），这是在细胞质中进行。新产生的mRNA序列从细胞核进入细胞质，在这里细胞质结构核糖体将mRNA上的密码子逐个读出。在核糖体中，各个密码子会与转运RNA分子（tRNA）上的反密码子结合。反密码子是由互补碱基组成。例如，在图6.3中，被转录的mRNA密码子是UAG，反密码子则是互补碱基AUC。如图6.3所示，tRNA分子上的反密码子会与mRNA的密码子相连。而tRNA分子的反密码子则会组合成相应的氨基酸（密码子AUC实际就是异亮氨酸的编码）。侯世达将tRNA比喻为"细胞的闪存卡"。[1]

---

1. "细胞的闪存卡": Hofstadter, D. R. The Genetic Code : Arbitrary? 收录在 *Metamagical Themas*. New York : Basic Books, 1985, p. 681。

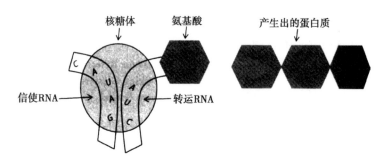

图6.3 信使RNA转译成氨基酸

核糖体将氨基酸从tRNA分子上分离下来并将它们合成为蛋白质。一旦遇到终止密码子,核糖体就会收到停止信号,然后将蛋白质释放到细胞质,让它们去执行自己的功能。

基因的转录和翻译就称为基因表达。

所有这一切都在亿万个细胞中不断进行。神奇的是这一切所需的能量非常少 —— 如果你坐着看电视,所有亚细胞层面的活动每小时消耗的能量不会超过418焦。这是因为这些过程依靠的是分子的随机运动和大量的碰撞,只需从"环境热源"(比如你温暖的房间)中获取能量就够了。

碱基的配对特性,A配T,C配G,也是DNA复制的关键。在有丝分裂开始时,酶会将DNA的双螺旋解开。然后其他酶会读取两条DNA上的核苷酸,并将新的核苷酸附到上面(在细胞中新的核苷酸会不断被制造出来),A连到T,C连到G。这样,DNA就被复制成了两个新的DNA双螺旋,每个新细胞都得到一份完整的DNA拷贝。细胞中有许多机制保证复制正常进行，但是偶尔也会发生错误（碱基配对错误，大约1000亿个核苷酸产生一次），从而导致变异。

值得注意的是，这其中含有绝妙的自指特性：所有这些决定DNA的转录、翻译和复制的复杂细胞机制 —— mRNA、tRNA、核糖体、聚合酶，等等 —— 本身都编码在DNA中。就像侯世达说的："DNA中包含其本身的解码者的编码！"它也包含合成核苷酸的所有蛋白质的编码，而核苷酸是构造DNA的材料。如果图灵还活着，看到这种自指特性肯定会非常高兴。

20世纪60年代中期，遗传学家们为研究这个极度复杂的系统进行了卓绝的努力，最终理解了上面这些基本过程。这些努力也导致了对分子层面进化的新理解。

1962年，克里克、沃森和生物学家威尔金斯（Maurice Wilkins）因为揭示了DNA的结构而分享了诺贝尔生物与医学奖。1968年，科拉纳（Har Gobind Korana）、霍利（Robert Holley）和尼伦伯格（Marshall Nirenberg）因为破解了遗传密码而获得了同一奖项。至此，进化和遗传的主要秘密似乎基本都被发现了。然而，在第18章我们将看到，它的复杂程度实际上远远超出了所有人的想象。

第 7 章
度量复杂性

　　这本书讲的是复杂性。但是到现在书中还没有严格定义这个术语，也没有明确回答以下问题：人类大脑比蚂蚁的大脑复杂吗？人类基因组是不是比酵母菌的基因组复杂？生物的复杂性在进化过程中是不断增加吗？直观上这些问题的答案太明显不过了。然而，要想得出一个公认的复杂性定义，来回答这些问题，其中的困难却超乎想象。

　　2004年我曾在圣塔菲复杂系统暑期班上组织过一个研究小组。那一年有点特别，因为是圣塔菲研究所创建20周年。小组中有圣塔菲一些最杰出的学者，包括法墨尔（Doyne Farmer）、克鲁奇菲尔德（Jim Crutchfield）、弗瑞斯特（Stephanie Forrest）、史密斯（Eric Smith）、米勒（John Miller）、胡伯勒（Alfred Hübler）和艾森斯坦（Bob Eisenstein）——都是物理、计算机、生物、经济和决策论等领域的知名学者。暑期班的学生——研究生和博士后层次的青年科学家——在讨论班上可以提问。第一个问题就是："复杂性该怎样定义？"听到后大家都笑了起来，因为这个问题是如此直截了当，如此让人期待，然而又是如此难以回答。然后多位学者对这个术语给出了各种不同的定义，接着彼此之间又产生了一些争论。学生们都一头雾水。就连圣塔菲这个复杂系统领域最著名研究所的学者对复杂性的定义都达不成共识，复杂性科学又是如何产生的呢？

　　答案是复杂性科学不止一个，而是有好几个，每个对复杂性的定义都不一样。其中一些定义很正式，一些则不那么正式。如果想要有统一的复杂性科学，就得弄清楚这些正式或非正式概念之间的关联。要对过于复杂的复杂性概念进行尽可能的提炼。这项工作目前还远未结束，也许还要等待那些被搞得一头雾水的下一代科学家来完成。

　　我希望那些同学不要对此太过诧异。只要了解一点科学史就能明白，核心概念缺乏公认的定义是很普遍的。牛顿对力的概念就没有很好的定义，事实上他不是很喜欢这个概念，因为它需要一种魔术般的"远距离作用"，而这在对自然的机械论解释中是不允许的。遗传学作为生物学领域发展最快和最大的学科，对于如何在分子层面上定义基因的概念[1]也没有达成一致。天文学家发现宇宙95％都是由暗物质和暗能量组成，却不清楚暗物质和暗能量到底是什么。心理学家对思维和概念也没有明确的定义，更不知道它们在大脑中对应的是什么。这还只是部分例子。科学的进步往往就是通过为尚未完全理解的现象发明新术语实现的：随着科学逐渐成熟，现象逐渐被理解，这些术语也逐渐被提炼清晰。例如，物理学家现在就理解了自然界中所有的力都是四种基本力的组合：电磁力、强相互作用、弱相互作用、引力。基本粒子"远距离作用"的现象也已经被理论化。在量子力学中发展出描述四种基本力的统一理论是物理学现在面临的最大挑战。也许将来我们也会将"复杂性"分解成几个基本方面，并最终将这几个方面结

1."对于如何在分子层面上定义基因的概念"：参见Pearson, H.,"What is a gene？"*Nature*, vol. 441, 2006, pp.399–401。

合起来，形成对复杂现象的全面理解。

2001年，物理学家劳埃德（Seth Lloyd）发表了一篇文章，[1] 提出了度量一个事物或过程的复杂性的三个维度：

描述它有多困难？

产生它有多困难？

其组织程度如何？

劳埃德列出了40种度量复杂性的方法，这些方法分别是从动力学、热力学、信息论和计算等方面来考虑这三个问题。我们已经了解了这些概念的背景，现在我们可以来看看其中一些定义。下面我会通过比较人类基因组与酵母菌基因组的复杂性来阐释这些定义。人类基因组大约有30亿组碱基对（即核苷酸对）。据估计人类大约有25000个基因——也就是对蛋白质进行编码的区域。让人吃惊的是，只有2％的碱基对组成了基因；其余的非基因部分被称为非编码区。非编码区有几个功能：其中一些用来防止染色体解体；一些则帮助调控真正基因的运作；有一些则可能是没有任何作用的"垃圾"或者功能还没有被发现。

你肯定听说过人类基因组计划，但你可能不知道还有一个酵母菌

---

1. "2001年，物理学家劳埃德发表了一篇文章"：Lloyd, S., Measures of complexity: A non-exhaustive list. *IEEE Control Systems Magazine*, August 2001。

基因组计划，这个计划的目标是测定几种酵母菌的完整DNA序列。测出的第一种被发现大约有1200万组碱基对和6000个基因。

用大小度量复杂性

复杂性的一个简单度量就是大小。根据这个度量，如果比较碱基对数量，人类比酵母复杂250倍，如果比较基因数量，人类则只比酵母复杂4倍。

250倍还是蛮多的，看来人类还是挺复杂，至少比酵母复杂。不过单细胞变形虫的碱基对是人类的225倍，拟南芥的基因与人类的大致一样多。

人类显然要比变形虫或芥菜复杂，至少我希望是这样。这就表明用基因组的规模来度量复杂性并不合适；我们的复杂性应该是某种比碱基对或基因的绝对数量更深刻的东西（图7.1）。

用熵度量复杂性

另一种直接的复杂性度量就是香农熵，在第3章曾将香农熵定义为信息源相对于信息接收者的平均信息量或"惊奇度"。举个例子，假设消息由符号A、C、G和T组成。如果序列高度有序，很容易描述，例如"AAAAAAA…A"，则熵为零。完全随机的序列则有最大可能熵。

图7.1 从左上角依顺时针分别是：酵母、变形虫、人类、拟南芥。哪个最复杂？如果用基因组长度度量复杂性，那变形虫毫无疑问会跑冠军（如果它有腿的话）。[酵母照片来自NASA（http://www.nasa.gov/mission_pages/station/science/experiments/Yeast-GAP.html）；变形虫照片来自NASA（http://ares.jsc.nasa.gov/astrobiology/biomarkers/_images/amoeba.jpg）；拟南芥照片由Kirsten Bomblies提供；人类照片来自范维尔（John van Wyhe）编辑的网上达尔文作品全集（http://darwin-online.org.uk/），经许可引用]

　　用香农熵度量复杂性有一些问题。首先，所针对的对象或过程必须像上面一样转换成某种"消息"的形式。这并不总是那么容易做到，例如，人类大脑的熵该怎么度量呢？另外，随机消息的熵最高。我们可以随机排列A、C、G和T来人工构造一个基因组，这个随机的基因组几乎不可能有用，却会被认为比人类基因组更复杂。很显然，正是因为基因组不是随机的，而是不断进化从而让基因更有利于我们的生存，例如控制我们的眼睛和肌肉发育，才使得人类如此复杂。最复杂的对象不是最有序的或最随机的，而是介于两者之间。简单的香农熵不足以抓住我们对复杂性的直观认识。

用算法信息量度量复杂性

人们提出了许多改进方法来用熵度量复杂性。其中最著名的方法由柯尔莫哥洛夫（Andrey Kolmogorov）、查汀（Gregory Chaitin）和索罗蒙洛夫（Ray Solomonoff）分别独立提出，他们将事物的复杂性定义为能够产生对事物完整描述的最短计算机程序的长度。这被称为事物的*算法信息量*。[1] "例如，考虑一个很短的（人工）DNA序列：

ACACACACACACACACACAC（序列1）

一个很短的计算机程序，"打印 AC 10 次"，就能输出这个序列。因此这个序列的算法复杂度很低。作为比较，下面是我用伪随机数发生器生成的一个序列：

ATCTGTCAAGACGGAACAT（序列2）

如果我的随机数发生器没有问题，这个序列就不会有可识别的特征，因此程序要长一些，比如"打印字符串 ATCTGTCAAAACGGAACAT"。显然序列1可以压缩，而序列2则不能，因而包含更多

1. 这被称为事物的算法信息量"：对柯尔莫哥洛夫、查汀和索罗蒙洛夫的思想的详细论述，参见 Li, M. & Vitanyi, P., *An Introduction to Kolmogorov Complexity and Its Applications*, 2nd Edition. New York：Springer-Verlag，1997。

算法信息。与熵类似，随机对象的算法信息量也会比我们直观上认为复杂的事物的信息量更大。

物理学家盖尔曼（Murray Gell-Mann）提出了一种称为"有效复杂性（effective complexity）"的相关度量，[1] 更符合我们对复杂性的直观认识。盖尔曼认为任何事物都是规则性和随机性的组合。例如，序列1就有非常简单的规则性：重复的AC模式。序列2则没有规则性，因为它是随机产生的。与之相比，生物的DNA则有一些规则性（例如，基因组不同部分之间存在重要关联），也有一些随机性（例如DNA中的垃圾）。

为了计算有效复杂性，首先要给出事物规则性的最佳描述；有效复杂性定义为包含在描述中的信息量或规则集合的算法信息量，两者等价。

序列1具有规则性，即AC不断重复。描述这个规则性所需的信息量就是它的算法信息量：程序"打印AC数次"的长度。因此，事物的结构可预测性越大，有效复杂性就越低。

序列2处于另一个极端，因为是随机的，所以没有规则性。因而也不需要信息来描述，虽然序列本身的算法信息量是最大的，序列规则性的算法信息量——其有效复杂性——却为零。简而言之，就如我们希望的，最有序和最随机的事物有效复杂性很低。

---

1. "盖尔曼提出了一种称为'有效复杂性'的相关度量"：Gell-Mann, M. What is complexity? *Complexity*, 1(1), 1995, pp.16-19。

能够发育的生物的DNA具有许多独立和相关的规则性,这些规则需要可观的信息才能描述,因此会有很高的有效复杂性。显然,问题是我们如何给出这些规则?如果不同观察者对于系统的规则不能达成一致又怎么办?

盖尔曼用科学理论的形成做了类比,科学理论的形成实际就是寻找自然现象规律的过程。对于任何现象,都有多个描述其规律的可能理论,但显然理论有好有差,一些更加简洁优雅。盖尔曼对这个很有经验,他极为优雅的理论厘清了当时让人混淆的基本粒子类型及其相互作用,这让他获得了1969年的诺贝尔物理学奖。

类似的,对于提出的一个事物的各种不同规则集,我们可以利用奥卡姆剃刀(Occam's Razor)来决定哪个是最好的。最好的规则集是能描述事物的最小规则集,同时还能将事物的随机成分最小化。例如,生物学家们现在已经发现了人类基因组的许多规律,包括基因、基因之间的相互作用,等等。但还有许多似乎不遵循任何规则的随机方面 —— 也就是所谓的垃圾DNA。如果生物学的盖尔曼出现,他也许会找到约束更多基因组的极为简单的规则集。

有效复杂性是很有吸引力的思想,虽然同其他许多度量复杂性的提议一样,很难实际操作。也有批评意见指出,这个定义中的主观性也有待解决。[1]

---

1. "这个定义中的主观性也有待解决": 参见, McAllister, J. W., Effective complexity as a measure of information content. *Philosophy of Science* 70, 2003, pp. 302–307。

用逻辑深度度量复杂性

为了更加接近我们对复杂性的直觉，数学家班尼特在20世纪80年代初提出了逻辑深度（logical depth）的概念。一个事物的逻辑深度是对构造这个事物的困难程度的度量。高度有序的A、C、G、T序列（例如前面的序列1）显然很容易构造。同样，如果我要你给我一个A、C、G、T的随机序列，你也很容易就可以做出来，用个硬币或骰子就可以了。但如果我要你给我一个能够生成可发育的生物的DNA序列，如果不偷看真正的基因组序列，别说你，任何一个生物学家都会觉得很难办到。

用班尼特的话说，"有逻辑深度的事物[1]……从根本上必须是长时间计算或漫长动力过程的产物，否则就不可能产生"。或是像劳埃德说的，"用最合理的方法生成某个事物时需要处理的信息量[2]等同于这个事物的复杂性，这是一个很吸引人的想法"。

为了更精确地定义逻辑深度，班尼特将对事物的构造换成了对编码事物的0/1序列的计算。例如，我们可以用两位二进制数来编码核苷酸符号：A = 00，C = 01，G = 10，T = 11。用这个编码，我们就能将A、C、G、T转换成0/1序列。然后编写一个图灵机，用编写好的图灵机在空白带子上产生出这个序列，所需要的时间步就是其逻辑深度。

1."有逻辑深度的事物"：Bennett，C. H.，How to define complexity in physics，and why. 收录在W. H. Zurek（编辑），*Complexity*，*Entropy*，*and the Physics of Information*，Reading，MA: Addison -Wesley，1990，p.142。
2."用最合理的方法生成某个事物时需要处理的信息量"：Lloyd，S.，The calculus of intricacy. *The Sciences*，30，1990，p. 42。

一般而言，多个图灵机都能产生出这个序列，所需的时间也可能不一样多。班尼特还必须说明应该用哪一个图灵机。他提出，应该根据前面提到的奥卡姆剃刀原则，选最短的那个（也就是状态和规则最少的那个）。

逻辑深度具有很好的理论特征，符合我们的直觉，但是也没有具体给出度量实际事物复杂性的方法，因为没有寻找生成指定事物的最小图灵机的可操作方法，更不要说如何确定机器运算所需的时间。此外，也没有考虑将事物表示成0/1序列的困难。

用热力学深度度量复杂性

20世纪80年代末，劳埃德和裴杰斯（Heinz Pagels）提出了一种新的复杂性度量[1]——**热力学深度**（thermodynamic depth）。劳埃德和裴杰斯的思想与班尼特的思想很相似：越复杂的事物越难构造。不过与图灵机生成对事物的描述所需的时间步不同，热力学深度首先是确定"产生出这个事物最科学合理的确定事件序列"，然后测量"物理构造过程所需的热力源和信息源的总量"。[2]

例如，要确定人类基因组的热力学深度，我们得从最早出现的第一个生物的基因组开始，列出直到现代人类出现的所有遗传演化事件（随机变异、重组、基因复制等等）。可以想象，人类进化出来的时间

---

1. "劳埃德和裴杰斯提出了一种新的复杂性度量": Lloyd, S. & Pagels, H., Complexity as thermodynamic depth. *Annals of Physics*, 188, 1988, pp. 186-213。
2. "产生出这个事物最科学合理的确定事件序列"和"物理构造过程所需的热力源和信息源的总量": Lloyd, S., The calculus of intricacy. *The Sciences*, 30, 1990, p. 42。

比变形虫要长10亿年，热力学深度肯定也大得多。

同逻辑深度一样，热力学深度也只是在理论上有意义，要真的用来度量复杂性也存在一些问题。首先，我们要能列出事物产生过程中的所有事件。另外，也有批评意见指出，[1] 劳埃德和裴杰斯的定义中没有明确界定什么是"事件"。一次遗传变异到底是单个事件还是在原子和亚原子层面导致变异发生的上百万次事件呢？两个祖先的基因重组应当视为单个事件吗？还是应当将导致它们相遇、交配和产生后代的所有微观事件都包括进来呢？用更专业一点的话说，是不清楚如何将系统的状态"粗粒化"——也就是说，在列出事件时，如何确定哪些是相关的宏观状态。

用计算能力度量复杂性

如果复杂系统能够执行计算，不管系统是天然的还是人工的，也许有可能用它们的计算的复杂程度来度量它们的复杂性。像物理学家沃尔夫勒姆（Stephen Wolfram）就提出，[2] 系统的计算能力如果等价于通用图灵机的计算能力，就是复杂系统。不过，班尼特等人则认为，[3] 具有执行通用计算的能力并不意味着系统本身就是复杂的；我们应当测量的是系统处理输入时的行为的复杂性。譬如，通用图灵机本身并

---

1. "也有批评意见指出"：Crutchfield，J. P. & Shalizi，C. R.，Thermodynamic depth of causal states：When paddling around in Occam's pool shallowness is a virtue. *Physical Review E*，59 (1)，1999，pp. 275–283。

2. "像物理学家沃尔夫勒姆就提出"：Wolfram，S.，Universality and complexity in cellular automata. *Physica D*，10，1984，pp. 1–35。

3. "不过，班尼特等人则认为"：例如，参见Bennett，C. H.，Dissipation，information，computational complexity and the definition of organization. 收录在 D. Pines（编辑），*Emerging Syntheses in Science*. Redwood City，CA：Addison-Wesley，1985，pp. 215–233。

不复杂，但是有了程序和输入，进行了繁复的计算，就能产生复杂的行为。

统计复杂性

物理学家克鲁奇菲尔德和卡尔·杨（Karl Young）定义了一个称为统计复杂性[1]（statistical complexity）的量，度量用来预测系统将来的统计行为所需的系统过去行为的最小信息量。[物理学家格拉斯伯杰（Peter Grassberger）也独立给出了很类似的定义，称为有效度量复杂性。]统计复杂性与香农熵相关，定义中系统被视为"消息源"，其行为以某种方式量化为离散的"消息"。对统计行为的预测需要观测系统产生的信息，然后根据信息构造系统的模型，从而让模型的行为在统计上与系统本身的行为一致。

例如，序列1的信息源模型可以很简单："重复ＡＣ"；因此其统计复杂性很低。然而，与熵或算法信息量不同，对于产生序列2的信息源也可以有很简单的模型："随机选择Ａ、Ｃ、Ｇ或Ｔ。"这是因为统计复杂性模型允许包含随机选择。统计复杂性的度量值是预测系统行为的最简单模型的信息量。因此，与有效复杂性一样，对于高度有序和随机的系统，统计复杂性的值都很低，介于两者之间的系统则具有高复杂性，与我们的直觉相符。

同前面描述的度量一样，度量统计复杂性也不容易，除非面对的

1."统计复杂性"：Crutchfield, J. P. & Young, K., Inferring statistical complexity, *Physics Review Letters* 63, 1989, pp. 105–108。

系统可以解读为信息源。不过克鲁奇菲尔德、杨和他们的同事实际测量了一系列真实世界现象的统计复杂性，比如复杂晶体的原子结构[1]和神经元的激发模式[2]。

用分形维度量复杂性

前面讨论的复杂性度量都是基于信息论和计算理论的概念。但这并不是复杂性度量的唯一可能来源。还有人提出用动力系统理论的概念度量事物复杂性的方法。其中一个是用事物的分形维（fractal dimension）。要解释什么是分形维，还要先解释一下什么是分形。

分形最经典的例子是海岸线。从空中俯瞰下去，海岸线崎岖不平，有许多大大小小的海湾和半岛（图7.2，上图）。如果你下去沿着海岸线游览，它似乎还是一样的崎岖不平，只是尺度更小（图7.2，下图）。如果你站在沙滩上，或是以蜗牛的视角近距离观察岩石，相似的景象还是会一次又一次出现。海岸线在不同尺度上的相似性就是所谓的"自相似性"。

分形一词是由法国数学家曼德布罗特（Benoit Mandelbrot）提出来的，曼德布罗特认识到自然界到处都有分形 —— 现实世界中许多事物都有自相似结构。海岸线、山脉、雪花和树是很典型的例子。曼

1."复杂晶体的原子结构": Varn, D. P., Canright, G. S., & Crutchfield, J. P., Discovering planar disorder in close-packed structures from X-ray diffraction: Beyond the fault model. *Physical Review B*, 66, 2002, pp. 174110-1-174110-4。
2."神经元的激发模式": Haslinger, R., Klinkner, K. L. & Shalizi, C. R., The computational structure of spike trains. 未发表手稿, 2007。

德布罗特甚至提出宇宙也是分形的，[1] 因为就其分布来说，有星系、星系团、星系团的聚团，等等。图7.3展示了自然界中一些自相似性的例子。

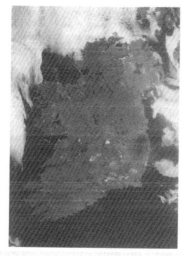

图7.2 上图：爱尔兰岛鸟瞰图片，其海岸线有自相似（分形）特征。下图：爱尔兰海岸线的局部图片。这个尺度上的崎岖结构与更大尺度上的崎岖结构类似 [上图来自NASA可视地球（http://visibleearth.nasa.gov/）。下图由Andreas Borchet拍摄，经Creative Commons许可使用（http://creativecommons.org/licenses/by/3.0/）]

---

1. "宇宙也是分形的"：Mandelbrot，B. B.，*The Fractal Geometry of Nature*. New York：W. H. Freeman，1977。

虽然人们对分形一词的意义有时候有不同理解，但一般来说分形指的是"在任何尺度上都有微细结构"的几何形状。[1] 许多让人感兴趣的分形具有自相似特性，海岸线就是这样的例子。第2章中逻辑斯蒂映射的分叉图（图2.10）也具有一定程度的自相似性。事实上，许多系统的混沌域（在逻辑斯蒂映射中是R大于3.57的部分）常被称为分形吸引子。

图7.3 自然界中一些分形结构的例子：树、雪花（显微镜放大）、星系团 [树的照片来自美国国家海洋和大气管理局照片图书馆（National Oceanic and Atmospheric Administration Photo Library）。雪花照片来自http://www.SnowCrystals.com，蒙Kenneth Libbrecht允许使用。星系团照片来自NASA太空望远镜科学研究所（NASA Space Telescope Science Institute）]

1."一般来说分形指的是'在任何尺度上都有微细结构'的几何形状"：Strogatz, S., *Nonlinear Dynamics and Chaos*. Reading, MA: Addison-Wesley, 1994。

曼德布罗特等数学家为自然界中的分形设计了各种数学模型。其中一个很有名的例子是科赫曲线（Koch Curve，以发现这种分形的瑞典数学家命名）。科赫曲线是通过不断应用一条规则得出：

1.从一条直线段开始。

2.应用科赫曲线规则："将每段线段等分成三段，中间一段替换为一个三角形的两条边，每一边都等于原线段的1/3。"因为只有一条线段，应用这个规则后变为：

3.对生成的图形再次应用科赫曲线规则，不断继续。下面是迭代了两次、三次和四次之后的情形：

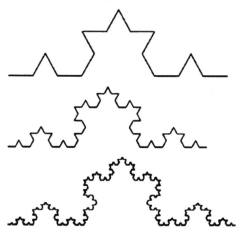

最后一张图有点像一条理想化的海岸线。(如果你向左旋转90度,然后斜着看,还真有点像阿拉斯加西海岸。)不过它是严格自相似的:曲线的部分,以及部分的部分,都与曲线整体是一样的形状。如果我们将科赫曲线规则应用无数次,图形在无数尺度上都将是自相似的——完美的分形。而真正的海岸线并不严格自相似。如果你观察海岸线的一小段,它并不与整段海岸线的形状完全一样,而是在许多方面相似(例如,蜿蜒崎岖)。另外,在真实世界中,自相似在无穷小的尺度上并不成立。为了简单起见,海岸线这类真实世界的结构通常被称为"分形",但更严格的叫法应该是"类分形(fractal-like)",特别是有数学家在场的时候。

我们熟悉的空间维度的概念对于分形完全不适用。直线是1维,平面是2维,立方体是3维。那科赫曲线是几维呢?

首先我们来看看直线、正方形和立方体这些常规几何对象的维数到底指的是什么。

先来看看直线段。将其一分为二。然后将得到的线段再二分,每次都将各段线段一分为二:

每一次得到的图形都是由两个上次缩小一半的拷贝组成。再来看看正方形。从各边将其二分。然后将得到的正方形继续从各边二分,这样不断二分下去。

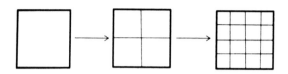

每次得到的图形都是由上次四分之一大小的4个拷贝组成。你可能已经猜到下面做什么了,将立方体从各边二分。将得到的立方体不断二分:

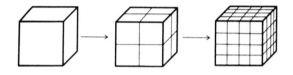

每次得到的都是由上次八分之一大小的8个拷贝组成。

这里已经能够看出维度的意义。一般而言,每次得到的图形都是由上次缩小的拷贝组成,而拷贝的数量则是2的维数次幂($2^{维数}$)。对于直线,是 $2^1 = 2$ 个拷贝;对于正方形,是 $2^2 = 4$ 个拷贝;对于立方体是 $2^3 = 8$ 个拷贝。类似的,如果不是二分,而是将各边三分,则每次得到的图形是上次的 $3^{维数}$ 个拷贝。由此可以总结出一个规律:

> 将几何结构从各边分成x等份,不断重复这个过程。
> 每次得到的将是前一次的 $x^{维数}$ 个拷贝。

根据维数的这种定义,直线是1维,正方形是2维,立方体是3维。都没有问题。

现在将这个定义类推到科赫曲线。每次直线段都是之前的1/3长，而得到的则是之前的4个拷贝。根据前面的定义，应该是$3^{维数} = 4$。维数是多少呢？这里我们直接给出结果[1]（计算过程在注释中给出），根据前面的规律，维数约为1.26。也就是说，科赫曲线既不是1维也不是2维，而是介于两者之间。太奇怪了，分形的维数居然不是整数。这正是分形的奇特之处。

简而言之，分形维数[2]决定了物体的自相似拷贝的数量。同样，分形维也决定了随着层次的变化，物体总的大小（或者面积、体积）会如何改变。例如，如果你在每次应用规则后测量科赫曲线的总长度，你会发现每次长度增加为原来的4/3。只有完美的分形——可以缩小直至无穷——才有精确的分形维数。像海岸线这类真实世界的有穷类分形事物，我们只能测量近似的分形维数。

为了解释分形维数的直观意义，有过很多尝试。譬如，认为分形维表示了物体的"粗糙度""凸凹度""不平整度"或"繁杂度"；物体的"破碎"度；还有物体的"结构致密"程度。例如，比较爱尔兰（图7.2）和南非（图7.4）的海岸线，前者的分形维数比后者更高。

还有一种说法挺有诗意的，我很喜欢，即认为分形维数"量化了

---

1. "这里我们直接给出结果"：对于科赫曲线，$3^{维数} = 4$。为了得出维数，将两边取对数（基可为任意数）：

$$\log(3^{维数}) = 维数 \times \log(3) = \log(4)$$

从而

$$维数 = \log(4) / \log(3) \approx 1.26$$

2. "分形维数"：对分形和分形维数概念的精彩阐述参见曼德布罗特的书——*The Fractal Geometry of Nature*. New York：W. H. Freeman，1977。

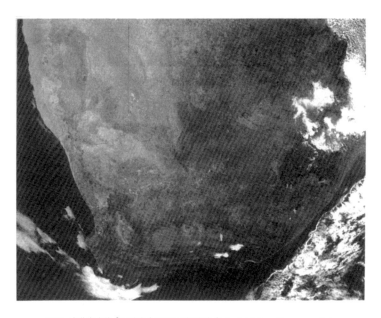

图7.4 南非海岸线 [照片来自NASA可视地球 (http://visibleearth.nasa.gov)]

物体细节的瀑流 "。[1] 也就是说,当你沿着自相似的瀑流越走越深时,它决定了你能看到多少细节。如果结构不是分形的,譬如平滑的大理石,你将它的结构不断放大,将不会出现有意思的细节。而分形则在所有层面上都有有趣的细节,分形维数一定程度上量化了细节的有趣程度与你观察的放大率之间的关系。

这也就是为何人们对用分形维数度量复杂性感兴趣,许多科学家都用其来度量真实世界的现象。不过,除了崎岖度和细节瀑流,还有许多其他种类的复杂性我们也希望能进行度量。

1.“细节的瀑流 ”: Bovill,C.,*Fractal Geometry in Architecture and Design.* Birkhäuser Boston,1996,p. 4。

用层次性度量复杂性

1962年，西蒙（Herbert Simon）发表了一篇著名的文章——《复杂性的结构》[1]。文中西蒙提出一个系统的复杂性可以用*层次度*（degree of hierarchy）来刻画："复杂系统由子系统组成，[2] 子系统下面又有子系统，不断往下。"西蒙是位杰出的学者，他博学多识，既是政治学家、经济学家，又是心理学家，他的成就用一章的篇幅来讨论也不为过。

西蒙认为，复杂系统最重要的共性就是*层次性和不可分解性*。西蒙列举了一系列层次结构的复杂系统 —— 例如，身体由器官组成，器官又是由细胞组成，细胞中又含有细胞子系统，等等。某种程度上，这个观念与分形在所有尺度上都自相似类似。

不可分解性指的是，在层次性复杂系统中，子系统内部的紧密相互作用比子系统之间要多得多。例如，细胞内部的新陈代谢网络就比细胞之间的作用要复杂得多。

西蒙还认为，进化之所以能设计出自然界中的复杂系统，正是因为它们能像砖块一样被结合到一起 —— 也就是说，具有层次性和不可分解性。细胞能够进化，从而成为高一级器官的建筑模块，组成的器官又可作为更高一级器官的建筑模块。西蒙认为复杂系统研究需要有一个"层次理论"。

1.《复杂性的结构》": Simon, H. A., The architecture of complexity. *Proceedings of the American Philosophical Society*, 106 (96), 1962, pp. 467–482。

2."复杂系统由子系统组成": 同上，p. 468。

许多人探讨了用层次性度量复杂性的可能途径。例如进化生物学家麦克西（Daniel McShea）就一直想厘清生物随着进化复杂性增加的意义，他提出了一种层次标度，[1] 可以用来度量生物的层次度。麦克西的标度是用嵌套层次定义：高一级的对象嵌有低一级的对象作为组分。麦克西提出了以下嵌套的生物学层次：

层次 1：原核细胞（最简单的细胞，例如细菌）；

层次 2：层次 1 生物的聚合，例如真核细胞（更复杂的细胞，由原核细胞合并进化而来）；

层次 3：层次 2 生物的聚合，例如所有多细胞生物；

层次 4：层次 3 生物的聚合，例如昆虫群落和僧帽水母这样的群体生物。

随着嵌套继续，每一层可以说都比上一层更复杂。不过，就像麦克西所指出的，嵌套仅仅描述了生物的结构，而不涉及其功能。

麦克西用化石和现代生物的数据揭示了生物的最高层次随着进化而不断增加。因此可以用此说明复杂性随着进化不断增加，虽然在度量具体生物的层次度时对于何为"组成"或"层次"存在一些主观性。

---

1. "麦克西……提出了一种层次标度"：McShea, D. W., The hierarchical structure of organisms: A scale and documentation of a trend in the maximum. *Paleobiology*, 27 (2), 2001, pp. 405–423。

还有很多度量复杂性的方法，在这里无法一一赘述。各种度量都抓住了复杂性思想的一些方面，但都存在理论和实践上的局限性，还远不能有效刻画实际系统的复杂性。度量的多样性也表明复杂性思想具有许多维度，也许无法通过单一的度量尺度来刻画。

大自然逐渐将无生命的东西[1]变成有生命的动物，其间的界线无法分辨。

—— 亚里士多德，《动物史》（*History of Animals*）

我们都本能地知道生命是什么[2]：它是可以用来吃的，可以爱的，甚至可能是致命的。

—— 洛夫洛克（James Lovelock），

《盖亚时代》（*The Ages of Gaia*）

2
计算机中的生命和进化

1."大自然逐渐将无生命的东西"：引自Grene，M. & Depew，D.，*The Philosophy of Biology: An Episodic History*. Cambridge University Press，2004，p. 14。
2."我们都本能地知道生命是什么"：Lovelock，J. E，*The Ages of Gaia*. New York: W. W. Norton，1988，p. 16。

第 8 章
自我复制的计算机程序 [1]

生命是什么

第5章介绍了一些生命进化的思想史。但是有一些问题没有提到，例如生命是如何起源的？生命的要素到底是什么？这些都是科学界最具争议的问题，至今没有确定的答案。在这里我不讨论前一个问题，不过复杂系统对此有一些让人着迷的研究。[2]

生命到底是什么，这是一个经久不衰的问题。不管是大众还是科学家，对此都没有达成共识。像"生命是如何诞生的"或者"生命在其他星球上是什么样子"总是能激起热烈的讨论，甚至引起敌意。

创造人工生命的想法也由来已久，至少可以追溯到两千年前的石

---

1. "自我复制的计算机程序"：这一章部分是来自Mitchell，M.，Life and evolution in computers. *History and Philosophy of the Life Sciences*，23，2001，pp. 361–383。

2. "……有一些让人着迷的研究"：参见，Luisi，P. L.，*The Emergence of Life：From Chemical Origins to Synthetic Biology*. Cambridge：Cambridge University Press，2006；或Fry，I.，*The Emergence of Life on Earth：A Historical and Scientific Overview*. Piscataway，NJ：Rutgers University Press，2000。

人传说（Golem）和奥维德（Ovid）的皮格马利翁，[1] 19 世纪又有福兰克斯坦的怪兽（Frankenstein's monster）的故事，更不要说现在的《刀锋战士》和《黑客帝国》这些影片，以及《模拟生命》（Sim Life）这类计算机游戏。

科幻作品提出了一个新版本的"生命是什么"的问题：计算机和机器人可以被认为有生命吗？这个问题将计算、生命和进化的问题联系到一起。

如果你问 10 个生物学家什么是生命的 10 个要素，每次得到的答案都会不一样。可能大部分会包括自主、新陈代谢、自我复制、生存本能，还有进化和适应。我们能不能将这些过程机械化，并用计算机来实现呢？

许多人认为绝对不可能，理由如下：

自主：计算机本身什么都做不了；只能执行程序的指令。

新陈代谢：计算机无法像生物那样从环境中获取能量；它们必须由人提供能源（例如电力）。

自我复制：计算机不能复制自身；要复制自身就必须包含对自身

---

1. 译注：石人是希伯莱传说中用黏土、石头或青铜制成的无生命的巨人，注入魔力后可行动，但无思考能力。皮格马利翁是奥维德《变形记》中的人物，他爱上了自己用象牙雕刻的美丽少女，并感动了爱神阿芙罗狄娜，爱神让雕塑变成了真人。

的描述；而这个描述又包含其本身的描述，这样反复无穷。

生存本能：计算机不关心自己能不能生存，它们也不关心自己是不是成功。（有一次听一位杰出的心理学家的讲座，他在谈论计算机象棋程序时说："就算深蓝赢了卡斯帕罗夫，它也不会有快乐的感觉。"）

进化和适应：计算机本身无法进化或适应；它只能严格依照程序员预先设定的方式变化。

虽然还有很多人相信这些观点，但它们都在人工生命领域中[1]以各种方式被否定了。人工生命关注的是在计算机中仿真或"创造"生命。在这一章和下一章我会讨论这些，它们与达尔文主义的自我复制和进化密切相关。

计算机中的自我复制

自我复制的观点非常数学化：它认为计算机中的自我复制会导致无穷反复。

我们先来看看计算机自我复制问题最简单的形式：写一段程序打印其自身。

---

1. "人工生命领域中"：关于人工生命领域的更多信息，参见 Langton, C. G., *Artificial Life: An Overview.* Cambridge, MA: MIT Press, 1997；或 Adami, C., *Introduction to Artificial Life.* New York: Springer, 1998。

在后面我们用一种简单的计算机语言,这样不用是程序员也能看懂。(实际上是一种伪代码,有一些真正的计算机语言所没有的命令,但是是合理的,只是让事情更简单一些。)

下面来试一下,首先从程序的名字开始:

program copy

然后加一条指令将程序的名字打印出来:

program copy

print("program copy")

指令 print 只是简单地将引号之间的字符显示到屏幕上然后换行。现在增加一条指令将第二行打印出来:

program copy

print("program copy")

print("print("program copy")")

因为要输出程序自身的完整复制,第二个 print 指令的引号中带了第一个 print 指令前的四个缩进符和后面的一对引号(print 指令输出最外侧的引号之间的所有字符，包括引号）。现在又要加一条指令来输出第三行：

```
program copy

print(" program copy ")

print(" print(" program copy ") ")

print(" print(" print(" program copy ") ") ")
```

现在你可能已经看出来，这种策略 —— 每条指令输出上一条指令的拷贝 —— 是如何导致无穷反复的。怎样才能避免这种情况呢？在继续往下读之前，你可以花点时间自己试一试能不能解决这个问题。

这个看似简单的问题其实关系到第4章介绍过的哥德尔和图灵的工作。解决方法同时也包含了生物系统本身绕开无穷反复的基本途径。20世纪匈牙利数学家冯·诺依曼在研究一个更复杂的问题时，首先发现了这个问题的答案。

冯·诺依曼是量子力学、经济学等多个领域的先驱，也是最早设计电子计算机的人之一。他的设计中包含中央处理单元和可以存储程序和数据的随机存取存储器。这些至今仍然是现代计算机的基础。冯·诺依曼也是最早深刻认识到计算和生物之间联系的科学家之一。他在生命最后的岁月里一直致力于解决机器如何才能复制自身的问题。他给出了第一个能自我复制的机器的完整设计。我在后面展示的自复制计算机程序就是受他的"自复制自动机"启发,并以简化的方式阐释其基本原则。

在介绍自复制程序之前,还要先解释一些会用到的编程语言的相关知识。

参考图8.1给出的计算机存储器示意图。在我们高度简化的例子中,计算机存储器由有编号的位置或"地址"组成,图中编号为1—5,依次往后。各位置中有一些字符。这些字符可以作为程序的指令或程序使用的数据。如果执行当前存储的程序,会显示输出:

Hello,world!
Goodbye.

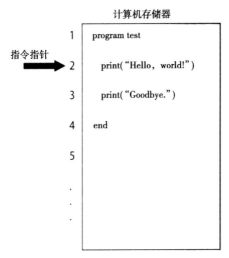

图8.1　计算机存储器简化示意图,位置用1—5依次编号,其中4个存储有程序。指令指针指向计算机当前存储的指令。有些指令行前面带有空格,在执行的时候会被忽略

要执行程序，计算机要有一个"指令指针"——同样存储在存储器中的一个数字，记录当前执行的指令在存储器中的位置。指令指针——简记为ip——最初设为程序第一行的存储地址。我们称之为"指向"那条指令。在计算的每一步ip指向的指令会被执行，ip加1。

例如，在图8.1中，ip的值为2，也就是说指向的是print("Hello, world!")。

我们称ip为变量，因它的值随着计算的进行而不断变化。

还可以定义变量line[n]表示地址n中的字符串。例如，指令print(line[2])会显示输出：

print("Hello, world!")

此外，我们的编程语言中还包括loop指令（循环）。例如，下面的程序代码：

```
x = 0
loop until x = 4
{
print("Hello, world!")
x = x+1
}
```

会输出：

Hello，world!

Hello，world!

Hello，world!

Hello，world!

大括号之间的代码会反复执行直到循环结束条件（这里是 $x = 4$）满足。变量用作计数器 —— 从 0 开始，每循环一次加 1。增加到 4 时循环停止。

现在可以来看看自我复制程序了，程序完整展现在图 8.2 中。理解一段程序最好的办法就是手工推演，也就是一行一行跟踪程序的运行。

假设图 8.2 中的程序被加载到内存中，然后假设有人在计算机命令提示符后键入 selfcopy，计算机就会开始执行程序 selfcopy。译码器 —— 操作系统的一部分 —— 会将指令指针设为 1，指向程序名。然后 ip 会下移，逐行执行各条指令。

在地址 2 处变量 L 被设为 ip–1。而 ip 是当前执行指令的位置。因此当执行第 2 行时，ip 设为 2，L 设为 2–1 ＝ 1。（注意虽然随着指令执行会不断变化，但 L 在重置之前会一直等于 1 直到其被重置。）接着会进入循环，直到 line [L] 等于字符串 end。前面说了 line [L] 等于内存中地址 L 处的字符串。目前 L 等于 1，line [L] 等于字符串 program

计算机内存

```
1   program selfcopy

2     L=ip−1

3     loop until line[L]= "end"

4     {

5         print（line[L]）

6         L=L+1

7     }

8     print（ "end" ）

9   end
```

图8.2 自我复制的程序

selfcopy，不等于字符串end，因此循环不会停止。在循环中，会显示输出line [L]，并将L加1。最初，L = 1，显示输出program selfcopy；然后L被置为2。

现在，line [L] 指的是程序第二行，即L = ip−1，仍然不等于end，因此循环会继续。这样程序就会被逐行输出。尤其有意思的是第5行：当L = 5时，执行第5行，指令print(line [L])会显示输出其自身。当L = 9时，line [L] 等于end，循环终止。这时已经显示输出了1—8行。指令指针指向第8行（紧跟在循环后面的指令），执行时显示输出字符串 "end" 结束自我复制。在这个程序中自我复制的本质，是用两种方式来使用内存中的信息：既作为执行的指令，又作为这些指令使用的数据。正是对信息的双重使用让我们得以避开前面尝试自我复制程序时遇到的那种无穷反复。

自我复制程序的深层意义

信息的双重使用是哥德尔悖论的核心，他的自指句子"这个命题是不可证的"体现的正是这一点。

理解这个需要耍点把戏。首先，请注意这个句子同其他句子一样，可以从两个角度来看：①视为句子中包括的文字、空格符和标点组成的字符串；②视为字符串所代表的意义，同语言使用者的解读一样。

为了明确起见，我们将句子的字符串本身记为S。也就是说，S = "这个命题是不可证的"。现在可以陈述的一些命题：例如它包含9个字，1个句号。

句子的意义则记为M。我们可以将M重写为"命题S是不可证的"。某种程度上，你可以将M视为"指令"，而将S视为指令操作的数据。怪异（而又神奇）的是，数据S与指令M是同一个东西。哥德尔之所以能将句子转化为数学中的悖论，一个主要原因就是他能将M表示成数学命题，将S表示成编码那个数学命题字符串的数字。

这就是背后的把戏。侯世达在《哥德尔、艾舍尔、巴赫 —— 集异璧之大成》一书中，对字符串与字符串的意义之间的区别，以及自指所导致的悖论，进行了详细而有趣的讨论。

与之类似，对信息的双重使用也是图灵对停机问题不可判定性证明的关键。还记得第4章的H和H′吗？记得H′是如何作用于自身的编码吗？同这里的自复制程序一样，H′也是以两种方式被使用：解释为程序，同时也作为程序的输入。

DNA的自我复制

现在你可能在想，我们又回到了让人头痛的抽象逻辑王国。别急，我们马上就会回到现实世界。真正让人惊奇的是对信息的双重使用竟然也是DNA复制自身的关键。在第6章我们了解到，DNA是由核苷酸序列组成。特定的子序列（基因）编码构成蛋白质的氨基酸，其中包括解开双螺旋和用信使RNA、转运RNA、核糖体等复制各股DNA的酶（特定种类的蛋白质）。作一个宽泛的类比，对执行复制的酶进行编码的DNA序列大致上对应于自复制程序的代码。这些DNA中的"代码"在产生酶和作用于DNA自身时就相当于被执行，DNA本身则相当于被解开和复制的数据。

不过你可能已经注意到了我埋下的伏笔。在自复制程序和DNA的自复制之间有一个重要的差别。自复制程序需要有一个解释器来执行它：指令指针依次指向各行代码，然后由操作系统来执行它们（存取ip和L等中间变量，显示输出字符串，等等）。执行器完全外在于程序本身。

　　而在DNA的情形中，构建"解释器"——信使RNA、转运RNA、核糖体和所有用于蛋白质合成的成分——的指令也一起编码在DNA中。也就是说，DNA不仅包含自我复制的"程序"（例如用来解开和复制DNA的酶），同时也编码了它自己的解释器（将DNA转译成酶的细胞器）。

冯·诺依曼的自复制自动机

　　冯·诺依曼最初的自复制自动机（冯·诺依曼只给出了数学描述，并没有真的建造）也是既包含有自我复制的程序也包含解释自身程序的机制。因此是完整的自我复制机器。这也解释了为何冯·诺依曼的构想要比我的自我复制程序复杂得多。冯·诺依曼提出构想是在20世纪50年代，当时生物自我复制的机制还没有被完全理解，这更加表明了冯·诺依曼天才的洞察力。冯·诺依曼对自动机的设计以及其正确性的数学证明在他去世前已基本完成。1957年，他因癌症去世，年仅53岁，可能是因为在参与研制原子弹时受到了核辐射。冯·诺依曼的同事巴克斯（Arthur Burks）完成了最后的证明。1966年，巴克斯将全部成果编辑成为《自复制自动机理论》（*Theory of Self-Reproducing Automata*）一书出版。[1]

---

1. "1966年，巴克斯将……出版": Von Neumann, J., *Theory of Self-Reproducing Automata*（由巴克斯编辑补充）。Urbana: University of Illinois Press, 1966。对冯·诺依曼自复制自动机的描述，参见Burks, A. W., Von Neumann's self-reproducing automata。收录在 A. W. Burks（编辑），*Essays on Cellular Automata*. Urbana: University of Illinois Press, 1970；或Mitchell, M., Computation in cellular automata: A selected review。收录在 T. Gramss等（编辑），*Nonstandard Computation*, 1998, pp.95–140. Weinheim, Germany: Wiley-VCH。对DNA自我复制以及其与数理逻辑和自我复制计算机程序的关系的论述，参见Hofstadter, D. R., Gödel, Escher, Bach: *an Eternal Golden Braid*. New York: Basic Books, 1979, pp.495–548。

冯·诺依曼设计的自复制自动机是人工生命科学真正的先驱之一，从原则上证明了自我复制的机器的确是可能的，并且提供了自我复制的"逻辑"，后来证明其与生物的自我复制机制惊人的相似。

冯·诺依曼认识到这个结论具有深远的影响。他担心公众对这种自复制机器的反应，不愿看到大众媒介报道"未来这种自复制机器的可能性"[1]。可惜好景不长。1999年，计算机科学家库兹韦尔（Ray Kurzweil）和莫拉韦茨（Hans Moravec）在《灵魂机器的时代》（The Age of Spiritual Machines）和《机器人》（Robot）这两本书中鼓吹了这种具有超级智能并且能自我复制的机器人的可能性，他们认为这种机器人在不远的将来就会被制造出来，他们的书并非虚构，[2]但是相当牵强。2000年，Sun公司的创始人之一乔伊（Bill Joy）在《连线》（Wired）杂志上发表了一篇后来很有名的文章[3]——《为何未来不需要我们》，文中描述了自复制纳米机器的可能性。目前这些预言都还没有应验。不过复杂的自复制机器也许很快就会成为现实：康奈尔大学的机器人专家利普森（Hod Lipson）和他的同事已经制造出了一些简单的自复制机器人[4]。

---

1. "未来这种自复制机器的可能性"：引自Heims，S. J.，*John Von Neumann and Norbert Wiener*：*From Mathematics to the Technologies of Life and Death*. Cambridge，MA：MIT Press，1980，pp. 212–213。

2. "他们的书并非虚构"：Kurzweil，R.，*The Age of Spiritual Machines*：*When Computers Exceed Human Intelligence*. New York：Viking，1999；以及Moravec，H.，*Robot*：*Mere Machine to Transcendent Mind*. New York：Oxford University Press，1999。

3. "在《连线》杂志上发表了一篇后来很有名的文章"：Joy，B.，Why the future doesn't need us. *Wired*，2000年4月。

4. "一些简单的自复制机器人"：Zykov，V. Mytilinaios，E.，Adams，B.，& Lipson，H.，Self-reproducing machines. *Nature*，435，2005，pp. 163–164。

冯·诺依曼

　　冯·诺依曼（图8.3）是20世纪科学和数学领域最重要的人物，而且很有趣，在这里值得多说几句。如果你还不知道他的话，应该去了解一下。

图8.3 冯·诺依曼（1903—1957）（美国物理学会西格尔图像档案）

　　不管和谁比，冯·诺依曼都是真正的天才。在相对短暂的一生中，他至少在6个领域作出了基础性的贡献：数学、物理、计算机科学、经济学、生物学和神经科学。人们说起他的故事时，总是忍不住摇摇头，惊叹如此的天才是不是真的是人类能做到的。我很喜欢他的故事，希望在这里与你们分享。

冯·诺依曼出生在匈牙利，小名琼尼。与爱因斯坦和达尔文的大器晚成不同，冯·诺依曼从小就是神童。据说他六岁时就能心算八位数除法。（很久他才发现不是所有人都能做到这一点；他的一本传记中有这样一个故事："6岁时，有一次他母亲在他面前显得心不在焉，[1]他问妈妈：'你在算什么？'"）当时他还能和父亲谈论古希腊。

冯·诺依曼18岁进入大学，开始是在布达佩斯，后来又去了德国和瑞士。最初他选择的是化学工程这样的实用课程，但还是无法离开数学。23岁时，因为在数理逻辑和量子力学做出的基础性工作，他获得了数学博士学位。他的工作做得太漂亮了，5年后他就获得了世界上最好的学术职位 —— 加入新成立的普林斯顿高等研究院（IAS），爱因斯坦和哥德尔也是这里的成员。

研究院没有看走眼。此后10年，冯·诺依曼开创了博弈论的研究（写出了被称为"有史以来最好的数理经济学论文"[2]），设计了第一台可编程计算机的原理架构（EDVAC，他为这台计算机写的报告被称为"计算和计算机领域有史以来最重要的文献"[3]），还在第一颗原子弹和氢弹的研制中做出了重要贡献。此后他又致力于研究自复制自动机以及计算机逻辑与大脑运作机制之间的关系。冯·诺依曼在政治上也很

1. "6岁时，有一次他母亲在他面前显得心不在焉"：Macrae, N., *John von Neumann*. New York：Pantheon，1992，p.52。
2. "有史以来最好的数理经济学论文"：引自Macrae, N., *John von Neumann*. New York：Pantheon，1992，p.23。
3. "计算和计算机领域有史以来最重要的文献"：Goldstine, H. H., *The Computer*, *from Pascal to von Neumann*. Princeton，NJ：Princeton University Press，第一版，1972，p.191。

活跃（他的立场十分保守，持强烈的反共产主义观点），后来还成为原子能委员会的成员，这个委员会为美国总统在核武器政策方面提供咨询。

　　除了冯·诺依曼，匈牙利还有一批年龄相仿的科学家后来都成了举世闻名的学者，这被称为"匈牙利现象"。这个群体中包括西拉德，第 3 章我们已经见过他，物理学家维格纳（Eugene Wigner）、特勒（Edward Teller）和伽柏，数学家厄多斯（Paul Erdös）、科蒙尼（John Kemeny）和拉克斯（Peter Lax）。许多人都奇怪为何当时会聚集这么多耀眼的天才。据冯·诺依曼的传记作者麦克雷（Norman MacRae）说："匈牙利 6 位诺贝尔奖获得者有 5 位[1] 是生于 1875 年到 1905 年间的犹太人，有一次诺贝尔奖得主维格纳被问道，为何在他那一代匈牙利涌现了这么多天才，结果他回答说，他不明白这个问题，匈牙利当时只出现过一位天才，那就是冯·诺依曼。"

　　冯·诺依曼在许多方面都领先于他的时代。他的目标同图灵类似，想发展信息处理的一般理论，既包括生物也包括技术。他在自复制自动机上的工作就是这项计划的一部分。冯·诺依曼与控制论社团也联系紧密——这是一个由科学家和工程师组成的交叉学科研究群体，致力于研究各种自然界和人工复杂适应系统的共性。现在的"复杂系统"研究的前身就是控制论和系统科学。在最后一章我将进一步探讨它们之间的联系。

1."匈牙利 6 位诺贝尔奖获得者有 5 位"：MacRae, N., *John von Neumann*. New York：Pantheon，1992，p. 32。

冯·诺依曼对计算的兴趣在高等研究院并不是一直都受欢迎。在结束关于EDVAC的工作之后，冯·诺依曼带领几位计算机专家在IAS设计和改进EDVAC的后续机型。这个系统被称为"IAS计算机"；它的设计是后来IBM早期计算机的原型。然而IAS一些纯理论科学家和数学家对此感到不快，认为在这个纯洁的象牙塔中不应进行这种实用性研究，对于冯·诺依曼领导一组气象学家在IAS用这台计算机开展的第一项应用天气预报可能更加反感。一些纯粹主义者认为这类研究不适合研究院。就像IAS的物理学家戴森（Freeman Dyson）说的，"（IAS）数学院[1]分为三个群体，一群是纯数学，一群是理论物理，冯·诺依曼教授单独是一群"。冯·诺依曼去世后，IAS的计算机项目被终止了，IAS的研究人员进行了一场"让研究院没有任何实验科学[2]，没有任何实验室"的运动。戴森称之为"自大狂的报复"[3]。

1."（IAS）数学院"：引自Macrae，N.，*John von Neumann*. New York：Pantheon，1992，p. 324。
2."让研究院没有任何实验科学"：引自Regis，E.，*Who Got Einstein's Office? Eccentricity and Genius at the Institute for Advanced Study*. Menlo Park，CA：Addison-Wesley，1987，p. 114。
3."自大狂的报复"：Regis，E.，*Who Got Einstein's Office? Eccentricity and Genius at the Institute for Advanced Study*. Menlo Park，CA：Addison-Wesley，1987，p. 114。

第9章
遗传算法

在对"机器能否复制自身"的问题给予肯定回答后，冯·诺依曼很自然地想让计算机（或计算机程序）复制自己和产生变异，并在某种环境中为生存竞争资源。这就会遇到前面提到的"生存本能"以及"进化和适应"的问题。可惜的是冯·诺依曼还没有研究进化问题就去世了。

其他人很快就开始继续他留下的工作。20世纪60年代初，一些研究团体开始在计算机中进行进化实验。这些研究现在统称为**进化计算**[1]（evolutionary computation）。其中最为著名的是密歇根大学的霍兰德和他的同事、学生进行的**遗传算法**（genetic algorithms）研究。

霍兰德（图9.1）可以说是冯·诺依曼的学术徒孙。霍兰德的博士导师是哲学家、逻辑学家和计算机工程师巴克斯，巴克斯曾协助冯·诺依曼研制EDVAC，并且完成了冯·诺依曼没有完成的自复制自动机研究。在结束EDVAC的工作之后，巴克斯在密歇根大学获得了哲学教职，并成立了计算机逻辑小组，这是一个由对计算机基础以及

1."进化计算"：对进化计算的早期研究史，参见Fogel, D. B., *Evolutionary Computation*: *The Fossil Record.* New York: Wiley-IEEE Press, 1998。

广义信息处理感兴趣的教师和学生组成的松散团体。霍兰德到密歇根大学攻读博士学位，开始是学数学，后来转到新成立的"通信科学"系（后来改称"计算机与通信科学"），这可能是世界上第一个真正的计算机科学系。几年后，霍兰德成为系里第一个博士学位获得者，他也是世界上第一个计算机科学博士。很快他就留校成了计算机系的教授。

图9.1 霍兰德（圣塔菲研究所版权所有，经许可重印）

　　霍兰德在读费希尔（Ronald Fisher）的名著《自然选择的遗传理论》（*The Genetical Theory of Natural Selection*）时被达尔文的进化论深深吸引。同费希尔（和达尔文）一样，进化与农产养殖之间的相似也给霍兰德留下了深刻印象。但他是从计算机科学的角度来思考这种相似性:"这就是遗传算法的由来。[1] 我想到,是不是可以像繁育良种马和良种玉米那样繁殖程序。"

霍兰德的主要兴趣在于适应现象 —— 生物如何进化以应对其他生物和环境变化,计算机系统是不是也可以用类似的规则产生适应性。他在1975年的著作《自然和人工系统的适应》(*Adaptation in Natural and Artificial Systems*)中列出了一组适应性的普遍原则,并且提出了遗传算法的构想。

我第一次了解遗传算法是在密歇根大学研究生院,当时我选了霍兰德基于他的书开的一门课。我马上就被"进化的"计算机程序的思想吸引住了。(同赫胥黎一样,我的反应是:"我怎么没想到,真是太蠢了!")

遗传算法菜谱

算法其实就是图灵说的*明确程序*,就好比做菜的菜谱:一步一步将输入变成输出。

对于遗传算法(GA),期望的输出就是特定问题的解。比如,你需要编写一个程序控制机器人清洁工在办公楼拾垃圾。你觉得编这个程序太费时间,就委托遗传算法替你将这个程序演化出来。因此,期望的GA输出就是能让机器人清洁工完成拾垃圾任务的控制程序。

1."这就是遗传算法的由来":霍兰德,引自Williams, S. Unnatural selection. *Technology Review*, 2005年3月2日。

GA的输入包括两部分：候选程序群体和适应性函数。适应性函数用来确定候选程序的适应度，度量程序完成指定任务的能力。

候选程序可以表示成位、数字或符号组成的字符串。后面我会给出一个机器人控制程序表示成数字字符串的例子。

在机器人清洁工的例子中，候选程序的适应度可以定义为机器人在给定时间内清扫的面积，这是由程序决定的，越大越好。

下面是GA菜谱。

将下面的步骤重复数代：

1.生成候选方案的初始群体。生成初始群体最简单的办法就是随机生成大量"个体"，在这里个体是程序（字符串）。

2.计算当前群体中各个个体的适应度。

3.选择一定数量适应度最高的个体作为下一代的父母。

4.将选出的父母进行配对。用父母进行重组产生出后代，伴有一定的随机突变概率，后代加入形成新一代群体。选出的父母不断产生后代，直到新的群体数量达到上限（即与初始群体数量一样）。新的群体成为当前群体。

　　5.转到第2步。

遗传算法的应用

　　前面描述GA时似乎很简单，但是遗传算法已被用于解决科学和工程领域的许多难题，甚至应用到艺术、建筑和音乐。

　　应用之广泛从下面这些问题可见一斑：通用电气将GA用于飞行器的部分自动化设计，[1] 洛斯阿拉莫斯国家实验室用GA分析卫星图像，[2] 约翰·迪尔（John Deere）公司将GA用于自动化生产线的调度，[3] 德州仪器（Texas Instruments）则用GA来设计计算机芯片。[4] GA还在2003年的电影《指环王：王者归来》（*The Lord of the Rings: The Return of the King*）中被用于生成逼真的动画马匹，[5] 为电影《特洛依》（*Troy*）生成逼真的演员替身动画特效。[6] 许多制药公司用GA来辅助发现新药。[7] GA也被一些金融组织用于各种场合：识别交易欺诈[8]

1. "飞行器的部分自动化设计"：Hammond，W. E. *Design Methodologies for Space Transportation Systems*，2001，Reston，VA：American Institute of Aeronautics and Astronautics，Inc.，p. 548。

2. "分析卫星图像"：参见，Harvey，N. R.，Theiler，J.，Brumby，S. P.，Perkins，S. Szymanski，J. J.，Bloch，J. J.，Porter，R. B.，Galassi，M.，& Young，A. C. Comparison of GENIE and conventional supervised classifiers for mulitspectral image feature extraction. *IEEE Transactions on Geoscience and Remote Sensing*，40，2002，pp. 393–404。

3. "自动化生产线的调度"：Begley，S. Software au naturel. *Newsweek*，1995年5月8日。

4. "设计计算机芯片"：同上。

5. "生成逼真的动画马匹"：参见 Morton，O.，Attack of the stuntbots. *Wired*，2004年12月1日。

6. "生成逼真的演员替身动画特效"："Virtual Stuntmen Debut in Hollywood Epic *Troy*"新闻稿，Natural Motion Ltd（http://www.naturalmotion.com/files/nm_troy.pdf）。

7. "发现新药"：参见，Felton，M. J.，Survival of the fittest in drug design. *Modern Drug Discovery*，3（9），2000，pp. 49–50。

8. "识别交易欺诈"：Bolton，R. J. & Hand，D. J.，Statistical fraud detection: A review. *Statistical Science*，17（3），2002，pp. 235–255。

（伦敦股票交易所）、分析信用卡数据[1]（第一资本金融公司，Capital One）、预测金融市场[2]和优化证券投资组合[3]（第一象限公司，First Quadrant）。20世纪90年代，互动式遗传算法创造的艺术作品[4]在巴黎蓬皮杜中心（Georges Pompidou Center）等多个博物馆展出。这些只是遗传算法应用的一小部分例子。

进化的罗比，易拉罐清扫机器人

下面我们用一个更详细的简单例子[5]来进一步阐释GA的主要思想。我有一个叫"罗比"的机器人，它的世界（用计算机模拟，但是很脏乱）是二维的，到处是丢弃的易拉罐。我将用遗传算法为罗比进化出一个"脑"（即控制策略）。

罗比的工作是清理它的世界中的空易拉罐。罗比的世界由10 × 10的100个格子组成（图9.2）。罗比在位置（0,0）。我们可以假设周围围绕着一堵墙。许多格子中散落着易拉罐（不过每个格子中的易拉罐不会多于一个）。

罗比不是很聪明，看得也不远，他只能看到东南西北相邻的4个

1."分析信用卡数据"：Holtham，C.，Fear and opportunity. *Information Age*，2007年7月11日。

2."预测金融市场"：参见，Williams，F.，Artificial intelligence has a small but loyal following. *Pensions and Investments*，2001年5月14日。

3."优化证券投资组合"：Coale，K.，Darwin in a box. *Wired*，1997年6月14日。

4."互动式遗传算法创造的艺术作品"：参见http://www.karlsims.com。

5."一个更详细的简单例子"：这个例子是受MIT人工智能实验室的一个项目的启发，那个项目中一个名为"希尔伯特"的机器人在走廊和办公室四处收集空易拉罐，并将它们送到垃圾箱。参见Connell，J. H.，*Minimalist Mobile Robotics*：*A Colony-Style Architecture for an Artificial Creature*. San Diego：Academic Press，1990。

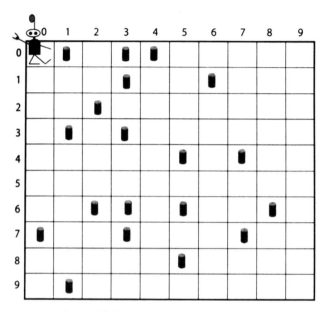

图9.2 罗比的世界。10×10的格子，散落着一些易拉罐

格子以及本身所在格子中的情况。格子可以是空的（没有罐子），或者有一个罐子，或者是墙。例如，在图9.2中，罗比位于格子（0,0），看到当前格子是空的，北面和西面是墙，南面的格子是空的，东面的格子中有一个罐子。

　　每次清扫工作罗比可以执行200个动作。动作可以是以下7种：往北移动、往南移动、往东移动、往西移动、随机移动、不动、收集罐子。每个动作都会受到奖赏或惩罚。如果罗比所在的格子中有罐子并且收集起来了，就会得到10分的奖赏。如果进行收集罐子的动作而格子中又没有罐子，就会被罚1分。如果撞到了墙，会被罚5分，并弹回原来的格子。

　　显然，罗比尽可能地多收集罐子，别撞墙，没罐子的时候别去捡，得到的分数就最高。

　　这个问题很简单，人工为罗比设计一个好策略可能也不是很难。不过，有了遗传算法我们就可以什么也不用干，我们只需要等着计算机替我们进化出来。下面我们用遗传算法来为罗比进化出一个好策略。

　　第1步是搞清楚我们想要进化的到底是什么。也就是说，策略具体指的是什么？一般来说，策略指的是一组规则，规则给出了在各种情形下你应当采取的行动。对于罗比，它面对的"情形"就是它看到的：当前格子以及东南西北四个格子中的情况。对于"在各种情形下怎么做"的问题，罗比有7种可能选择：北移、南移、东移、西移、随机移动、不动、收集罐子。因此，罗比的策略可以写成它可能遇到的所有情形以及面对每种情形应当采取的行动。

　　有多少种可能的情形呢？罗比可以看到5个格子（当前格子、东、南、西、北），每个格子可以标为空、罐和墙。这样就有243种可能情形。[1] 其实还没有这么多，因为有许多不可能的情形，例如当前位置不可能是墙，也不可能四面都是墙，等等。不过，因为我们很懒，不想费劲找出所有不可能的情形，因此我们会列出所有243种情形，只要知道其中一些永远也不会遇到就行了。

　　表9-1是一个策略的例子 —— 只是策略的局部，完整策略太长

1."这样就有243种可能情形"：有5个格子，每个格子中的可能情况有3种，这样就有3×3×3×3×3＝243种可能情形。

了，不方便列出来。

表9-1　　　　　　　　　　　　一个策略的例子

情　形					行动
北	南	东	西	中	
空	空	空	空	空	往北移动
空	空	空	空	罐	往东移动
空	空	空	空	墙	随机移动
空	空	空	罐	空	清扫罐子
…					
墙	空	罐	墙	空	往西移动
…					
墙	墙	墙	墙	墙	不动

罗比在图9.2中的情形是：

北　南　东　西　中

墙　空　罐　墙　空

要知道下一步怎么做，罗比只需要查看策略表，查到对应的行动是往西移动。因此它往西移动一格，结果一头撞到墙上。

我没说这是一个好策略。寻找好策略不关我的事；这事归遗传算法管。

我写了一个遗传算法程序来进化罗比的策略。算法中，群体中每个个体都是一个策略 —— 与各种可能情形相对应的行动列表。也就是说，对于表9-1中的策略，GA用来演化的个体就是最右侧243个行动依次列出的列表：

　　向北移动　　向东移动　　随机移动　　收集罐子……向西移动……不动

　　字符串中第1个行动（这里是向北移动）对应第1种情形（"空空空空空"），第2个行动（这里是向东移动）对应第2种情形（"空空空空罐"），依次往后。这样就不用明确列出与动作对应的情形；GA记得各情形的排列顺序。例如，假设罗比观察到情形如下：

北　南　东　西　中
空　空　空　空　罐

　　GA根据内建知识知道是情形2。通过查询策略表可以得知位置2上的行动是往东移动。罗比往东移动一格，然后又观察周围情形；GA再次查询表上的相应行动，反复进行。

　　我的GA是用C语言写的。这里我不写出具体程序，只解释其工作原理。

　　1.生成初始群体。初始群体有200个随机个体（策略）。

　　图9.3是一个随机群体示意图。每个个体策略有243个"基因"。每个基因是一个介于0和6之间的数字，代表一次动作（0＝向北移动，1＝向南移动，2＝向东移动，3＝向西移动，4＝不动，5＝捡拾罐子，

6＝随机移动）。在初始群体中，基因都随机设定。程序中用一个伪随
机数发生器来进行各种随机选择。

重复后面的步骤1000次。

个体 1:
23300323421630343530546006102562515114162260435654334066511514
15650220640642051006643216161521652022364433363346013326503000
40622050243165006111305146664232401245633345524126143441361020
15063064255165404326446315616451054366534631055164600516 4

个体 2:
16411343121025360340361241431201104235462525304202044516433665
61035322153105131440622120614631432154610256523644422025340345
30502005620634026331002453416430151631210012214400664012665246
35165015412311313245330443321263455500531421306442331100 0

个体 3:
20423344402411226132136452632464212206122122252660626144436125
32512664061335340153411110206164226653145522540234051155031302
22020065445125062206631426135532010000400031640130154160162006
13444062616050564142155313323602150335513125363264263055 1

.
.
.

个体 200:
34632525136001012225612106043301135205155320130656005322235043
32425064124255265534635345523053326612010632124554423440613654
30246240160663016464641103026540006334126150352262106063624260
55061661634425512435446411002346333044010253321214240225 1

图9.3 随机初始群体。每个个体由243个数字组成，取值介于0到6之间，每
个数字编码一个动作。数字的位置决定它对应哪种情形

2.计算群体中每个个体的**适应度**。在我的程序中，是通过让罗比
执行100次不同的清扫任务来确定策略的**适应度**。每次将罗比置于位
置（0，0），随机撒一些易拉罐（每个格子至多1个易拉罐，格子有易
拉罐的概率是50％）。然后让罗比根据策略在每次任务中执行200个

动作。罗比的得分就是策略执行各任务的分数。策略的适应度是执行100次任务的平均得分，每次的罐子分布都不一样。

3.进化。让当前群体进化，产生出下一代群体。即重复以下步骤，直到新群体有200个个体。

（a）根据适应度随机选择出一对个体A和B作为父母。策略的适应度越高，被选中的概率则越大。

（b）父母交配产生两个子代个体。随机选择一个位置将两个数字串截断；将A的前段与B的后段合在一起形成一个子代个体，将A的后段与B的前段个体合在一起形成另一个子代个体。

（c）让子代个体以很小的概率产生变异。以小概率选出1个或几个数，用0到6的随机数替换。

（d）将产生的两个子代个体放入新群体中。

4.新群体产生200个个体后，回到第2步，对新一代群体进行处理。

神奇的是，从200个随机的策略出发，遗传算法就能产生出让罗比顺利执行任务的策略。

种群规模（200）、迭代次数（1000）、罗比在一次任务中的动作数量（200）以及计算适应度的任务数量（200）都是我设定的，有些随意。用其他参数也能产生出好的策略。

你现在肯定很想知道遗传算法得出的结果。不过，我得向你坦白，在运行程序之前我还是克服了懒惰，自己设计了一个"聪明的"策略，这样我就能知道GA和我比起来谁干得更好。我为罗比设计的策略是："如果当前位置有罐子，就捡起来。否则，如果旁边格子有罐子，就移过去。（如果有几个罐子，预先设定罗比向哪个移动。）否则，随机选择一个方向移动。"

这个策略其实不是很聪明，罗比有可能会围着空格子绕圈子，总也找不到易拉罐。

我用10000个清扫任务测试了这个策略，结果（每个任务的）平均分约为346。每个任务最初有大约50％的格子有罐子，也就是50个易拉罐，因此最高可能的分数约为500，这样看我的策略还不是很接近最优。

GA能有这么好的成绩吗？会不会更好？运行一下就知道了。取最后一代中适应度最高的个体，也用10000个不同的任务进行测试。结果平均分约为483——几乎是最优了！

GA演化的策略是如何解决这个问题的

　　问题是这个策略是如何做到的？它为什么能比我的策略做得更好？GA又是如何将它演化出来的？

　　将我的策略记为M，GA生成的策略记为G。下面是这两个策略的基因组。

　　M：656353656252353252656353656151353151252353252151353151656353656252353252656353656050353050252353252050353050151353151252353252151353151050353050252353252050353050656353656252353252656353656151353151252353252151353151656353656252353252656353454

　　G：2543551532562352510563554611513361541510341561105501500520302562561322523503251120523330540552312550513361541506652641502665060122644536056315202564310543546324043503341532502532513523520451501301562134362523532231350512605133562015245143434 32

　　仅仅从策略的基因组看不出其中的运作。我们可以知道其中一些基因的意义，例如当前位置有罐子的情形，对第2种情形（"空空空空罐"），两个策略的动作都是5（清扫罐子）。M对这种情形总是动作5，但G并不总是这样。例如下面这种情形：

北	南	东	西	中
空	罐	空	罐	罐

动作就是3（往西移动），罗比在这种情形下不会捡罐子。这不太好，不过G总体上还是比M好。

关键之处不在于单个的基因，而在于各个基因之间的相互作用，就像真正的基因一样。而且同真正的基因一样，很难确定各种相互作用是如何影响整体上的行为或适应度。

相较于观察一个策略的基因，观察其具体的行为 —— 也就是它们的表型 —— 会更有意义。我编了一个程序来演示罗比在采用某个给定策略时的行动，然后对罗比在采用策略M和策略G时的行为进行观察。我发现这两个策略在许多情形中的行为类似，但策略G有两个小技巧，让它比策略M表现得更好。

首先来看看当前位置和四周都没有罐子的情形。如果罗比采用策略M，它就会随机选择一个方向移动。但如果它采用的是策略G，它就会往东移动，直到遇到墙为止。然后它会往北移动，就这样逆时针围着格子边缘移动，直到发现罐子。图9.4可以看到罗比的轨迹（虚线）。

这种围着绕圈的策略不仅让罗比不会撞墙（如果用策略M，随机移动时有可能会撞墙），而且搜索罐子的效率也比随机移动要高。

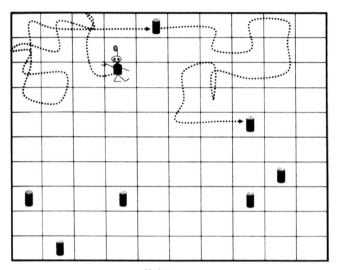

策略M

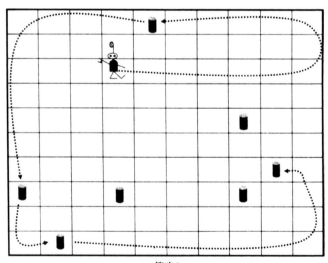

策略G

图9.4 罗比在一个有罐子的场地中。图中虚线是它在仿真时的移动轨迹，上图采用策略M，下图采用策略G

另外，遗传算法通过策略G还发现了一个巧妙的技巧，它在一些特定的情形中不会去捡当前格子中的罐子。

例如图9.5（a）给出了一种情形。在这种情形下，如果罗比采用策略M，它会捡起当前格子里的罐子，向西移动，然后捡起新的格子里的罐子［图9.5（b）—图9.5（d）］。由于罗比只能看见相邻格子的情形，因此当前它看不到余下的一堆罐子。它只能随机移动，直到碰巧遇到余下的罐子。

再看看策略G在同样情形中的表现（图9.6）。罗比没有去捡当前位置上的罐子，而且是直接向西移动［图9.6（b）］。然后它捡起了一堆罐子中最西边的罐子［图9.6（c）］。前面没有捡的罐子现在成了路标，罗比根据这个可以"记住"返回去有罐子。接下来它就会把这一堆罐子都捡起来［图9.6（d）—图9.6（k）］。

我知道我的策略不完美，但也没想到会有这种办法。进化可能聪明得多，GA经常会让我们感到意外。

遗传学家经常用"敲除突变（knockout mutations）"的办法来验证关于基因功能的理论，其实就是用遗传工程的方法阻止所研究的基因转录，再看对机体会有何影响。这里我也可以用这种方法。我将策略G中与这个技巧对应的基因敲掉：将所有与"当前格子中有罐子的"情形相对应的基因都换成"清扫罐子"。这会使得策略G的平均分从最初的483降到443，因此证明了我在前面的猜测，策略G之所以成功，部分就是因为这个技巧。

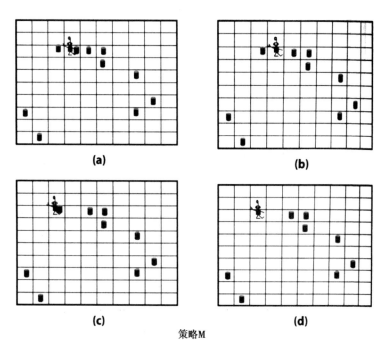

策略M

图9.5　罗比在一堆罐子中，使用策略M移动的四步

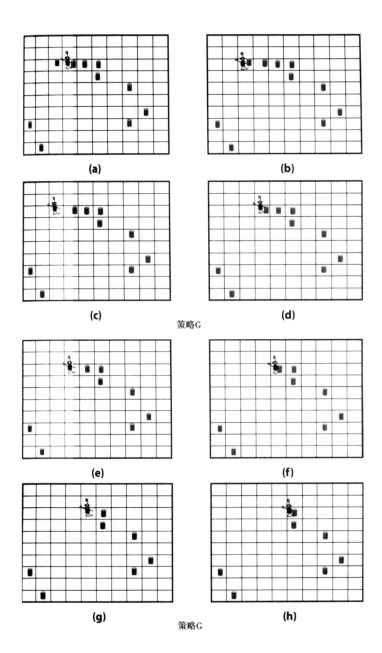

(a)

(b)

(c)

(d)

策略G

(e)

(f)

(g)

(h)

策略G

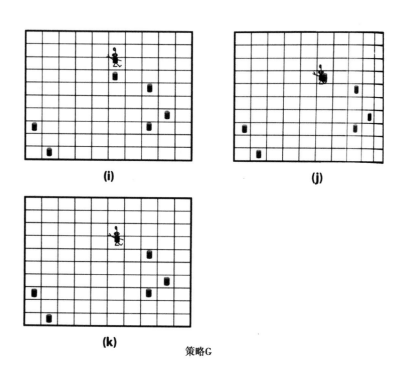

(i)

(j)

(k)

策略G

图9.6 罗比在同样的一堆罐子中，用策略G走的11步

GA是如何演化出好的技巧的

下一个问题是，GA是如何从随机的群体演化出像策略G这样好的策略的呢？

要回答这个问题，我们可以看一看策略是如何一代一代改进的。图9.7中画出了每一代中最佳策略的适应度。你可以看到最好的适应度最开始是小于0的，前300代提高得很快，此后的提高要慢一些。

第1代有200个随机生成的策略，可以想象它们都很糟糕。最好的策略适应度才–81，最糟糕的到了–825。（可能这么低吗？）

我用几个任务测试了一下罗比采用这一代中最糟糕的策略时的

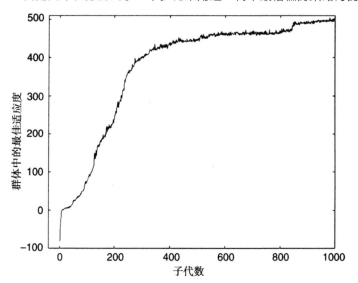

图9.7 GA演化出策略G的过程中，各代群体中的最佳适应度

行为。在一些环境设定中，罗比移动了几步就卡住了，之后在整个任务过程中都停止不动。在一些情况下，则不停地撞墙，直到任务结束。有时候则一直不断地去捡罐子，虽然当前位置上没有罐子。显然这些策略在进化过程中很快就会被淘汰掉。

我也测试了一下这一代中最好的策略，还是很糟糕，比最差的好不了多少。不过比起来它还是有两个优点：不那么容易一直撞墙了，而且偶尔碰到罐子的时候还能把罐子捡起来！作为这一代中最好的策略，它有很大的机会被选中用来繁殖！一旦被选中，它的子代就会继承这些优点（同时也会继承许多缺点）。

到第10代，群体中最佳策略的适应度已经变成正数了。这个策略经常会停滞不动，有时候还会在两个格子之间不停地来回移动。但基本不怎么撞墙，同第1代的前辈一样，偶尔也会捡罐子。

GA就这样不断改进最佳适应度。到200代时，最好的策略已经具有向罐子移动并捡起罐子这个最重要的能力——至少大部分时候是这样。不过，如果周围没有罐子，它也会浪费很多时间用来随机游走，这一点同策略M相似。到250代时，做得已经和策略M一样好了；等到了400代，适应度超过了400分，这时的策略如果少做一些随机移动，就能和策略G一样好。到800代时，GA发现了将罐子留作相邻罐子的路标的技巧，到900代时，沿着围墙转的技巧就基本完善了，到1000代时会进一步做些修正。

虽然罗比机器人的例子相当简单，但它与实际应用的GA区别已不是很大。同罗比的例子一样，在实际应用中，GA经常能演化出有用的答案，但是很难看出为什么会有用。这是因为GA找到的好答案与人类想出的相当不同。美国国家航空航天局（NASA）的遗传算法专家罗恩（Jason Lohn）曾这样说："进化算法是探索设计死角的伟大工具。[1] 你向具有25年工业经验的专家展示（你的设计），他们会说'哦，这个真的能有效？' …… 我们经常发现进化出来的设计完全无法理解。"

罗恩的设计也许是无法理解，但的确能有效。2004年，罗恩和他的同事因为用GA设计出了新的NASA航天器天线被授予"人类竞争"奖（Human Competitive Award）。这表明GA的设计改进了人类工程师的设计。

1."进化算法是探索设计死角的伟大工具"：Jason Lohn，引自Williams，S.，Unnatural selection. *Technology Review*，2005年3月2日。

计算机科学的真义[1]是在自然界中无处不在的大写的计算。

—— 朗顿 (Chris Langton),

引自勒温 (Roger Lewin) 的

《复杂性: 混沌边缘的生命》

(*Complexity: Life at the Edge of Chaos*)

3

大写的计算

---

1. "计算机科学的真义": 引自 Lewin, R., *Complexity : Life at the Edge of Chaos.* New York : Macmillan, 1992, p. 48。

第 10 章
元胞自动机、生命和宇宙

自然界中的计算

《科学》杂志不久前出版了一篇文章，[1] 题为《社会性昆虫行为的计算》(*Getting the Behavior of Social Insects to Compute*)，文中介绍了一些昆虫学家的工作，他们将蚂蚁群体的行为等同于"计算机算法"，每只蚂蚁都执行简单的程序，使得整个种群作为一个整体执行复杂的计算，比如在决定何时将巢穴搬往何地的问题上形成一致。

如果由一只蚂蚁来领导和决策，很容易就能在计算机上编出程序来进行计算。其他蚂蚁只需按照领导者的决策来做就行了。然而，在前面我们已经看到，在蚂蚁群体中没有领导者；蚁群"计算机"由数百万只自主的蚂蚁组成，每只蚂蚁都只是根据与一小部分蚂蚁的交互来进行决策和行动。这种计算与具有CPU和内存的普通电脑进行的计算差别很大。

与此类似，1994年三位杰出的大脑科学家也写了一篇文章："大

1."《科学》杂志不久前出版了一篇文章": Shouse, B., Getting the behavior of social insects to compute. *Science*, 295(5564), 2002, 2357。

脑是计算机吗？"[1] 他们认为："如果我们同意接受更宽泛的计算概念，答案就一定是'是'。"同蚁群一样，大脑的计算方式 —— 数以亿计的神经元并行工作，而无须中央控制 —— 也与现代的数字计算机的运作方式完全不同。

在前两章我们探讨了计算机中的生命和进化。在这一部分，我们来看看相对的思想，以及计算在自然界中的广泛存在。自然系统的"计算"指的是什么呢？大致上说，计算是复杂系统为了成功适应环境而对信息的处理。但是这样的说法还能更精确些吗？信息在哪里？复杂系统又是如何处理信息的？

为了让这类问题更易于研究，科学家们通常会将问题理想化 —— 也就是尽可能简化，但仍然保留问题的主要特征。鉴于此，许多人都用元胞自动机这种理想化的复杂系统模型来研究自然界中的计算。

元胞自动机

在第 4 章曾讲过，图灵机将"明确程序"—— 也就是计算 —— 的概念进行了形式化。计算就是图灵机根据机器的规则集将带子上的初始输入转换成停机时带子上的输出。这个抽象的机器就是后来所有数字计算机的设计原型。由于冯·诺依曼对计算机设计作出的贡献，现

1."'大脑是计算机吗？'": Churchland, P.S., Koch, C., & Sejnowski, T. J., What is computational neuroscience? 收录在 E. L. Schwartz（编辑），*Computational Neuroscience*. Cambridge, MA: MIT Press, 1994, pp. 46–55。

在的计算机架构被称为"冯·诺依曼体系结构"。

　　冯·诺依曼体系结构包括存储数据和程序指令的随机存取存储器（RAM）、从存储器存取指令和数据并执行指令处理数据的中央处理单元（CPU）。你可能知道，虽然程序员们编程时使用的是高级语言，存储在计算机中的指令和数据却是0/1组成的串。执行指令就是将这种0/1码译成基本的逻辑操作让CPU执行。只需要几种基本的逻辑操作就能实现所有计算，现代CPU每秒能执行数亿次这样的逻辑操作。

　　元胞自动机是理想化的复杂系统，结构完全不同于计算机。想象一块板子上排列着许多灯泡（图10.1），每个灯泡与四周以及斜对角的灯泡连在一起。在图中只画了其中一个灯泡的连接线，不过姑且想象所有灯泡都有连接线。

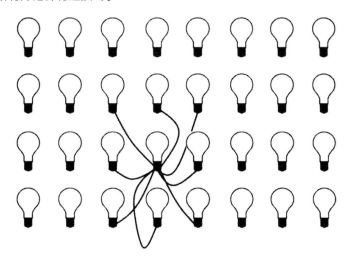

图10.1　排列的灯泡，每个都与四周以及对角的灯泡相连，图中画了一个灯泡的连线作为示范。灯泡的状态可以是亮和灭。假设沿边是回绕连在一起，也就是认为最左边的与最右边的灯泡相邻，最下面的与最上面的灯泡相邻，等等

　　图 10.2 中（左边的盒子），有些灯泡已经点亮（为了简洁，我没有画灯泡的连线）。先设定好灯泡的开关状态，然后各个灯泡开始不断定时"更新状态"——选择开或关，所有灯泡都同步变化。你可以将这个灯泡阵看作萤火虫发光的模型，每只萤火虫都根据周围萤火虫的闪灭来调整自己是亮还是灭；也可以看作神经元的激发模型，各个神经元受周围神经元的状态激发或抑制；或者就当作抽象艺术也行，如果你愿意的话。

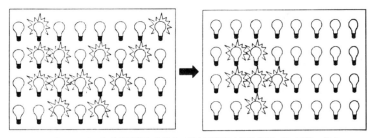

图 10.2　左：灯泡阵列的初始状态，没有画灯泡之间的连线。右：变化一次之后的状态，规则是"采用邻域占多数的状态"

　　灯泡每一步如何"决定"是开还是关呢？它们都遵循一些规则，根据邻域内灯泡的状态——也就是相邻的 8 个灯泡和它自己的状态——来决定下一步的状态（是开还是关）。

　　例如，规则可以是这样："如果邻域内的灯泡（包括自己）点亮的超过一半，就点亮（如果本来就是亮的，则不变），否则就熄灭（如果本来就是灭的，则不变）。"也就是说，邻域中 9 个灯泡，如果有 5 个或 5 个以上是亮的，中间的灯泡下一步就是亮的。我们来看看灯泡阵列下一步会怎么变。

　　图 10.1 的文字中说了，为了让每个灯泡都有 8 个邻居，阵列的四

边是回绕相连的。可以想象成上边和下边合到一起，左边和右边合到一起，形成一个面包圈形状。这样每个灯泡就都有8个邻居。

现在再来看上面给出的规则。图10.2是初始设置和变化一次后的状态。

也可以使用更复杂的规则，例如，"如果邻域中点亮的灯泡不少于2个，不多于7个，就点亮，否则就熄灭"，这样阵列的变化就会不一样。或者这样，"如果刚好1个灯泡是灭的，或者4个是亮的，就点亮，否则就熄灭"。可能的规则很多。

到底有多少种可能的规则呢？说"很多"还太保守了。答案是"2的512次幂"（2^{512}）[1]，这个数字很大，比宇宙中的原子数量还大许多倍。（注释中有答案的推导过程。）

这个灯泡阵列其实就是一个元胞自动机。元胞自动机是由元胞组成的网格，每个元胞都根据邻域的状态来选择开或关。（广义上，元胞的状态可以随便定多少种，但是这里我们只讨论开/关状态。）所有的元胞遵循同样的规则，也称为元胞的更新规则，规则根据各元胞邻域的当前状态决定元胞的下一步状态。

---

1. "答案是'2的512次幂'（2^{512}）"：这一章后面会讲到，要定义一条规则，你必须说明，对于邻域内灯泡的所有可能状态组合，中心位置的灯泡下一步的状态是什么。邻域包括周围8个灯泡和中间的灯泡本身，每个灯泡的状态都可以是开或关，因此可能的状态组合的数量为$2^9=512$。而对每种状态组合，都可以用"开"或"关"作为中间灯泡下一步的状态，因此对全部512种组合可能给出的规则配置数量就为$2^{512}\approx1.3\times10^{154}$。

　　为什么说这么简单的系统会是复杂系统的理想化模型呢？同自然界的复杂系统一样，元胞自动机也是由大量简单个体（元胞）组成，不存在中央控制，每个个体都只与少量其他个体交互。而且元胞自动机也能表现出非常复杂的行为，它们的行为很难甚至不可能通过其更新规则来预测。

　　同其他许多精彩的思想一样，元胞自动机也是由冯·诺依曼发明的，他在20世纪40年代受他的一位同事——数学家乌拉姆——的启发提出了这个思想。（为了与冯·诺依曼体系结构相区别，元胞自动机经常被称为非冯·诺依曼体系结构，这是计算机科学的一大笑话。）第8章说过，冯·诺依曼想要将自我复制机器的逻辑形式化，而他用来研究这个问题的工具就是元胞自动机。简单地说，他设计了一种元胞自动机规则，能完美复制任意元胞自动机的初始形态，他的规则中元胞不止两种状态，而是29种。

　　冯·诺依曼还证明他的元胞自动机等价于通用图灵机（参见第4章）。元胞的更新规则扮演了图灵机读写头的规则的角色，而元胞阵列的状态则相当于图灵机的带子——也就是说，它可以编码通用图灵机运行的程序和数据。元胞一步一步地更新相当于通用图灵机一步一步地迭代。能力等价于通用图灵机的系统（也就是说，通用图灵机能做的，它也能做）被称为通用计算机，或者说能进行通用计算。

生命游戏

冯·诺依曼的元胞自动机规则相当复杂。1970年，数学家康威（John Conway）发现了一种简单得多的两状态通用图灵机，也能进行通用计算。他称之为"生命游戏"。[1] 我不知道为什么叫作"游戏"，只知道"生命"来自于康威对其规则的解释。将状态为开的元胞看作活的，状态为关的元胞看作死的。康威用四种生命过程来定义规则：*出生*，死元胞的相邻元胞中如果刚好有3个是活的，下一步就变成活的；*存活*，活元胞的相邻元胞有2—3个是活的，下一步就能继续存活；*过于稀疏*，活元胞的相邻活元胞如果少于2个就会死去；*过度拥挤*，活元胞的相邻活元胞如果多于3个就会死去。

康威当时是想寻找一个能产生类似生命的元胞自动机。出人意料的是，生命游戏的行为丰富而有趣，以至于现在出现了一个爱好者团体，他们的主要兴趣就是发现能产生有趣行为的初始设置。

图10.3就是其中一个有趣的行为，被称为滑翔机。这里我们不再用灯泡，就用黑格子表示开（活），用白格子表示关（死）。图10.3中可以看到有一个滑翔机向东南方向移动。当然，元胞并没有动，它们都是固定的。移动的是由活状态元胞形成的一个不消散的形状。因为元胞自动机的边界是回绕相连的，所以滑翔机能一直移动。

1."生命游戏"：这里介绍的许多内容可以参考以下文献：Berlekamp，E.，Conway，J. H.，& Guy，R.，*Winning Ways for Your Mathematical Plays*，Volume 2. San Diego：Academic Press，1982；Poundstone，W.，*The Recursive Universe*. William Morrow，1984；以及数以千计关于人工生命的网站。

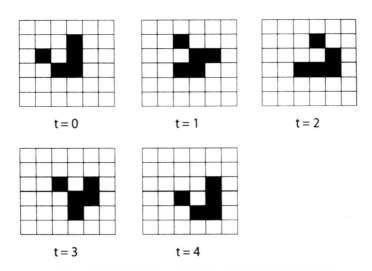

图10.3　生命游戏中滑翔机的一个循环变化。滑翔机形状每4步向东南方向移动一格

　　爱好者们还发现了其他复杂的形状，例如太空船，它类似于滑翔机，而且更有趣；滑翔机发射器，它会不断射出新的滑翔机。康威证明，通过用变化的开/关状态模拟读写头在带子上的读写，就能让生命游戏模拟图灵机。

　　康威还给出了生命游戏模拟通用计算机的证明框架[1]（后来由其他人细化）。[2] 将程序和输入数据编码为开关状态初始设置，生命游戏运行后产生的图样表示程序的输出。

1. "康威还给出了生命游戏模拟通用计算机的证明框架"：Berlekamp，E.，Conway，J. H.，& Guy，R.，*Winning Ways for Your Mathematical Plays*，Volume 2. San Diego：Academic Press，1982。
2. "后来由其他人细化"：例如，参见 Rendell，P.，Turing universality of the game of Life。收录在 A. Adamatzky（编辑），*Collision-Based Computing*，pp. 513–539. London：Springer-Verlag，2001。

康威在证明中组合使用滑翔机发射器、滑翔机等结构来实现与、或、非等逻辑运算。人们早已发现，能用各种可能来组合这些逻辑操作的机器就能进行通用计算。康威的证明表明，原则上，逻辑运算的所有可能组合都能在生命游戏中实现。

像生命游戏这么简单的元胞自动机在原则上能运行标准计算机运行的程序，这真是让人吃惊。不过，实际上，稍微复杂一点的计算就需要大量逻辑运算，并以各种方式相互作用，因此要设计出能实现复杂计算的初始设置基本不太可能。即使设计得出来，计算也会慢得让人无法忍受，更不要说用这种并行的非冯·诺依曼结构的元胞自动机来模拟传统冯·诺依曼结构计算机需要耗费的大量资源。

因此没有人用生命游戏（或其他"通用"元胞自动机）来进行真实计算或是模拟自然系统。我们只是想利用元胞自动机的并行特征以及它产生复杂图形的能力。下面先来看看元胞自动机能够产生的图形种类。

四类元胞机

20世纪80年代初，普林斯顿高等研究院的物理学家沃尔夫勒姆对元胞机着了迷。沃尔夫勒姆（图10.4）是传奇般的天才人物。他1959年生于伦敦，15岁就发表了他的第一篇物理学论文。两年后，在牛津大学一年级的暑假，大部分人这时候都会去打工挣钱，或是背着背包搭顺风车周游欧洲，沃尔夫勒姆却写了一篇关于"量子色动力学"的论文，这篇论文被诺贝尔奖获得者物理学家盖尔曼注意到，他邀请沃尔夫勒姆加入他在加州理工的研究小组。两年后，沃尔夫勒姆获得了理论物理博士学位，而这时他才20岁（大部分人大学毕业后至少需要5年才能获得博士学位）。他留在加州理工任教，此后不久又获得了第一届麦克阿瑟天才奖。两年后，他受邀加入普林斯顿高等研究院。真是让人叹为观止。他有了名气，又有资金支持，可以想干什么就干什么，他决定研究元胞自动机动力学。

图10.4　沃尔夫勒姆（照片由沃尔夫勒姆研究公司提供，Wolfram Research, Inc.）

根据理论物理学的惯例，沃尔夫勒姆从元胞自动机最简单的形式来研究其行为，他用的是一维两状态的元胞自动机，每个元胞仅与两个相邻元胞相连［图10.5（a）］。沃尔夫勒姆称之为"初等元胞自动机（elementary cellular automata）"。他认为，如果这种看上去极为简单的系统也理解不了，就更不可能理解更复杂的（例如，两维或多状态的）元胞自动机。

　　图10.5描绘了一个初等元胞自动机的规则。图10.5（a）是元胞
格子——一排元胞，每个都与两侧相邻的元胞相连。这里仍然是用
方格表示元胞——黑表示开，白表示关。两头的格子回绕连在一起，
形成一个环。图10.5（b）是元胞遵循的规则：3个相邻元胞总共有8
种可能状态组合，对于每种状态组合都给出了中间元胞的更新状态。
例如，当3个元胞都是关状态时，中间元胞下一步就是关状态。同样，
当3个元胞的状态为关—关—开时，中间元胞下一步就会变成开状
态。这里规则指的是整个状态组合和更新状态的表，而不仅仅是表中
的一行。图10.5（c）展示了这个元胞自动机的时空图。最顶上一行是
一维元胞机的初始状态设置。下面跟着的依次是每一步更新后的状态。
这种图被称为时空图，因为它表现了元胞自动机的立体构型随时间的
变化。

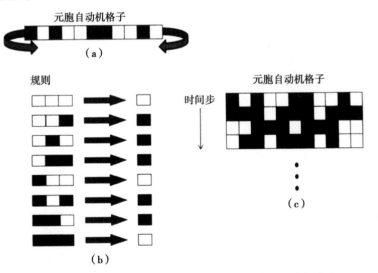

图10.5 （a）一维元胞自动机，两端回绕形成一个环；（b）初等元胞自动机的
一种规则（规则110），表示3个元胞的状态组合以及对应的中间元胞下一步的状
态；（c）时空图，显示了元胞自动机的4步变化

　　3 个元胞有 8 种可能的状态组合 [图 10.5（b）]，而每种可能的状态组合又有两种可能的元胞更新状态，因此初等元胞自动机总共有 256（2^8）种可能的规则。20 世纪 80 年代时，计算机的性能已经足以让沃尔夫勒姆对这些规则逐个进行研究，设定各种初始状态，然后观察它们的变化。

　　沃尔夫勒姆给初等元胞自动机的规则都编了号，编号方法见图 10.6。他将开状态记为"1"，关状态记为"0"，根据更新状态将规则记为 0/1 串，最前面一位对应 3 个元胞都为开时的更新状态，最后一位则对应 3 个元胞都为关时的更新状态。这样图 10.5 中的规则就记为 01101110。然后沃尔夫勒姆将这个 0/1 串当作二进制数。01101110 作为二进制数等于十进制数 110。因此这个规则就叫作"规则 110"。如果更新状态是 00011110，则为"规则 30"。（注释中介绍了如何将二进制数转换为十进制数。[1]）

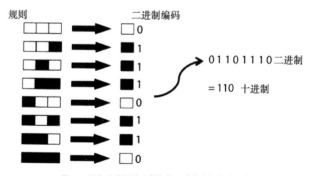

图 10.6　沃尔夫勒姆使用的初等元胞自动机命名系统

1."注释中介绍了如何将二进制数转换为十进制数"：十进制（基为 10）数的每一位对应一个 10 的幂，例如：$235 = 2 \times 10^2 + 3 \times 10^1 + 5 \times 10^0$（其中 $10^0 = 1$）。基为 2 时，每一位对应的则是 2 的幂。例如 235 表示成基为 2 的数就是 11101011：
$$11101011 = 1 \times 2^7 + 1 \times 2^6 + 1 \times 2^5 + 0 \times 2^4 + 1 \times 2^3 + 0 \times 2^2 + 1 \times 2^1 + 1 \times 2^0 = 235$$

沃尔夫勒姆和他的同事开发了一种专门的计算机语言——Mathematica——用来简化元胞自动机的模拟。沃尔夫勒姆用Mathematica编程运行元胞自动机，并绘制它们的时空图。例如，图10.7和图10.8与图10.5类似，只是规模大些。图10.7中有200个元胞，初始状态随机设置，应用的更新规则是110，逐行往下更新了200时间步。图10.8应用的则是规则30，也是从随机初始状态开始。

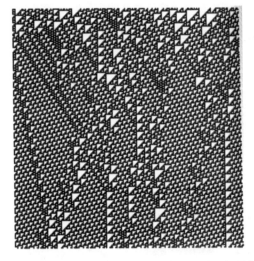

图10.7 规则110的时空图。这个一维元胞自动机有200个元胞，图中是从随机初始状态开始，200时间步的变化情况

看着图10.7和图10.8，也许你会理解为什么沃尔夫勒姆会对初等元胞自动机这么着迷。这种极为简单的元胞自动机规则究竟是如何产生出如此复杂的图样的呢？

对沃尔夫勒姆来说，简单的规则涌现出如此的复杂性，这简直就是神迹。他后来说："规则30自动机是我在科学中所遇到的最让人惊

异的事物 ……[1] 我花了几年时间来理解它的重要性。最后，我意识到这幅图包含了所有科学长久以来的一个谜团的线索：自然界的复杂性到底从何而来。"沃尔夫勒姆对规则30印象非常深刻，[2] 以至于他用其来构造伪随机数发生器，并申请了专利。

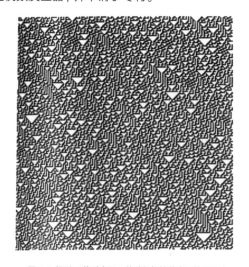

图10.8 规则30的时空图，从随机初始状态开始运行

　　沃尔夫勒姆对全部256种初等元胞自动机进行了彻底研究，从各种不同的初始状态开始，观察它们的变化。他让元胞自动机运行较长一段时间，直至元胞自动机的变化稳定下来。他发现最后都进入了4种类型的变化情况：

　　类型1：不管初始状态如何，最后几乎都停止在不变的最终图样。

1."规则30自动机是我在科学中所遇到的最让人惊异的事物"：引自Malone, M. S., God, Stephen Wolfram, and everything else. *Forbes ASAP*, 2000年11月27日。(http://members. forbes.com/asap/2000/1127/162.html)

2."沃尔夫勒姆对规则30印象非常深刻"："随机序列发生器"美国专利号4691291，1987年9月1日。

规则8就是一个例子，不管初始状态如何，所有元胞很快就都变成了关状态，不再变化。

类型2：不管初始状态如何，最后要么停止在不变的图样，要么在几个图样之间循环。具体的最终图样依赖于初始状态。

类型3：大部分初始状态会产生看似随机的行为，虽然也会出现三角形等规则结构。规则30（图10.8）就属于这一类。

类型4：最有趣的类型。沃尔夫勒姆这样描述："类型4是有序与随机的混合：[1] 局部结构相当简单，但是这些结构会移动，并以非常复杂的方式相互作用。"规则110（图10.7）就属于这一类。

沃尔夫勒姆猜想，由于图样和相互作用的复杂性，类型4的所有规则都能进行通用计算。不过很难证明某个具体的元胞自动机、图灵机或其他机器是通用的。图灵证明的只是存在通用图灵机，冯·诺依曼也只是证明自复制自动机同时也是通用计算机。后来有几位科学家证明了简单的元胞自动机（比如生命游戏）是通用的。20世纪90年代，沃尔夫勒姆的一位研究助手库克（Matthew Cook）最终证明了规则110的确是通用的，[2] 这也许是目前已知的最简单的通用计算机。

1."类型4是有序与随机的混合"：Wolfram，S.，*A New Kind of Science*. Champaign，IL，Wolfram Media，2002，p.235。

2."库克最终证明了规则110的确是通用的"：Cook，M.，Universality in elementary cellular automata. *Complex Systems* 15（1），2004，1–40。

沃尔夫勒姆的"新科学"

1998年，库克在圣塔菲研究所的一次会议上做报告，我第一次知道了他的结果。我当时的反应同我的大多数同事差不多，认为"太酷了！太巧妙了！不过没有什么实际或科学意义"。

和生命游戏一样，规则110也是极为简单的确定性系统产生出无法预测的复杂行为的例子。但在实际中很难设置一个初始状态来产生出所希望的复杂计算。而且规则110会比生命游戏更慢。

沃尔夫勒姆对这个结果的看法完全不同。在2002年出版的《一种新科学》（*A New Kind of Science*）中，沃尔夫勒姆将规则110的通用性视为"新的自然定律"[1] —— 他提出的计算等价性原理（Principle of Computational Equivalence）—— 的有力证据。沃尔夫勒姆提出的这个原理包括4部分：

1.思考自然界中的过程的正确方法是将它们视为计算。

2.像规则110这样极为简单的规则（或"程序"）都能进行通用计算，这表明通用计算的能力在自然界中广泛存在。

3.通用计算是自然界中计算的复杂性的上限。也就是说，自然系统或过程不可能产生出"不可计算"的行为。

1."《一种新科学》……视为'新的自然定律'"：Wolfram，S.，*A New Kind of Science*. Champaign；IL：Wolfram Media，2002，p.235。

4.自然界中各种过程实现的计算在复杂程度上都几乎等价。

明白了没有？我必须承认，很难解释清楚这个原理的意思，沃尔夫勒姆这本1200页的鸿篇巨著，一个主要目的就是阐释这个原理，并说明它如何适用于各个科学领域。我通读了这本书，但还是没有完全明白沃尔夫勒姆的意思。不过我还是尽力解释一下。

沃尔夫勒姆说的"自然界中的过程就是计算"指的是类似于图10.7和图10.8中的某种东西。在任意给定时刻，元胞自动机都在通过将其规则应用于其当前状态来处理信息。沃尔夫勒姆认为，自然系统正是以这样的方式运作——它们包含信息，并根据简单规则处理这些信息。在《一种新科学》中，沃尔夫勒姆探讨了量子力学、进化和发育生物学、经济等领域，他想说明这些领域都能描述为使用简单规则进行的计算。本质上，他的"新科学"指的是这样的思想，宇宙和其中的万事万物都能用这种简单的程序来进行解释。这就是大写的计算，非常大。

因此，根据沃尔夫勒姆的观点，既然规则110这样极度简单的规则都能支持通用计算，那大部分自然系统——基本上应该都比规则110复杂——也就能支持通用计算。而且沃尔夫勒姆相信，给定正确的输入，没有比通用计算机所能进行的计算更复杂的计算。因此这就是自然界中所有可能计算的复杂性的上限。

第4章曾说过，图灵证明了通用计算机原则上能计算一切"可计算"的东西。但是一些计算要比其他的更简单。虽然都能在同样的计算机上运行，但"计算1+1"的程序肯定没有模拟地球气候的程序复杂，对吧？但沃尔夫勒姆的原理却说，实际进行的所有计算的"复杂程度"本质上都是等价的。

这到底是什么意思呢？沃尔夫勒姆的理论还没有被广泛接受。这里我将给出我自己的意见。对于前两点，我认为沃尔夫勒姆提出的简单的计算机模型和实验能解释科学中许多过程的观点是正确的，这本书中的例子也证明了这一点。在第12章我还会讲到，我认为可以用信息处理解释许多自然系统的行为。我也发现许多这样的系统似乎的确能支持通用计算，虽然这一点的科学意义目前还不得而知。

至于第3点，目前也无法知道是否自然界中存在比通用计算机更强大的过程（能计算"不可计算的"东西）。现在已经证明，如果能建造出真正的非数字计算机（能计算具有无穷位小数的数字），你就能用其来解决停机问题[1] —— 我们在第4章看到的图灵不可计算问题。一些人，包括沃尔夫勒姆，不相信自然界真的存在无穷小数 —— 也就是说，他们认为大自然本质上是数字的。两边都没有真正令人信服的证据。

第4点对我来说没有意义。我认为很有可能我的大脑支持通用计算（至少在我有限的记忆容量允许的范围内），而线虫的脑也（基本上）是通用的，但我不认为我们进行的计算在复杂程度上是等价的。

1."你就能用其来解决停机问题"：参见Moore，C.，Recursion theory on the reals and continuous-time computation. *Theoretical Computer Science*，162，1996，pp.23–44。

沃尔夫勒姆走得更远，他认为存在一个简单的类似元胞自动机的规则可以作为"宇宙的终极确定性模型"[1]，这个原初元胞自动机的计算是存在的万事万物的源头。这个规则有多长呢？沃尔夫勒姆说："我猜其实相当短。"[2] 但是到底多长呢？他说："我不知道。也许三四行Mathematica程序。"小写的计算。

《新科学》在2002年出版后引起了轰动——很快就位居亚马逊网站的畅销书榜首，并在之后很久都留在畅销书榜中。沃尔夫勒姆为了这本书的出版成立了沃尔夫勒姆媒体公司（Wolfram Media），在书出版后这家公司进行了大规模的宣传活动。对这本书的看法分成两个极端：一些读者认为这本书棒极了，是革命性的；另一些人认为这本书盲目自大，缺乏实质和原创性［例如，批评者指出物理学家祖斯（Konrad Zuse）和弗瑞德金（Edward Fredkin）早在20世纪60年代就提出了宇宙是元胞自动机的理论[3]］。不管怎样，我们这些元胞自动机的爱好者都认为，《新科学》至少很好地宣传了元胞自动机。

1."宇宙的终极确定性模型"：Wolfram，S.，*A New Kind of Science*. Champaign，IL：Wolfram Media，2002，p. 466。

2."我猜其实相当短"：沃尔夫勒姆，引自Levy，S.，The man who cracked the code to everything … *Wired*，Issue 10.06，2002年6月。

3."祖斯和弗瑞德金早在20世纪60年代就提出了宇宙是元胞自动机的理论"：参见Zuse，K.，Rechnender Raum Braunschweig：Friedrich Vieweg & Sohn，1969［英文版：*Calculating Space*. MIT Technical Translation AZT-70-164-GEMIT，Massachusetts Institute of Technology（Project MAC），Cambridge，MA，02139，1970年2月］；以及Wright，R.，Did the universe just happen？ *Atlantic Monthly*，1988年4月，pp. 29-44。

第 11 章
粒子计算 [1]

　　1989 年我偶然读到物理学家帕卡德（Norman Packard）的一篇文章，[2] 写的是用遗传算法设计元胞自动机规则。我一下就被吸引住了，想自己也试试。当时因为繁忙，无暇顾及（我在写博士论文），但这个想法一直留在我的脑海里。几年后，论文完成了，我也在圣塔菲研究所找到了职位，终于可以有时间深入研究这个问题了。有个叫赫拉贝尔（Peter Hraber）的本科生当时在研究所逗留，想找点事情做，我就把他招进来协助我研究这个课题。很快一个叫达斯（Rajarshi Das）的研究生也加入我们，他当时在独立研究类似的课题。

　　类似于帕卡德的思想，我们想用遗传算法演化出能执行所谓的"多数分类[3]（majority classification）"任务的元胞自动机规则。这个任务很简单：元胞自动机要能区分初始状态中是开状态还是关状态占多数。如果是开状态占多数，最后所有元胞就应当都变成开状态。同

1."粒子计算"：我们在元胞自动机和粒子计算方面的研究的详细阐述可以参见 Crutchfield，J. P.，Mitchell，M.，& Das，R.，Evolutionary design of collective computation in cellular automata。收录在 J. P. Crutchfield & P. K. Schuster（编辑），Evolutionary Dynamics —— Exploring the Interplay of Selection，Neutrality，Accident，and Function. New York：Oxford University Press，2003，pp. 361–411。
2."物理学家帕卡德的一篇文章"：Packard，N. H.，Adaptation toward the edge of chaos。收录在 J. A. S. Kelso，A. J. Mandell，M. F. Shlesinger（编辑），Dynamic Patterns in Complex Systems. Singapore：World Scientific，1988，pp. 293–301。
3."多数分类"：多数分类任务在元胞自动机文献中也称为"密度分类（density classification）"。

样，如果是关状态占多数，最后所有元胞就应当都变成关状态。（如果初始状态中开状态和关状态的数量一样多，就没有答案，但是可以让元胞的数量为奇数来避免这种可能。）多数分类任务有点类似于选举，是在大家都只知道最近邻居的政治观点的情况下预测两个候选人谁会赢。

多数分类问题对冯·诺依曼结构的计算机而言是小菜一碟。CPU只需要分别对初始状态中的开状态和关状态进行计数，同时在内存中记录计数值就可以了。计数结束后，从内存中读取数值进行比较，然后根据结果将元胞状态都设成开或关。冯·诺依曼结构的计算机可以轻松实现这个工作，因为它有随机存取存储器可以存储初始状态和中间值，还有中央处理器可以计数，进行最后的比较，以及将状态重设。

而元胞自动机则没有CPU和内存可以用来计数。它只有一个一个的元胞，每个元胞除了自己的状态就只知道相邻元胞的状态。这种情形其实也是对许多实际系统的理想化。例如，在大脑中，神经元只与其他少数神经元有连接，而神经元必须决定是否激发，以及以何种强度激发，使得大量神经元的整体激发模式能表示特定的感知输入。类似的，第12章我们还会看到，蚂蚁必须根据与其他少量蚂蚁的交互来决定做什么事情，让蚁群整体能够受益。

因此，基本上很难设计出让所有元胞能协同决策的元胞自动机。赫拉贝尔和我想知道遗传算法是不是能解决这个设计问题。

借鉴帕卡德的工作，我们使用一维元胞自动机，每个元胞与相邻的 6 个元胞相连,这样元胞的邻域中就有 7 个元胞(包括自己)。

你可以先想一下如何给元胞自动机设计规则,让它能进行多数分类。

一个合理的想法是:"元胞应当变成邻域中当前占多数的状态。"这就好像根据你自己和邻居的多数意见来预测哪个候选人会当选。然而,这个"局部多数投票"元胞自动机并不能完成任务,图 11.1 说明了这一点。初始状态中黑色元胞占多数,然后根据局部多数投票规则运行了 200 步。可以看到元胞自动机很快变成黑白区域相间,然后就不再变化。黑白区域的边界两边的元胞邻域分别是黑白占多数。最后的状态组合中既有黑色元胞也有白色元胞,没有得到想要的结果。其中的问题是,根据这个规则,区域之间无法相互交流信息,因此它们无法得知自己是否是多数。

这个规则的设计并不是那么显而易见,因此依照第 9 章的做法,我们用遗传算法来试一下是不是能产生出有用的规则。

在遗传算法中元胞自动机规则被编码成 0/1 序列。每一位对应一种可能的邻域状态组合(图 11.2)。

遗传算法的初始群体为随机产生的元胞自动机规则。为了计算规则的适应度,遗传算法用各种初始状态组合进行测试。遗传算法的适应度为产生出的最终状态正确的比例 —— 正确指的是如果初始开状态占多数,元胞就都为开,初始关状态占多数,元胞就都为关(图

图11.1 "局部多数投票"元胞自动机的时空图,初始状态为黑色占多数(图片引自米歇尔、克鲁奇菲尔德和达斯的文章《演化执行计算的元胞自动机:最近的研究综述》,收录在《第一届进化计算及其应用国际会议文集》,俄罗斯科学院,1996年)

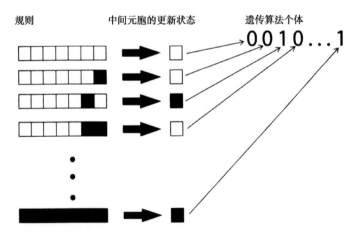

图11.2 元胞自动机编码为遗传算法个体的方法图示。128种可能的邻域状态组合按固定顺序排列。各邻域状态组合对应的中心元胞更新状态编码为0(关)和1(开)。遗传算法中每个个体有128位,以固定顺序编码更新状态

11.3）。我们将遗传算法运行了许多代，最终算法设计出了一些表现得相当好的规则。

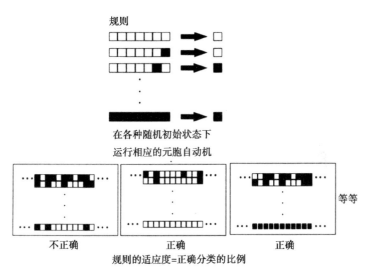

图11.3 为了计算适应度，用各种随机初始状态对规则进行测试。适应度为规则在运行一定步数后产生出正确答案的比例

我们通过机器人罗比已经看到，遗传算法演化得出的结果往往无法在其"基因组"层面进行理解。我们在这里演化出的用于多数分类的元胞自动机也是一样。下面是遗传算法演化出的表现最好的基因组之一：

0000010100000110000101011000011100000111000001000001010101010111011001000111011100000101000000010111110111111111101101110111111111

第1位是邻域全为0时中间元胞的更新状态，第2位是邻域为0000001时中间元胞的更新状态，依次往后。由于邻域状态有128种可能，因此基因组有128位。但光看这些数位是看不出这个规则如何运作，也无法知道为何它进行多数分类时适应度很高。

图11.4给出了这个规则在两种不同初始状态下的行为：分别为（a）黑色元胞占多数，（b）白色元胞占多数。可以看到在两种情形下最终行为都是正确的——（a）变成了全黑，（b）变成了全白。在得到最终状态组合的过程中，元胞之间似乎在协同处理信息，以达到正确的最终状态。在这个过程中的图样很有意思，它们到底意味着什么呢？

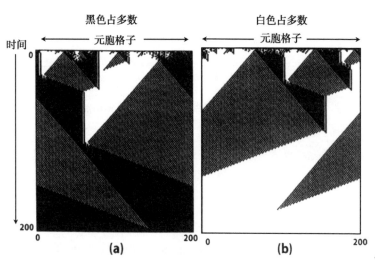

图11.4 演化出的表现最好的元胞自动机规则之一执行多数分类任务时的时空行为。在图（a）中，初始状态中黑色元胞占多数，元胞自动机迭代运行后全部变成了黑色。在图（b）中，初始状态中白色元胞占多数，元胞自动机迭代运行后全部变成了白色（图片引自米歇尔、克鲁奇菲尔德和达斯的文章《演化执行计算的元胞自动机：最近的研究综述》，收录在《第一届进化计算及其应用国际会议文集》，俄罗斯科学院，1996年）

　　我们花了很多时间盯着图11.4这样的图看，想知道到底发生了什么。幸运的是，伯克利的物理学家克鲁奇菲尔德碰巧访问了圣塔菲研究所，并对此产生了兴趣。他和他的同事正好发展了合适的概念能帮助我们理解这些图样是如何完成计算的。

　　图11.4中有三种类型的图样：全黑、全白以及类似于棋盘格的黑白交替（图11.4分辨率较低，所以看上去像灰色）。正是这种棋盘格图样传递了局部区域黑白元胞密度的信息。

　　同遗传算法为机器人罗比演化的策略一样，这个元胞自动机的策略也相当聪明。图11.5是我对图11.4（a）做的标记。大部分为黑色和大部分为白色的区域很快就变成了全黑和全白。注意当黑色区域在左边而白色区域在右边时，中间的分界线总是垂直的。但如果白色区域在左边而黑色区域在右边，则会形成由黑白元胞相间组成的棋盘格图样三角形。如果把元胞自动机的两头回绕连在一起，就能看到三角形的环绕效果。

　　棋盘格区域的A边和B边以同样的速度扩展（即向两边覆盖同样的宽度）。A线向西南延伸，直到碰到垂直界线。B线则刚好避开了从另一边与这条垂直界线相撞。这表明A线的延伸长度要短一些，也就是说，A线左边的白色区域要小于B线右边的黑色区域。碰撞后，A线消失了，而黑色区域则得以继续扩展。在三角形底部的角上，B线和C线消失了，全部元胞格子都变成了黑色，从而得到了正确的状态组合。

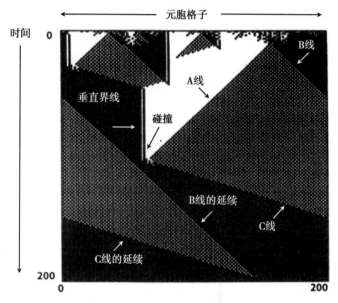

图11.5 标记了重要特征后的图11.4 (a)

如果我们将这些图样当作是进行计算，那么垂直界线和棋盘格区域就可以视为信号。这些信号通过元胞的局部互动而产生和传播。信号使得元胞自动机能作为一个整体判断相邻的大片黑白区域哪个更大，截去较小的区域，并使较大的区域得以扩展。

这些信号就是图11.1中的局部多数投票元胞自动机与图11.5中的元胞自动机的主要区别。前面提到，前者的黑色和白色区域之间没有信息沟通，因而也无法得知两者谁占多数。而对于后者，棋盘格和垂直边界产生的信号则可以进行这样的信息传递，通过信号之间的相互作用对传递的信息进行处理，从而得出答案。

克鲁奇菲尔德之前发明了一种方法[1]可以研究动力系统行为中的"信息处理结构",他建议我们用这种方法来分析遗传算法演化出的元胞自动机。克鲁奇菲尔德的思想是区域之间的界线(例如图11.5中的A、B、C线以及垂直界线)携带有信息,而界线发生碰撞就是对信息进行处理。图11.6对图11.5的时空图进行了重绘,将黑色、白色和棋盘格区域都去掉,只留下界线,这样更容易看清楚一些。这张图有点像以前物理实验用的气泡室中的基本粒子轨迹。因此克鲁奇菲尔德就把这些界线称为"粒子"。

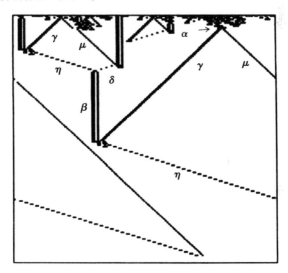

图11.6 对时空图图11.4(a)进行重绘,将单一的图样去掉,只留下区域之间的界线("粒子")(图片引自米歇尔、克鲁奇菲尔德和达斯的文章《演化执行计算的元胞自动机:最近的研究综述》,收录在《第一届进化计算及其应用国际会议文集》,俄罗斯科学院,1996年)

物理粒子通常习惯用希腊字母表示,这里也照样。这个元胞自动

1."克鲁奇菲尔德之前发明了一种方法":参见,Crutchfield, J. P., & Hanson, J.E., Turbulent pattern bases for cellular automata. *Physica* D 69, 1993, pp.279-301。

机能产生6种不同类型的粒子：γ（伽马）、μ（缪）、η（艾塔）、δ（德尔塔）、β（贝塔）、α（阿尔法，一种寿命很短的粒子，衰变成γ和μ）。每种粒子分别对应一种界线——例如，η与黑色和棋盘格区域之间的界线相对应。粒子碰撞有5种，其中3种（$\beta+\gamma$、$\mu+\beta$、$\eta+\delta$）会产生出新粒子，而另外两种（$\eta+\mu$和$\gamma+\delta$）则会"湮灭"，两个粒子都消失。

将元胞自动机的行为用粒子进行描述能帮助我们理解其如何编码信息和进行计算。例如，α和β粒子编码了关于初始状态的不同类型的信息。α粒子衰变成γ和μ。γ粒子携带了白色区域边界的信息；类似的，μ粒子则携带了黑色区域边界的信息。当γ抢在μ之前与β碰撞，β和γ所携带的信息就结合到了一起，从而可以得知，最初由这几条界线划分的大块白色区域要小于大块黑色区域。这个新的信息被编码在新产生的粒子η中，它的任务就是追上粒子μ，并与其一起湮灭。

这种分析方法也可以被应用于其他几种演化出来的执行多数分类等任务的元胞自动机。这使得我们能预测特定元胞自动机的适应度等特征（而不用去运行元胞自动机本身，只需要分析其"粒子"描述就可以了）。另外我们也能理解为何某个元胞自动机的适应度会较高，以及如何描述各种元胞自动机在执行计算时所犯的错误。

粒子描述让我们看到了仅仅观察元胞自动机规则或是其时空图变化看不到的东西：它们让我们能从信息处理的角度来解释元胞自动机是如何执行计算的。粒子是我们强加给元胞自动机的描述，而不是在元胞自动机中确实发生的事情，遗传算法也没有用它们来演化元胞自动机。然而不知怎的，遗传算法却演化出了行为可以用粒子信息处理解释的规则。事实上粒子以及它们之间的相互作用可以作为一种语言，用来解释以一维元胞自动机为背景的分布式计算。沃尔夫勒姆曾提出《元胞自动机理论的二十个问题》[1]，其中最后一个问题是："对元胞自动机的信息处理能不能给出高层次的描述？"他想要的可能就是类似于这种语言的东西。

这些都是最近的工作，还需要继续深入研究。我相信，用这种方法理解计算，虽然不符合正统，却对没有中央控制，分布在简单个体中的计算会有用。例如，关于感知信号的高级信息在大脑中如何编码和处理目前仍然是个谜。也许可以用某种类似于粒子的语言对其进行解释，也有可能是类似于波的计算，因为大脑是三维的，神经元在一起形成携带信息的波运动，并通过波的相互作用处理信息。

大脑计算当然与一维元胞自动机不在一个层面上。不过，有一种自然系统却可以用非常类似于粒子的语言解释：植物的气孔网络。所有有叶植物的叶子表面都布满了气孔 —— 根据光线和湿度开合的微小孔隙。气孔打开时可以让二氧化碳进来，用于光合作用。但是气孔打开也会导致植物体内的水分蒸发。犹他州立大学（Utah State University）的植物学家莫特（Keith Mott）、物理学家皮克（David Peak）和他们的同事长期观察叶子气孔的开合模式[2]，他们认为气孔组成了一个有点类似于二维元胞自动机的网络。他们还发现气孔开合

1.《元胞自动机理论的二十个问题》: Wolfram, S., Twenty problems in the theory of cellular automata. *Physica Scripta*, T9, 1985, pp.170–183。
2. "植物学家莫特、物理学家皮克和他们的同事长期观察叶子气孔的开合模式": 参见 Peak, D., West, J. D., Messinger, S. M., & Mott, K. A., Evidence for complex, collective dynamics and emergent, distributed computation in plants. Proceedings of the National Academy of Sciences, USA, 101(4), 2004, pp.918–922。

的时间模式很像二维形式的粒子相互作用。他们猜测植物通过气孔进行分布式计算 —— 通过优化气孔的开合让二氧化碳的获取和水分流失达到最佳平衡 —— 这种计算也许也能用粒子语言进行解释。

第 12 章
生命系统中的信息处理 [1]

　　自从西拉德发现信息能将热力学第二定律从麦克斯韦妖的威胁下拯救出来之后，信息和计算就日渐成为科学的宠儿。在许多人看来，信息具有本体地位，同质量和能量一样，被当作实在的第三种基本成分。在生物学中尤其如此，将生命系统描述成信息处理网络已成为潮流。信息处理一词随处可见，以至于你可能会认为它的意义已没有疑义，也许就是基于香农对信息的形式化定义。然而，同其他复杂系统科学的核心概念一样，信息处理的概念也很不清晰；一旦脱离了图灵机和冯·诺依曼结构计算机的精确形式化背景，就经常很难厘清信息处理或计算的概念。上一章介绍的工作就是在元胞自动机的背景下针对这个问题的尝试。

　　这一章的目的是探讨生命系统中的信息处理或计算。我将描述三种不同的自然系统，免疫系统、蚁群和细胞代谢 —— 在其中信息处理似乎都扮演了关键的角色 —— 并尽力阐明信息和计算在它们中所扮演的角色。最后我将尝试弄清在此类分散系统中信息处理的共性。

---

1. "生命系统中的信息处理"：本章部分内容来自Mitchell, M., Complex systems : Network thinking. *Artificial Intelligence*, 170 (18)，2006，pp. 1194–1212。

什么是信息处理

我先引用一下自己在第10章的一段话："自然系统的'计算'指的是什么呢？大致上说，计算是复杂系统为了成功适应环境而对信息进行的处理。但是这样的说法还能更精确些吗？信息在哪里？复杂系统又是如何处理信息的？"这些问题似乎很显然，但如果深究一下，我们很快就会陷入复杂系统科学最深的泥沼之中。

当我们说一个系统在处理信息或计算（从现在开始，我会不加区分地使用这两个词）时，我们就面临着以下问题：[1]

◆ "信息"在这个系统中扮演了什么角色？

◆ 信息又是如何传递和处理的？

◆ 这些信息是如何获得意义的？又是对谁有意义？（有些人会不同意计算需要某种类型的意义，不过我会先坚持己见，认为它需要。）

传统计算机中的信息处理

在第4章我们已经知道，20世纪30年代图灵用图灵机对输入的处理步骤定义了计算的概念。图灵的定义是传统冯·诺依曼结构计算

---

1. "我们就面临着以下问题"：我的问题涉及对信息处理进行描述的三个层面，这三个层面是由玛尔（David Marr）提出的：Marr，D. Vision. San Francisco，Freeman，1982。[提出类似问题的还有迈克柯蓝洛克（Ron McClamrock）；参见 McClamrock，R.，Marr's three levels：A re-evaluation. *Minds and Machines*，1（2），1991，pp. 185-196。]

机的设计基础。对于这些计算机，关于信息的问题很容易回答。我们可以说信息就是带子上的符号和读写头的可能状态。信息的处理则是通过读写头在带子上的读写和状态变化实现的。这一切都是根据规则进行的，程序就是由规则组成的。

对于传统计算机的程序，我们（至少）可以从两个层面来看：机器码层面和编程语言层面。在机器码层面上，程序是由具体的让机器一步一步执行的低级指令组成（例如，"将内存中地址 n 的数据移到 CPU 的寄存器 j"，"对 CPU 寄存器 j 和 i 中的数据执行或逻辑运算，将结果存入内存中地址 m 处"，等等）。而在编程语言层面上，程序是由 BASIC 或 JAVA 这样的高级语言的指令组成，让人更容易理解（例如，"将某个变量乘以 2，并将结果赋给另一个变量"，等等）。一个高级语言指令通常要用几个低级指令来实现，不同的计算机类型可能有不同的实现。因此高级语言程序可以以不同的方式实现为机器码；高级语言是对信息处理更抽象的描述。

图灵机输入和输出的信息的意义来自于人们（程序员或使用者）的解读。中间步骤产生的信息的意义也来自人们对高级语言命令步骤的解读（或设计）。高级语言描述让我们能容易理解在机器码或硬件层面上对于人来说很抽象的计算。

元胞自动机中的信息处理

对于元胞自动机等非冯·诺依曼结构的计算机来说，答案就不是那么显而易见了。例如我们在上一章用遗传算法演化出来执行多数分类任务的元胞自动机就是这样。与传统计算机做个类比，我们可以说元胞自动机的信息就是元胞格子在每一步的状态组合。输入就是初始状态组合，输出则是最终的状态组合，在每个中间步的信息则根据元胞自动机规则在元胞邻域内进行传递和处理。意义来自人们对所执行的任务的认识以及对从输入到输出的映射的解读（例如，"元胞最终都变成了白色；这意味着初始状态组合中白色元胞占多数"）。

在这个层面上描述信息处理就类似于在"机器码层面"进行描述，并不能帮助人们理解计算是如何完成的。同冯·诺依曼结构计算的情形一样，在这里我们也需要一种高级语言来理解中间步骤的计算，对元胞自动机底层的具体细节进行抽象。

上一章我提出，粒子以及粒子的相互作用可以用来描述元胞自动机的信息处理，类似于高级语言。信息通过粒子的运动来传递，粒子的碰撞则是对信息进行处理。这样，信息处理的中间步骤就通过人们对粒子行为的解释获得了意义。

冯·诺依曼结构的计算之所以容易描述，一个原因就是，编程语言层面和机器码层面可以毫无歧义地相互转化，因为计算机的设计让这种转化可以很容易做到。计算机科学提供了自动编译和反编译的工具，让我们可以理解具体的程序是如何处理信息的。

而元胞自动机则不存在这样的编译和反编译工具，至少目前还没有，也没有实用和通用的设计"程序"的高级语言。用粒子来帮助理解元胞自动机高级信息处理结构的思想也是最近才出现，还远没有形成此类系统的计算理论体系。

理解元胞自动机信息处理的困难在实际生命系统中也同样存在。"自然系统的'计算'指的是什么？"对于这个问题目前仍然知之甚少，在科学家、工程师和哲学家之间存在着广泛的争议。然而它对于复杂系统科学又是极为重要的问题，因为对生命系统中信息处理的高层次描述不仅能让我们从更高的视角理解具体系统的运作，也能让我们超越系统繁杂的细节，抽象出一般性原理。实质上，这种描述就是为生物学提供一种"高级语言"。

这一章余下部分将力图用具体的例子来阐明这种思想。

免疫系统

在第1章曾讲到过免疫系统。现在我们来更深入地了解一下，为了保护身体免受病毒、细菌、寄生虫等病原体的侵害，免疫系统[1]是如何处理信息的。

我们知道，免疫系统是由数以亿计的各种细胞和分子组成，它们在身体里循环，通过各种信号相互影响。

在免疫系统各种类型的细胞中，我关注的是淋巴细胞（白细胞的

---

1. "免疫系统"：对免疫系统有两个可读性很强的综述，Sompayrac, L. M., *How the Immune System Works*, 2nd edition, Blackwell Publishing, 1991; 以及Hofmeyr, S. A., An interpretive introduction to the immune system. 收录L. A. Segel & I. R. Cohen（编辑），*Design Principles for the Immune System and Other Distributed Autonomous Systems*. New York：Oxford University Press，2001。

一种，图12.1）。淋巴细胞是在骨髓中产生的。有两种淋巴细胞很重要，释放抗体攻击病毒和细菌的B细胞，以及杀死入侵者同时还调节其他细胞反应的T细胞。

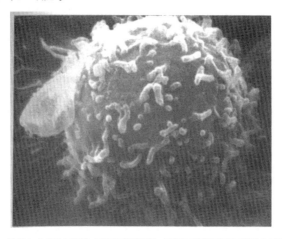

图12.1 人类淋巴细胞，表面覆盖着受体，可以与遇到的特定形状的分子相结合 [图片来自美国国家癌症研究所 (National Cancer Institute，http://visualsonline.cancer.gov/details.cfm?imageid = 1944)]

身体中所有细胞表面都有称为受体的分子。顾名思义，这些分子是细胞接收信息的途径。信息表现为能与受体分子结合的外界分子。受体能否与某个分子结合取决于它们的分子结构是否能充分匹配。

一个淋巴细胞表面覆盖的受体是一样的，可以与特定的某一类分子形状匹配。如果恰好遇到了形状相匹配的病原体分子（称为"抗原"），淋巴细胞的受体就会与其相结合，淋巴细胞就"识别"出了抗原，这是消灭病原体的第一步。结合可强可弱，依赖于分子与受体的匹配程度。图12.2描绘了这个过程。

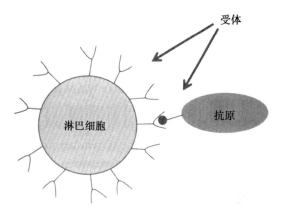

图12.2　淋巴细胞（图中为B细胞）受体与抗原结合的示意图

免疫系统面临的主要问题是，它不知道什么病原体将会入侵身体，因此它也就不可能"预先设计"出一组淋巴细胞，让它们的受体与入侵病原体的分子形状刚好能紧密结合。而且可能的病原体种类是个天文数字，因此免疫系统永远也不可能在同一时间产生出那么多淋巴细胞以应对每一种可能。虽然身体每天会产生数以百万计不同的淋巴细胞，但是身体可能遇到的病原体却还要多得多。

我们来看看免疫系统是如何解决这个问题的。为了能"覆盖到"各种各样可能的病原体外形，身体内会同时存在许多种类型的淋巴细胞。免疫系统利用随机性，让淋巴细胞能识别的形状范围互不相同。

当淋巴细胞产生时，通过淋巴细胞DNA复杂的随机重组过程，新的受体会被创造出来。由于淋巴细胞群体不断更新（每天会产生上千万新的淋巴细胞），身体也就不断产生具有新的受体形状的淋巴细胞。对于任何进入体内的病原体，身体很快就产生出能与病原体的标记分子（也就是抗原）相结合的淋巴细胞，虽然结合可能不是很紧密。

一旦发生了结合事件，免疫系统就得搞清楚这是不是真正的威胁。病原体当然是有害的，一旦它们进入身体，就会开始大量复制。不过发动免疫系统攻击会导致发炎等对身体有害的症状，攻击太强烈甚至有可能致命。免疫系统作为一个整体必须确定威胁是否足够严重，值得承担让免疫反应伤害身体的风险。免疫系统只有在强结合事件足够多之后才会进入高速运转模式。

B细胞和T细胞这两种类型的淋巴细胞协同工作，判断攻击是否有必要。一旦B细胞表面强结合受体的数量超过了某个阈值，与此同时B细胞从有类似受体的T细胞那里收到了"发动"信号，B细胞就会被激活，表明它现在感觉到了身体受到威胁（图12.3）。一旦激活，B细胞就会向血液中释放抗体分子。这些抗体与抗原结合，使它们失效，并对它们进行标记，好让其他免疫细胞摧毁它们。

激活的B细胞被输送到淋巴结，在那里迅速分裂，产生出大量后代，复制时由于变异，许多后代的受体形状都改变了。然后这些后代会与淋巴结俘获的抗原进行测试。不能结合的细胞很快就会死去。

存活下来的后代被释放到血液中，其中一些会遇到抗原并与其结合，有时候会比它们的母细胞结合得更紧密。这些激活的B细胞同样又被输送到淋巴结，在那里产生出自己的后代。这也就是为什么当你病了的时候淋巴结会肿大，因为它在大量产生淋巴细胞。

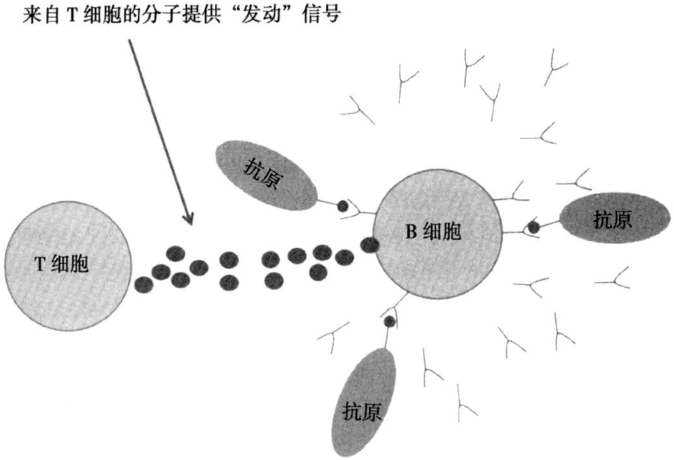

图12.3　通过与抗原结合和接收T细胞的"发动"信号激活B细胞的示意图。
信号刺激B细胞产生和释放抗体（y形分子）

这个循环不断进行，与抗原匹配得越好的B细胞产生的后代也越多。简而言之，这就是一个自然选择过程，B细胞群体进化出能与目标抗原紧密结合的受体形状，从而使得通过选择"设计"出来攻击特定抗原的抗体武器库不断扩大。

这个侦测和摧毁过程一般需要数天或数周时间才能将目标病原体从身体中清除干净。

这种策略起码存在两个潜在问题。首先，免疫系统如何防止淋巴细胞错误攻击身体自身的细胞？其次，免疫系统在对身体的伤害作用太大时如何停止或调整攻击？

免疫学家们还没有完全弄清这些问题，现在这些问题都还是活跃的研究领域。有人认为避免攻击自身的一个主要机制是所谓的负选择（negative selection）。当淋巴细胞产生出来时，它们不会被立即释放到血液中去，它们会在骨髓和胸腺中进行测试，与身体自身的分子进行接触。与"自身"分子紧密结合的淋巴细胞可能会被杀死或对基因进行"编辑"以改变受体。也就是说免疫系统只使用不会攻击自身的淋巴细胞。这个机制经常会失效，有时候会产生出糖尿病或类风湿性关节炎这类自身免疫性疾病。

　　另一个防止自身免疫攻击的主要机制可能是调节性T细胞（regulatory T cells）的作用。调节性T细胞是T细胞的一个特殊亚种。目前还不清楚调节性T细胞是如何工作的，只知道它们通过某种化学机制抑制其他T细胞的活动。还有一种可能的机制是B细胞之间对一种有限资源的竞争[1] —— 一种称为B细胞刺激因子（BAFF）的特殊化学物质，B细胞需要它才能存活。在负选择过程中漏网并且仍然与自身分子紧密结合的B细胞，由于总是与自身分子结合在一起，因此比其他B细胞需要更多的BAFF。对这种有限资源的竞争导致结合自身分子的B细胞死亡的可能性增加。

　　虽然免疫系统攻击外来病原体，但它也还是有义务在攻击的毒性和尽可能防止伤害身体之间进行平衡。免疫系统使用了一系列机制来实现这种平衡（目前对这些机制还知之甚少）。其中许多机制都依赖于一组信号分子，被称为细胞因子（cytokines）。对身体的伤害会导

1."还有一种可能的机制是B细胞之间对一种有限资源的竞争"：更多细节参见Lesley，R. Xu，Y.，Kalled，S. L.，Hess，D. M.，Schwab，S. R.，Shu，H.-B.，& Cyster，J. G.，Reduced competitiveness of autoantigen-engaged B cells due to increased dependence on BAFF. *Immunity*，20（4），2004，pp. 441–453。

致细胞因子的分泌，细胞因子会抑制活跃的淋巴细胞。可能伤害越严重，细胞因子的浓度就越高，活跃的细胞也就越有可能遇到它们，从而被关闭，达到调节免疫系统的目的，而不用对整个免疫系统进行抑制。

蚁群

第 1 章曾说过，蚁群与大脑很相似。都可以看作由相对简单的个体（神经元、蚂蚁）组成的网络，并且涌现出宏观尺度上的信息处理行为。有两个例子表现出蚁群的这种行为，一是以最佳和适应性的方法搜寻食物的能力，以及适应性地根据蚁群整体的需要分配蚂蚁执行各种工作。这两种行为都是在没有中央控制的情况下完成的，所使用的机制与前面描述的免疫系统惊人的相似。

大部分蚂蚁种类的食物搜索大致是这样进行的。[1] 蚁群中搜寻食物的蚂蚁随机朝一个方向搜索，如果遇到食物，就返回蚁穴，沿途留下作为信号的化学物质 —— 信息素（pheromones）。当其他蚂蚁发现了信息素时，就有可能会沿着信息素的轨迹前进。信息素的浓度越高，蚂蚁就越有可能跟着信息素走。如果蚂蚁找到了那堆食物，就会返回巢穴，将信息素的轨迹增强。如果信息素的轨迹得不到增强，就会消失。通过这种方式，蚂蚁一起创造和沟通关于食物位置和质量的各种信息，并且这种信息还会适应环境的变化。存在的轨迹和强度很好地表达了搜索蚁协同发现的食物情报（图 12.4）。

---

1. "大部分蚂蚁种类的食物搜索大致是这样进行的"：关于蚂蚁搜寻食物的更多细节，参见 Bonabeau, E., Dorigo, M., & Theraulaz, G., *Swarm Intelligence: From Natural to Artificial Systems.* New York: Oxford University Press, 1999。

图12.4 蚁迹（Flagstaffotos版权所有，经许可重印）

　　蚁群的任务分配也是以分散方式进行的。生态学家戈登
（Deborah Gordon）曾研究过红色收割蚁（Red Harvester ants）的任
务分配。[1] 蚁群中的工蚁分为四个工种：搜寻食物、维护蚁穴、巡逻和
垃圾处理。执行各种任务的工蚁数量能随着环境变化。戈登发现，如
果蚁穴被稍微搅乱，维护蚁穴的工蚁数量会增加。如果附近的食物
源很多，质量很好，搜寻食物的工蚁数量就会增加。单只蚂蚁可以
根据蚁穴环境的变化做出适应性响应，决定采取哪种工作，无需另

1.“生态学家戈登曾研究过红色收割蚁的任务分配”：参见，Gordon，D. M.，Task allocation in ant colonies. 收 录 在 L. A. Segel & I. R. Cohen（编 辑），*Design Principles for the Immune System and Other Distributed Autonomous Systems*.New York：Oxford University Press.，2001。

外的蚂蚁来指挥，每只蚂蚁也仅与其他少数蚂蚁交互，它们是如何做到的呢？

答案可能是蚂蚁根据它们周围的环境以及它所遇到的执行各种任务的蚂蚁比例来决定自己干什么。比如，一只闲逛的蚂蚁——目前什么也没有做——在蚁穴附近遇到了杂物，它执行蚁穴维护工作的概率就会增加。另外，如果它发现很多维护蚁穴的工蚁在进进出出，也会增加执行蚁穴维护工作的概率；因为这种活动的增加表明有重要的蚁穴维护工作在进行。类似的，维护蚁穴的工蚁如果遇到了很多搜寻食物的蚂蚁带着种子返回蚁穴，就会增加它转向搜寻食物工作的概率；因为种子搬运信号的增加表明发现了高质量的食物源，需要进行采集。显然，通过用触须与其他蚂蚁交流，侦测与各项工作有关的特殊化学物质，蚂蚁就能知道其他蚂蚁在做什么。

类似的这种利用信息素与其他个体直接交互的机制可能也是其他种类蚂蚁和社会昆虫集体行为的基础，例如第1章中看到的蚂蚁用身体搭桥和构建庇护所，[1] 这些行为的许多方面还有待进一步研究。

生物代谢

新陈代谢是指一系列化学过程，生物消耗从食物、空气或阳光中获取的能量，维持生命所需的所有功能。这些化学过程大部分发生在

---

1. "蚂蚁用身体搭桥和构建庇护所"：例如，参见 Lioni, A., Sauwens, C., Theraulaz, G., & Deneubourg, J. -L., Chain formation in *OEcophylla longinoda. Journal of Insect Behavior*, 14(5), 2001, pp. 679–696。

细胞内部，通过称为代谢途径的化学反应链进行。在生物体内的每个细胞中，营养分子通过反应产生能量，细胞组分也通过代谢途径产生。这些组分维持和修复内部的以及外部的功能和细胞间通信。数以百万的分子不断在细胞质中随机运动，分子不断相互碰撞，偶尔（微秒级尺度）酶会碰到形状匹配的分子，从而加速由酶控制的化学反应。这样逐级反应逐渐形成大分子。

淋巴细胞通过释放细胞因子影响免疫系统，蚂蚁通过释放信息素影响收集食物的行为，同样，代谢途径上的化学反应也会不断改变特定途径的速度和获得的原材料。

代谢途径一般是复杂的化学反应序列，受自我调节反馈控制。例如，糖酵解（glycolysis）是所有生命中都存在的代谢途径 —— 它通过多步反应将葡萄糖转化为丙酮酸（pryruvate），丙酮酸又通过称为柠檬酸循环的代谢途径产生许多物质，其中包括ATP（三磷腺苷），ATP是细胞能量的主要来源。

这种代谢途径的数量数以百计，有些独立，有些相互依赖。代谢途径生成新的分子，开启其他代谢途径，并调节自身或其他代谢途径。

与前面描述的免疫系统和蚁群的调节机制类似，代谢调节机制也是基于反馈。糖酵解就是这样的例子。糖酵解的一个主要作用是为制造ATP提供必需的化学原料，如果细胞中ATP的量很多，就会减缓糖酵解的速度，从而降低ATP的产生速度。反过来，如果细胞缺乏ATP，糖酵解的速度就会加快。代谢途径的速度一般都受途径产生的化学物质调节。

这些系统中的信息处理

现在我们来尝试回答这一章开始时提出的关于信息处理的问题：

◆ "信息" 在这些系统中扮演了什么角色？

◆信息是如何被传递和处理的？

◆信息是如何获得意义的？又是对谁有意义？

信息扮演了什么角色

在元胞自动机的例子中，当我说到信息处理时，我指的不是细胞、蚂蚁或酶这样的单个个体的行为，而是一大群这种个体的集体行为。根据这个框架，信息不像在传统计算机中那样，位于系统中的某个具体位置。在这里它表现为系统组分的动态模式和统计结果。

在免疫系统中，淋巴细胞的空间分布和时间动力学可以解释为体内病原体数量变化信息的动态表示。类似的，细胞因子浓度的空间分布和动态可以解释为免疫系统杀死病原体和避免伤害身体的宏观尺度信息。

对于蚁群，食物源的信息则动态地表示为蚂蚁在不同蚁迹上的统计分布。蚁群的整体状态表示为执行各种任务的蚂蚁的动态分布。

至于细胞代谢，当前状态以及细胞需求的信息则不断通过各种分子的浓度和动态变化反映出来。

信息是如何被传递和处理的

通过采样实现通信

将信息编码为基本组分的统计和变化模式的一个后果是，没有哪个个体组分能感知或传达系统状态的"宏观画面"。信息必须通过空间和时间采样来传递。

在免疫系统中，淋巴细胞通过受体接受抗原和免疫系统其他细胞释放的细胞因子来对环境采样。淋巴细胞采样这些分子信号的空间和时间分布，进而被激活或是休眠。其他细胞反过来又会对激活的淋巴细胞的浓度和类型进行采样，并受其影响，将对抗病原体的细胞吸引到身体的特定区域。

对于蚁群，单只蚂蚁则是通过感受器对信息素信号进行采样。它们根据对环境中信息素浓度特征的采样决定移动方向。前面讲过，单只蚂蚁也会用基于浓度的采样信息 —— 遇到的其他蚂蚁 —— 来决定是否进行某项工作。在细胞代谢中，通过酶与特定分子结合，酶对分子浓度的时空变化进行采样，进而又反馈到代谢途径。

行为的随机成分

由于获得的信息具有统计性，系统组分的行为就必然是随机的（至少"不可预测"）。前面描述的三个系统本质上都利用了随机性和或然性。[1] 每个淋巴细胞的受体形状都有随机生成成分，从而能采样许多可能的形状。淋巴细胞随血流分布，因此体内淋巴细胞的空间分布也有随机成分，从而可以采样抗原的多种可能空间特征。淋巴细胞激活的具体阈值、实际的分裂速度以及后代的变异都具有随机性。

类似的，蚂蚁搜寻食物的活动也具有随机成分，蚂蚁对信息素的侦测以及是否受其轨迹吸引也是随机的。蚂蚁改变工种也是以随机的方式。生物化学家齐夫（Edward Ziff）和科学史学家罗森菲尔德（Israel Rosenfield）这样描述随机性的作用："最终蚂蚁会建立通往食物源路径的详细地图。[2] 观察者可能会认为蚂蚁的食物分布地图是由某位智能设计者提供的。通往食物源的路径看上去就像是精心画出来的，但实际上却是一系列随机搜索的产物。"

细胞代谢依赖于分子的随机扩散和分子相遇的概率，随着系统的变化，相对浓度会发生变化，从而概率也会跟着变化。

为了让数量相对较少的简单个体（蚂蚁、细胞、分子）能探测相

1."前面描述的三个系统本质上都利用了随机性和或然性"：对随机性在复杂适应系统中的作用的探讨还可参见Millonas, M.M., The importance of being noisy. *Bulletin of the Santa Fe Institute*, Summer, 1994。

2."最终蚂蚁会建立通往食物源的路径的详细地图"：Ziff, E.& Rosenfield, I., Evolving evolution. *The New York Review of Books*, 53, 8, 2006年5月11日。

比起来要大得多的可能范围，这种内在的随机性和或然性似乎是必需的，尤其是通过探测获得的信息本质上是统计性的，而且对于将要遇到的事物也没有什么先验知识。

但是随机性必须与确定性达成平衡：复杂适应系统的自我调节不断调整各项事务的概率 —— 个体应该向哪里移动，它们应当采取什么行动，以及如何探测庞大空间中的具体路径。

微粒化探测

复杂生物系统绝大多数都有微粒化结构，它们由大量相对比较简单的个体组成，个体以高度并行的方式协同工作。

这种结构有几个可能的好处，稳健、效率高、可以演化。还有一个额外的好处就是微粒化并行系统能进行侯世达所说的"并行级差扫描[1]（parallel terraced scan）"。他指的是对许多可能性和路径同时进行探测，某项探测所能获得的资源依赖于其当时的成效。搜索是并行的，许多可能性被同时探测，但是存在"级差"，意思是并不是所有可能都以同样的速度和深度进行探测。利用获得的信息不断调整探测，从而有所侧重。

例如，免疫系统需要随时确定，在病原体可能形状的庞大空间中，哪部分区域需要用淋巴细胞进行探测。体内每个淋巴细胞都可以看作

---

1. "'并行级差扫描'"：Hofstadter D., *Fluid Concepts and Creative Analogies*.New York：Basic Books，1995，p.92。

形状空间的微小探测器。探测器的形状范围越成功（与抗原结合得越紧密），获得的探测资源也就越多，即后代淋巴细胞越多；形状范围不成功的（结合不紧密的淋巴细胞）则得不到那么多资源。不过，在处理获得的信息的同时，免疫系统也在不断产生新的淋巴细胞，用来探测全新的形状范围。这样系统在应对当前状况的同时，也不会忽略新的可能性。

与此类似，蚂蚁搜寻食物时也使用并行级差扫描策略：开始时许多蚂蚁随机寻找食物。一旦在某个方向发现了食物，就会分派更多的系统资源（蚂蚁），通过前面描述的反馈机制，进一步探测这个方向。路径得到的探测资源不断通过其相对绩效 —— 所发现食物的数量和质量 —— 进行动态调整。但是，由于蚂蚁数量很多，再加上具有随机性，绩效不好的路径也会继续探测，当然分派的资源会少得多。谁知道呢，说不定就能发现更好的食物源。

在细胞代谢机制中，微粒化探测是由代谢途径实现的，每条途径执行特定的任务。代谢途径的反应速度受其本身和其他途径的反馈影响。反馈通过分子浓度变化的形式体现，从而使得各途径的相对速度可以不断根据细胞的当前需求进行调整。

此外，系统微粒化的特性不仅使其能探测各种不同的路径，同时也使得系统能够连续地调整探测路径，因为采取的动作都相对较小。而如果更加粗粒化，就很有可能在没有绩效的探测路径上浪费时间。因此，探测的微粒化特性使得系统能根据其获得的信息连贯地对探测进行调整。不仅如此，微粒化系统天生具有冗余度，因此即使有个体组分不能可靠工作，获取的信息也只是统计性的，系统还是能正常运转。冗余度使得对信息有许多独立的采样，而且只有大量组分采取同样的微粒化行动时才会产生效果。

分散探测与集中行动之间的互动

在三个例子中，根据系统的需要，随机分散探测与集中行动之间不断进行互动。

在免疫系统中，分散探测是通过带有各种受体、尝试匹配可能抗原的淋巴细胞群体的不断变化进行。集中行动则是让成功匹配的淋巴细胞产生后代，集中应对特定形状的抗原。

蚂蚁搜寻食物时是由蚂蚁随机移动、四处寻找食物来进行分散探测，在集中行动中则是蚂蚁循着信息素轨迹活动。

在细胞代谢中，作为分散行动的分子随机探测则与由化学浓度和基因调节控制的集中激活或抑制结合在一起。

对于所有的适应性系统，在两种探测模式中保持适当的平衡都是关键[1]。而最优的平衡点随时间不断变化。开始时所知的信息很少，

---

1. "在两种探测模式中保持适当的平衡都是关键"：讨论参见 Holland, J.H., *Adaptation in Natural and Artificial Systems*. Cambridge, MA: MIT Press, 1992（1975年 第1版）; 以及Hofstadter, D. R. & Mitchell, M., The Copycat project: A model of mental fluidity and analogy-making. 收录于K. Holyoak & J.Barnden（编辑）, *Advances in Connectionist and Neural Computation Theory*, *Volume 2*: *Analogical Connections*, 1994, pp.31–112。

探测基本是随机分散的。随着信息增多并产生影响，探测逐渐变得具有确定性，集中于对系统的感知进行响应。简而言之，系统既要探测信息，又要对信息加以利用，不断调整适应。在分散探测和集中行动之间进行平衡可能是适应性和智能系统的共性。例如霍兰德就曾用这种平衡解释遗传算法的工作原理。

信息是如何获得意义的

信息如何获得意义（有些人称为目的性），这是哲学的一个永恒话题。对于哲学家们的看法我无从置评，但是要想理解生命系统中的信息处理过程，我们必须面对这个问题。

在我看来，意义与生存和自然选择密切相关。如果事件影响到某个生物的生存或繁衍能力，那么事件对生物就具有某种意义。总之，事件的意义是如何应对事件的依据。事件对生物免疫系统的意义是其对生物适应度的影响。（我在这里非正式地使用适应度一词。）这些事件对免疫系统有意义是因为它们告诉免疫系统该如何应对，以提高生物的适应度 —— 对于蚁群、细胞以及其他生物的信息处理系统也是一样。聚焦于适应度是我理解意义的概念，并将其应用到生物信息处理系统的一条途径。

但是在前面描述的复杂系统中，并不存在中央控制或领导者，那么是谁或是什么在觉察当前情势的意义[1]，然后据此做出适当的反应呢？这个问题实际上问的就是什么构成了生命系统的意识或自我意识。对我来说，这个问题是复杂系统研究和整个科学最深的谜团。这个谜团是许多科学和哲学书的主题，但是至今还没有让人完全满意的答案。

将生命系统视为在进行计算的观点有个有趣的副产品：它激发了计算机学家编写程序模仿这类系统来完成真实任务。例如，免疫系统的信息处理思想引出了所谓的人工免疫系统[2]：保护计算机免受病毒和各种入侵者攻击的适应性程序。类似的，蚁群启发了所谓的"蚁群算法[3]"，模拟蚂蚁释放信息素和转换工作的原理来解决移动电话路由优化和货运调度优化等困难问题。下一章我还将介绍我与我的博士导师合作研究的人工智能程序，这个工作是受包括细胞代谢在内的全部三个系统的启发。

---

1. "那么是谁或是什么在觉察当前情势的意义"：许多书和文章从哲学立场探讨了这个问题，其中包括：Hofstadter, D.R., *Gödel, Escher, Bach: an Eternal Golden Braid.*New York: Basic Books, 1979; Dennett, D.R., *Consciousness Explained.*Boston: Little, Brown, 1991; Bickhard, M.H., The biological foundations of cognitive science.收 录 在 *Mind 4: Proceedings of the 4th Annual Meeting of the Cognitive Science Society of Ireland.*Dublin, Ireland: J.Benjamins, 1999; Floridi, L., Open problems in the philosophy of information. Metaphilosophy, 35 (4), 2004, pp.554–582; 以 及 Hofstadter, D., *I am a Strange Loop.* New York: Basic Books, 2007。

2. "人 工 免 疫 系 统"：参 见, Hofmeyr, S.A.& Forrest, S., Architecture for an artificial immune system.*Evolutionary Computation*, 8 (4), 2000, pp.443–473。

3. "蚁群算法"：参见, Dorigo, M.& Stützle, T., *Ant Colony Optimization*, MIT Press, 2004。

第13章
如何进行类比（如果你是计算机）[1]

容易的事很难

有一天，我对8岁的儿子杰克说："杰克，把袜子穿上。"他把袜子顶到头上，"你看，我把袜子穿上了！"他觉得很好玩。而我则意识到他的搞怪行为说明了人类和计算机之间一个很大的区别。

"把袜子穿到头上"的玩笑之所以好笑（至少对8岁的孩子来说是这样），是因为它违反了我们都知道的常识：人类的大部分言辞原则上讲都有些模棱两可，但是当你和别人说话时，他们还是知道你的意思。如果我对我丈夫说："亲爱的，你知道我的钥匙在哪里吗？"如果他仅仅回答说"知道"，我会很恼火 —— 显然我的意思是"告诉我，我的钥匙在哪里"。当我最好的朋友说她感到在工作中寸步难行时，我回应说"心有同感"，她会知道我的意思不是说我觉得她的工作寸步难行，而是说我自己的工作。这种相互理解就是所谓的"常识"，说得更正式点是"对上下文敏感"。

---

1. 这一章部分内容来自Mitchell, M., *Analogy-Making as Perception*, MIT Press, 1993；以及 Mitchell, M., Analogy-making as a complex adaptive system.收录在L.Segel & I.Cohen（编辑）, *Design Principles for the Immune System and Other Distributed Autonomous Systems*.New York: Oxford University Press, 2001。

　　而现代计算机则对上下文一点也不敏感。我的计算机有一个最新的垃圾邮件过滤器,有时候却区分不出带有V!a&®@这样的"单词"的邮件有可能是垃圾邮件。最近《纽约时报》还报道,记者现在都在学习如何根据搜索引擎的特点而不是从读者的角度来设计标题:"一年前,《萨克拉门托蜂报》[1](Sacramento Bee)改变了网上的版面标题。'房地产'换成了'商品房','景致'换成了'生活格调',餐饮信息在纸版上是'美食',在网络版上则是'美食/餐饮'。"

　　当然,并不是说计算机干什么都很蠢。在一些特定的领域它们已经变得相当聪明。计算机控制的汽车现在能自己穿越崎岖的沙漠。计算机程序在对一些疾病的诊断上能胜过医生,在解复杂的方程时能胜过数学家,下棋能打败象棋大师。人工智能(AI)领域这种让人振奋的例子数不胜数。计算机学家霍维茨(Eric Horvitz)说:"在会议上你会听到人们说'人类级的AI',[2]他们说起来毫不脸红。"

　　呵呵,也许是达到某些人的水平。不过还是有些事情计算机做不了,比如理解人类的语言,描述一张照片的内容,或是像前面讲的使用常识。明斯基(Marvin Minsky)是人工智能的先驱之一,他曾简明扼要地总结AI的悖论:"容易的事很难[3]。"计算机能做许多人类认为需要很高智商的事情,同时它们却又做不了三岁小孩都能做的事情。

1."一年前,《萨克拉门托蜂报》":Lohr, S., This boring headline is written for Google.*New York Times*, April 9, 2006。

2."在会议上你会听到人们说'人类级的AI'":2006年7月18日霍维茨,引自Markoff, J., Brainy robots start stepping into daily life.*New York Times*, July 18, 2006。

3."容易的事很难":Minsky, M., *The Society of Mind*.New York:Simon & Schuster, 1987, p.29。

进行类比

有一个很重要的能力现在的计算机还不具备，那就是进行类比。

说到类比，人们经常会回想起让人头痛的标准化考题，如："鞋子对于脚就像手套对于＿＿＿？"不过我说的类比范围更加宽泛：类比是在两个表面上不同的事物之间发现抽象的相似性的能力。这个能力渗透到了智能的几乎所有方面。

我们来看看下面的例子：

小孩能知道在图画书和照片上的小狗与真实的小狗都是同一个概念的实例。

人可以轻松辨认出各种印刷体和手写的字母A。

吉恩对西蒙妮说："我每星期给爸妈打一次电话。"西蒙妮回应说"我也是这样。"显然她的意思不是她每星期给吉恩的父母打电话，而是说给自己的父母打电话。

一位女士对她的男同事说："我最近的工作太忙了，都没有时间陪我丈夫了。"他回应说，"我也是一样"——他的意思不是说他忙得没时间陪这位女士的丈夫，而是说他没时间陪自己的女友。

一则广告将毕雷矿泉水 (Perrier) 说成是"瓶装水中的卡迪拉克"。一篇新闻将教学说成是"职业中的贝鲁特",伊拉克则被说成是"又一个越南"。

英国与阿根廷之间发生了福克兰岛 (马岛) 战争,福克兰岛靠近阿根廷,居民则大多数是英裔。希腊支持英国,因为它自己同土耳其对塞浦路斯岛存在争端,塞浦路斯靠近土耳其,居民则主要是希腊裔。

古典音乐爱好者在收音机上听到一段没听过的旋律,马上就能知道是巴赫的作品。早期音乐发烧友听到一段巴洛克管弦乐,很容易就能辨别出是哪个国家的作曲家。顾客能知道超市的背景乐改编自甲壳虫乐队的《嗨,朱迪》。

物理学家汤川秀树 (Hideki Yukawa) 用电磁力作类比来解释核力,并据此推断出对于核力也存在媒介粒子,其性质类似于光子。后来确实发现了这种粒子,性质也与预测相符。汤川秀树因此获得了诺贝尔奖。

在日常生活中和那种可遇不可求的发现中存在大量类比,这里只是一小部分例子。这些例子表明,人们在各种层面上都能很好地认识到两种事物和情形之间的类似之处,让各种概念从一种情形流畅地"滑到"另一种情形。这些例子揭示了人类思想这种独一无二的能力,就像19世纪哲学家梭罗 (Henry David Thoreau) 说的:" 所有对真理的认识都是通过类比得来的[1]。"

计算机的类比能力可以说是臭名昭著。这也就是为什么我不能给计算机看一张小狗游泳的图片，然后要它在图片库中将"类似的照片"找出来。

我对类比的认识经历

20世纪80年代初，我大学刚刚毕业，还不是很明确今后该做些什么，我到纽约的一所中学当数学老师。这份工作的薪水很低，而纽约物价昂贵，因此我削减了不必要的开支。但我还是买了一本新出的书，作者是印第安纳大学（Indiana University）的一位计算机系教授，[2]题目有点奇怪，《哥德尔、艾舍尔、巴赫 —— 集异璧之大成》。因为我的专业是数学，又参观过许多博物馆，所以知道哥德尔和艾舍尔是谁，而且我也喜欢古典音乐，所以对巴赫也很熟悉。但是将他们的名字放到一起作为书的标题就让我搞不懂了，这勾起了我的好奇心。

没想到侯世达的书改变了我的一生。从题目看不出来，书的内容是思维和意识是如何从大量简单神经元的分散行为中涌现出来的，这类似于细胞、蚁群和免疫系统的涌现行为。这本书让我第一次了解了复杂系统的一些主要思想。

---

1. 所有对真理的认识都是通过类比得来的 ": Thoreau，H.D.（& L.D.Walls，编辑）.*Material Faith*：*Thoreau on Science*. New York：Mariner Books，1999，p.28。
2."一本新出的书，作者是印第安纳大学的一位计算机系教授 ": Hofstadter，D.R.，*Gödel*，*Escher*，*Bach*：*an Eternal Golden Braid*. New York：Basic Books，1979。

侯世达（图13.1）想用类似的原理建造有智能和"自我意识"的计算机程序。这很快也成了让我充满激情的目标，我决定去跟侯世达研究人工智能。

图13.1 侯世达（印第安纳大学提供照片）

问题是，我只是一个刚刚大学毕业的无名小卒，而侯世达则是获得了普利策奖（Pulitzer Prize）和美国国家图书奖（National Book Award）的著名畅销书作家。我给他写了一封信，说我想跟他读研究生。但是我没有收到回信（后来才知道他没有收到那封信），因此我只好等待时机，并且学了一些AI的知识。

一年后我搬到了波士顿，换了工作，并学习了计算机课程，为我将来的事业做准备。有一天我碰巧看到侯世达将要到麻省理工学院（MIT）演讲的海报。这真让人兴奋，我立刻决定前往，挤进了狂热的书迷中（不仅仅只有我被侯世达的书改变了），希望能和他近距离接触。我终于挤到了前面，握到了侯世达的手，还告诉他我想参与他的AI研究，希望能申请印第安纳大学。他告诉我他实际上就住在波士顿，这一年他在MIT人工智能实验室访问。当时因为后面还有很多书迷在等着，侯世达就让我去旁边和他以前的一个学生详谈，转而接待其他读者。

我很失望，但是并没有放弃。我设法找到了侯世达在MIT人工智能实验室的电话号码，并且拨了几次。每次都是秘书接的电话，她告诉我侯世达不在，让我有事可以留口信。我留了口信，但是没有收到答复。

此后有一天晚上，我躺在床上琢磨该怎么办。我突然想到，我打电话的时候都是在白天，他都不在那里。既然侯世达白天总是不在，那他什么时候会在呢？肯定是在晚上！当时已是晚上11点，不过我还是起来拨了那个熟悉的号码。接电话的正是侯世达。

他很友好，和蔼可亲。我们谈了一会儿，他邀请我第二天去他的办公室谈，看我能在他的研究小组里做些什么。我如约而至，然后我们谈论了侯世达当时正在研究的课题 —— 写一个能进行类比的计算机程序。

有时候要想有所收获，得有点斗牛犬的精神。

简化的类比

侯世达有一个天赋，他能将复杂的问题简化，然而又留住问题的精髓。在研究类比问题时，侯世达创造了一个微型世界，这个世界虽然是微型的，却保留了问题大部分有趣的方面。微观世界中包含在字母符号串之间进行的类比。

举个例子，思考下面的问题：如果abc变成abd，ijk应该变成什么呢？大部分人会将变化描述为"将最右边的字母用其后继字母替换"，因此答案是ijl。但其他答案也有可能，比如说：

◆ ijd（"将最右边的字母用d替换"——就好像杰克将袜子"穿上"）

◆ ijk（"将c用d替换；在ijk中没有c"）

◆ abd（"不管什么字母串，都用abd替换"）

显然有无穷多种可能的答案，虽然可能性要小些，比如ijxx（"将c用d替换，将k用两个x替换"），但几乎所有人都认为ijl是最佳答案。不过这毕竟是个没有实际意义的抽象问题，因此如果你真觉得ijd好些，我也没法让你相信ijl更好。但是人类似乎进化出了在现实世界中进行类比的能力，以便更好地生存和繁衍，而他们的类比能力似乎也能应用于抽象领域。这意味着几乎所有人都会从内心同意有一个特定的抽象层次是"最合适的"，因而得出答案ijl。那些从内心会相信ijd

是更好答案的人可能在进化过程中已经被淘汰了，这解释了为什么现在这样认为的人寥寥无几。

再来看第二个问题：如果 abc 变成 abd，那 iijjkk 应变成什么？abc ⇒ abd 仍然可以看作"将最右边的字母用其后继字母替换"，但如果将这条规则直接应用于 iijjkk，得到的答案就是 iijjkl，没有考虑到 iijjkk 的字母重复结构。大多数人会认同答案 iijjll，背后的规则是"将最右边的字母组合用其后继字母的组合替换"，将 abc 中字母的概念变成了 iijjkk 中重复字母组合的概念。

在下面的问题中可以看到另一种概念迁移（conceptual slippage）：

$$abc \Rightarrow abd$$
$$kji \Rightarrow ?$$

如果直接应用规则"将最右边的字母用其后继字母替换"，得到的答案就是 kjj，但这样就没有考虑到 kji 的反向结构，kji 是从右向左呈升序结构，而不是从左向右。这使得 abc 中的概念右迁移到了 kji 中的概念左，从而产生出新的规则，"将最左边的字母用其后继字母替换"，得出答案 lji。大部分人都认同这个答案，有些人则倾向于答案 kjh，将 kji 视为方向仍然是从左往右，只是采取的是降序。这里是将"后继字母"迁移为"前继字母"，因此新规则就成了"将最右边的字母用其前继字母替换"。

再看下一个问题：

$$abc \Rightarrow abd$$

$$mrrjjj \Rightarrow ?$$

你想利用abc为字母升序这个明显的事实，但是现在呢？abc的内在结构很显眼，似乎是这个字母串的主要特征，但是mrrjjj似乎不容易看出有这样的结构。因此你可能会（像大多数人一样）认同mrrkkk（或是mrrjjk），也可能会多琢磨一下。这个问题的有趣之处在于，mrrjjj的背后正好潜藏着一个特征，认识到了这个特征，就能得出一个让大多数人更满意的答案。如果你忽略mrrjjj的字母，只注意其字母组合的长度，就能发现所期望的连续结构：字母组合的长度按"1-2-3"递增。一旦发现了abc和mrrjjj之间的这个关联，就可以得出规则"将最右边的字母组合在长度上增加一个"，在抽象层面上变成"1-2-4"，在具体层面上则对应为mrrjjjj。

最后再来看看下面的问题：

$$abc \Rightarrow abd$$

$$xyz \Rightarrow ?$$

粗一看这个问题似乎与前面的ijk那个问题一样，可是有一个问题：z没有后继字母。大多数人的答案是xya，但是在侯世达的微型世界中，字母表不是循环的，因此这个答案不成立。这个问题陷入了僵局，进行类比的人需要重新审视他们最初的观点，可能需要原来没有考虑过的概念迁移，从而发现一种不同的方式来对问题进行理解。

人们对这个问题有各种答案，包括xy（"干脆将z去掉"），xyd（"将最右边的字母用d替换"；由于问题不寻常，这个答案虽然不那么严格，但是比前面的ijd要合理），xyy（"如果不能用z的后一个字母，那么就不如用它的前一个字母"），等等。然而有些人却似乎有天才般的洞察力，对这个问题能另辟蹊径。其中关键是注意到abc与xyz互为"镜像"——xyz位于字母表的末端，而abc则位于前端。因此xyz中的z可以看作与abc中的a对应，很自然的x就与c对应。在这种对应背后是一组平行的概念迁移：字母表头⇒字母表尾，最左⇒最右，后继⇒前继。这些迁移合在一起，就将最初的规则变成了适用于xyz的规则："将最左边的字母用其前一个字母替换"。从而得出很让人吃惊却又很有说服力的答案：wyz。

现在应该很清楚了，要在这个微型世界中进行类比，同在现实世界中一样，关键就是我所说的概念迁移。根据当前的背景找到合适的概念迁移对于找到好的类比极为重要。

模仿者

侯世达给我制订的计划是编写出能在字母串世界中进行类比的计算机程序，程序采用的机制要与人类进行类比的机制基本类似。他还为这个尚未存在的程序起了个名字："模仿者（Copycat）"。其中的思想是，类比是一种形式很微妙的模仿——例如，模仿abc转变成abd的方式，根据ijk自身的相关概念对其进行变化。因此这个程序是一位聪明而且富有创意的模仿者。

1984年夏天，我在MIT研究这个课题。到秋天，侯世达转到了位于安阿伯市（Ann Arbor）的密歇根大学任教。我也跟着过去了，在那里攻读博士学位。我与侯世达一起花了近6年时间编写他构想的这个程序——当然，魔鬼藏在细节之中。终于，我们写出了能在微型世界中进行类似于人类的类比的程序，我也获得了博士学位。

如何做到

要想成为一个具有智能的模仿者，你首先必须理解你所"模仿的"对象、事件或情景。如果所面临的情景具有很多组成部分，各部分之间又有各种潜在的关系，比如一个视觉场景、一个朋友的故事或是一个科学问题，人（或者一个计算机程序）应该如何处理理解情景的大量可能方式以及与其他情景可能的相似性呢？

下面是两种相反的策略，都是不合理的：

1.有些可能性先天就被绝对排除。例如，在扫描mrrjjj之后，列出一系列可能的概念（比如字母、字母组合、后继、前继、最右等等），然后严格限定于此。显然，这个策略的缺点是放弃了灵活性。一些与问题的关联不那么明显的概念可能后来发现是关键性的。

2.所有可能性都是平等的，处理的难度也是一样的，因此可以穷尽搜索所有可能的概念和关系。这种策略的问题是在现实世界中有着太多的可能性，甚至事先不知道对于给定情形有哪些可能的概念。如果你的发动机发出不太正常的突突声，你的汽车无法发动，你可能会认为有两种原因，可能性一样，（a）皮带从轴承上脱落了，或者（b）皮带老化，断了。如果没什么特别的原因你就认为还有一种同等的可能性是你的邻居偷偷把你的皮带剪了，那你是有点妄想迫害症。如果你还认为有种同等的可能性是组成皮带的原子通过量子隧道进入了另一个平行宇宙，那你是科学狂人。如果你不断想出各种各样同等的可能性，那 …… 正常人的头脑是没法做到的。不过，也许你刚好就有一个恶毒的邻居，量子隧道的可能性也不能完全排除，说不定你还会因此获得诺贝尔奖，这些可能性都是存在的。

所有可能性都有可能存在，但问题的关键是它们的可能性不是对等的。不符合直觉的可能性（例如，你恶毒的邻居、量子隧道等等）确实有可能，但必须有明确的原因才会被加以考虑（例如，你听说过你邻居的恶行；你刚好在你的车上安装了一台量子隧道机器；其他可能性被发现是错误的）。

大自然在许多例子中都找到了探索性策略来解决这个问题。例如，在第12章我们看到蚁群搜索食物的方式：通往最佳食物源的最短路径会具有最强烈的信息素气味，沿路径行进的蚂蚁越来越多。然而，无论何时，还是会有一些蚂蚁沿着气味较弱、可能性不大的路径前进，也有一些蚂蚁仍然会随意搜寻，这样就有可能发现新的食物源。

这是一个在搜索和开发之间进行平衡的例子，在第12章曾提到过这一点。如果收益很可观，就必须根据估计的收益以一定的速度和强度进行开发，并不断根据新的情况加以调整。但无论何时都不停止对新的可能性的探索。问题是如何根据最新的信息为各种可能动态分

配有限的资源 —— 蚂蚁、淋巴细胞、酶或者思维。蚁群的解决方案是让大部分蚂蚁采取两种策略的组合：不断随机搜索与简单地跟随信息素轨迹并沿途留下更多信息素的反馈机制相结合。

免疫系统在探索和开发之间似乎也保持着几乎最优的平衡。在第12章我们看到免疫系统利用随机性获得了对遇到的任何病原体做出反应的潜力。一旦抗原激活了某个B细胞，触发了这种细胞的增殖，潜力就会被释放出来，繁殖出的抗体会增加针对这种抗原的特异性。因此免疫系统对所发现的抗原信息进行开发的方式就是分配大量资源来对抗目前发现的抗原。但是它仍然会保有大量不同的B细胞，以继续探索其他可能性。同蚁群一样，免疫系统也是将随机性同基于反馈的高度导向行为结合在一起。

侯世达提出了一种探索不确定环境的方案，"并行级差扫描"，在第12章我曾提到过。根据这个方案，许多可能性被并行地进行探索，用获得的最新信息不断对各种可能性的收益进行估计，并根据反馈分配资源。同蚁群和免疫系统一样，所有可能性都有可能被探索，但是在同一时刻只有部分被探索，并且分配的资源也不一样多。当人（或蚁群，或免疫系统）对所面临的情形只有很少的信息时，对各种可能性的探索开始时非常随机、高度并行（同时考虑许多可能性）和分散：没有理由要特别考虑某种可能性。随着获得的信息越来越多，探索逐渐变得集中（增加的资源集中于少数可能性）和确定：确实有收益的可能性会被开发。同蚁群和免疫系统一样，在模仿者（copycat）中，这种探索策略也是通过简单个体的大量互动涌现出来。

模仿者程序

模仿者的任务是用其拥有的概念在某个问题的三个未经处理的字符串之上建构认知结构：对对象的描述、相同字符串中对象的关联、字符串中对象的分组以及不同字符串中对象的对应关系。程序建立的结构代表其对问题的理解，让它可以得出一个答案。对于每个问题，程序的初始状态都是一样的，拥有的概念集也完全一样，因此概念必须具有适应性，根据其相互之间的关联以及不同问题的情形进行适应。面对问题时，建立起对情形的表示之后，联想就会产生出来，并且被视为各种可能性，并行级差扫描以并行的方式对理解情形的各种可能途径进行检验，并根据当前对各种可能性的收益评估决定对其检验的速度和深度。

模仿者对字符串类比问题的解答涉及以下这些模块的互动：

◆ 移位网（Slipnet）：概念组成的网络，包含一个中心节点，周围围绕着可能的联想和移位。图13.2中给出了程序最新版中一些概念和关系的图。移位网中每个节点都有一个动态的活性值，表示目前认识到的其与正在处理的类比问题的关联性，这个值随着程序的运行不断调整。活性值会向相邻概念扩散，并且如果得不到加强就会衰减。每条连线有一个动态的阻抗值，表示其目前对移位的阻力。这个值也随着程序运行不断变化。连线的阻抗值与对应节点的活性值呈反比。例如，当反向活性很高时，由反向连线相连的节点（如后继和前继）的移位阻抗值就很低，从而增加移位的可能性。

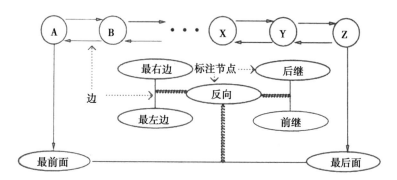

图13.2　模仿者的移位网局部。节点用其表示的概念标注（例如，A—Z、最右边、后继）。一些节点之间的连线（例如最右边—最左边）连接到一个节点，表示连线所代表的关系（例如反向）。每个节点都有动态的活性值（没有标注出来），活性会向相邻节点扩散。如果得不到增强，活性值就会衰减。每条连线都有移位阻抗，对应节点活性越高，连线阻抗就越低

◆工作区：作业的区域，其中有类比问题的字母和在字母上建立的认知结构。

◆码片（Codelets）：在工作区不断探索可能认知结构的自主个体，自主个体会试图实现它们发现的结构。（码片一词意指"小片的编码"。）成组的码片一起合作构建出定义对象关系的认知结构（例如，"abc中a的后面是b"，或"iiijjkk中的两个i形成组合"，或"abc中的b对应于iiijjkk中的jj"，或"abc中的c对应于kji中的k"）。每组码片考虑世界结构的一种特定可能性，根据试图建立的结构的可能收益为各组分配资源（码片时间），可能的收益随着探索的进行不断进行评估。这样就实现了对各种可能性的并行级差扫描，各组码片通过竞争和合作，逐步建立起结构层次，表现程序对情形的"理解"。

◆温度：对系统的认知组织程度的度量。类似于物理世界，温度

高对应无组织，温度低对应高的组织度。在模仿者中，温度度量组织程度，并作为反馈信号控制码片决策时的随机程度。温度高时，表明认知组织度低，能据以进行决策的信息也少，码片决策时也就越随机。随着认知结构的建立，对于相关的概念以及如何建构对世界中对象和关系的认知的信息也越来越多，温度也就越来越低，表明有更多的信息引导决策，码片进行决策时也就越有确定性。

运行模仿者

解释模仿者各部分之间如何交互的最好方式是用图形显示程序的运行情况。这些图形是程序运行时的屏幕显示。这一节我们来看一下程序面对abc⇒abd，mrrjjj⇒？这个问题时的运行过程。

图13.3：给出的问题。图中包括：工作区（这里是类比问题中尚未结构化的字母）；左边竖条为"温度计"，显示当前的温度（初始值设为100，100也是最大值，反映出当时没有任何认知结构）；右下角显示当前运行的码片数量（初始值为0）。

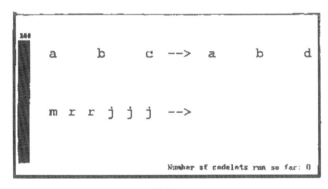

图13.3

图13.4：有30个码片在运行，已经探索了许多可能的结构。原则上，码片可以视为同蚂蚁一样的自主体，每个都根据一定的概率探索一条路径，但是受其他码片的探索路径引导。在这里"路径"代表的是可能的认知结构。码片随机搜索合理的描述关系、字符串划分以及字符串之间的对应关系，然后提出可能的结构。如果认可某种结构的码片很多，这种结构就会得到增强。一旦强度达到某个阈值，就认为结构被建立起来了，从而影响后面结构的建立。

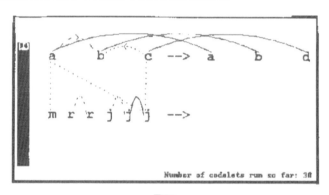

图13.4

在图13.4中，点线代表刚刚开始考虑的结构；短画线代表考虑了一段时间的结构；实线代表已经建立起来的结构。码片根据对结构可能收益的判断决定提出这种结构的速度，例如，提出a–m对应关系的码片认为其有很高的可能收益，因为两者都在各自字符串的最左边：最左边⇒最左边这样的一致性关系总是很强。提出a–j对应关系的码片则认为其要弱得多，因为最左边⇒最右边这样的对应要弱很多，而且反向关系目前也没有活性。因此对a–m对应关系的探索速度就很可能比不太合理的a–j对应要快得多。

　　因为mrrjjj中最右边的两个j建立起了"相同"关系，温度值从100降到了94。这个相同关系激活了移位网中的节点相同（没有画出来）。这会驱使一些码片去寻找其他相同的地方。

　　图13.5：有96个码片在运行。abc的后继关系已经建立起来。13.4中提出的c–b的前继关系已经替换为b–c的后继关系。abc中的两个后继关系相互支持：每个都因为对方的存在而变得更强，因而使得与之竞争的前继关系不太可能胜出。

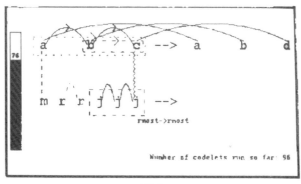

图13.5

　　两个都是基于后继关系的组合相互竞争：bc和abc（整个字符串形成组合）。两者在图13.5中分别用点线方框和短画线方框表示。虽然bc组合出现的时间早些（它是短画线，而后者是点线），abc组合涵盖的字母却更多。因此它比bc组合要强些 —— 码片会倾向于以较快的速度对其进行验证，也更有可能将其的结构建立起来。图下方在考虑基于相同关系的组合jjj。

　　a–j的交叉对应关系（图13.4中的点线）已经被放弃了，因为进一步探索它的码片发现其太弱，无法建立起来。c-j对应则被建立起来了（垂直的锯齿线）；线的下端给出了对应关系的依据（两者都是各自字符串最右边的字母）。

因为后继和相同关系都建立起来了，再加上最右边⇒最右边（rmost⇒rmost）对应，这些节点在移位网中活性很高，因而会驱使码片去探索其他地方是否还有这种关系。例如，考虑最左边字母的对应关系。

随着结构的建立，温度也相应降到了76。温度越低，码片的决策就越不随机，因此像bc组合这样不太可能的结构就更不可能被建立起来了。

图13.6：abc组合和jjj组合建立起来了，用字母周围的实线方框表示。为了让图像清晰，组合中字母之间的连接没有显示。这些组合的存在驱使码片寻找其他后继和相同关系的组合，例如rr相同组合就被高度关注。jjj这样的组合形成了字符串中新的对象，可以有它们自己的描述，有自己的连接，也可与其他对象产生对应。大写字母J表示由jjj组合形成的对象；类似的，abc组合也形成一个新的对象，为了清晰起见，图中没有画出表示它的单个字母。同其他特性一样，组合的长度并不能被程序自动注意到，要由码片来发现。每当一个组合节点（例如，后继组合、相同组合）在移位网中被激活，它就会将部分活性扩散到长度节点。这样长度节点就有了一点活性，从而产生出关注长度的码片，但这些码片并不会马上就会相互比较，甚至还没有开始运行和关注组合的长度。

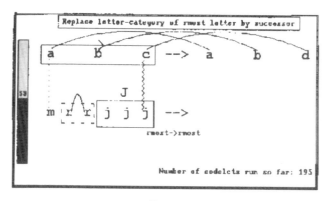

图13.6

一个描述abc⇒abd变换的规则已经建立起来了："将最右边的字母单元用其后继字母替换"。模仿者当前的版本认为变换示例替换的刚好是一个字母，因此建立规则的码片会对模板"将＿＿用＿＿替换"进行填充，以一定的概率在程序给出的字母变换描述中进行选择，描述越抽象（例如*最右边的字母就比*C抽象），选中的概率就越大。

温度降到了53，这是因为建立起来的结构表明认知组织度越来越高。

图13.7：有225个码片在运行。字母与字母的对应c–j已经被字母与组合的对应c–J代替。在对应关系的下方，*最右边⇒最右边*（rmost⇒rmost）上面增加了*字母⇒组合*（let⇒group）对应关系。c–J对应要强于c–j对应，因为前者涵盖的对象更多，同时组合概念的活性很高，因此与问题的相关度似乎更高。然而，虽然c–j对应相对较弱，还是有一组新的码片又在考虑它。

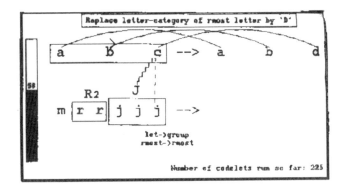

图13.7

与此同时，rr组合也建立起来了。此外，它的长度（用R后面跟着的2表示）也被一个码片注意到了（概率事件）。这个事件激活了长度节点，驱动码片注意其他组合的长度。

屏幕上方产生了新的规则，"将最右边的字母单元用'D'替换"，虽然这条规则比前面被换掉的规则弱些，但由于各种结构（包括规则）的竞争是根据概率随机决定的，因此这条规则还是有机会胜出。然而它的胜出导致温度又回升到了58。

如果程序现在停止（这不太可能发生，因为决定程序是否停止的概率中有一个很重要的因素就是温度，而目前温度还很高），对于字符串mrrjjj，得出的规则就是"将最右边的字母组合用'D'替换"因为要遵守根据c-J对应得出的字母⇒组合移位，从而得到答案mrrddd，模仿者程序确实会得出这个答案，不过次数很少。

在整个运行期间不断会有码片想要制造出答案，不过不太可能成功，除非温度很低。

图13.8：有480个码片在运行，"将最右边的字母单元用其后继字母替换"这条规则又恢复了。但是c-J对应没了，换成了c-j对应（也是一个概率事件）。如果程序在现在停止，得到的答案将会是mrrjjk，因为abc中的c对应的是一个字母，而不是组合。这样建立答案的码片就会忽略b与字母组合的对应。不过c与组合J的对应再次受到强烈关注。它将与c-j对应竞争，不过它将比以前更强大，因为与之平行的b与组合R的对应已经建立起来了。

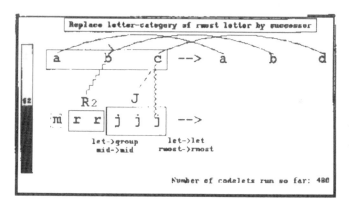

图13.8

在移位网中，长度的活性衰减了，因为对R组合的长度描述目前还没有发现有什么用处（也就是说，没有发现其与其他结构的关联）。在工作区中，描述R的长度的2已经消失了。

温度仍然很高，因为目前程序还很难为mrrjjj建立一个一致的结

30264

构，为abc建立结构则容易些。由于问题一直没有解决，再加上在mrrjjj中建立的两个相同组合导致的驱动力，使得系统开始考虑单个字母组成的相同组合这种不太可能出现的结构。这表现为围绕着字母m的短画线方框。

图13.9：这些驱动力结合到一起，使得相同组合M被建立起来，与R组合和J组合并列。其长度1附在了其描述后面，激活了长度节点，使得程序再次考虑组合长度与问题有关联的可能性。这次激活强烈地吸引了码片关注组合的长度。一些码片已经在探索它们之间的关联，而且在1和2之间建立了后继关系，这可能是受abc中的后继关系的驱使。

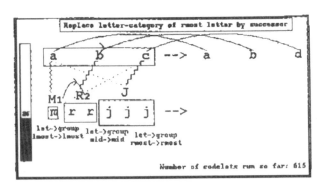

图13.9

三个一致的字母⇒组合（let⇒group）对应已经建立起来了，由于这个新结构的前景被看好，温度也降到了36，反过来又使得这个新观点被锁定。如果程序这个时候停止，它将得到答案mrrkkk，这也是最常见的答案（图13.13）。

图13.10：由于长度节点一直具有活性，其余两个组合（jjj和abc）也附上了长度描述，2和3之间的后继关联也被注意到了（很大程度是受abc和mrrjjj的结构驱动）。不太可能的候选结构（bc组合和c-j对应）仍然被留意，不过不像以前那样关注了，现在对问题的一致认识开始涌现出来，温度也相当低了。

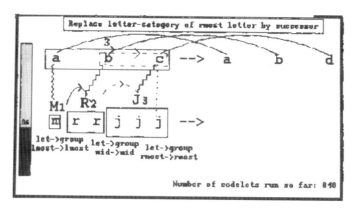

图13.10

图13.11：2和3之间的关联建立起来了，再加上abc后继组合的驱使，使得码片能够基于数字（而不是字母）后继关系提出并建立由整个字符串构成的组合。这个组合用围绕三个相同组合的实线框表示。同样，由abc和mrrjjj整个字符串构成的这两个组合之间的对应（两个字符串右边的垂直点线）也受到关注。

可笑的是，这些复杂的思想似乎正要成形，少数逆潮流而动的码片叛徒却撞了好运：它们成功地扳倒了c-J对应，代之以c-j对应。显然这降低了整体水平；强大的mrrjjj组合的建立本来能让温度降低许多，然而这种降低却被两个字符串之间对应关系的不平行抵消了。如果这时强行停止程序运行，得出的答案将是mrrjjk，因为这时c似乎更倾向于与字母j而不是组合J对应。不过另外两个对应关系会继续驱使程序（作用在码片上）回到c-J对应。

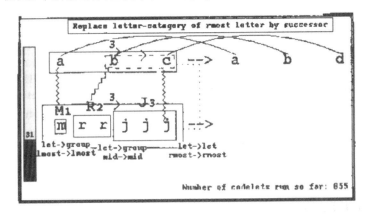

图13.11

图13.12：事实上，没运行多久就发生了这种情况：c-j对应被打破，c-J对应重新建立起来。另外，abc与mrrjjj整个字符串之间的对应也建立起来了；上面标着整体⇒整体（whole⇒whole），后继组合⇒后继组合（sgroup⇒sgroup），右⇒右（right⇒right，组合中连接的方向），后继⇒后继（successor⇒successor，组合中连接的类型），字母⇒长度（letcat⇒length），以及3⇒3（组合的长度）。

现在程序建立的认知结构已经非常一致了，使得温度降得很低（11），由于温度低，一个码片已经成功根据工作区中给出的移位（字母⇒组合，字母⇒长度，其他对应都是不变对应）得出了规则。得出的规则就是"将最右边的组合的长度用其后继进行替换"，从而得出答案mrrjjjj。

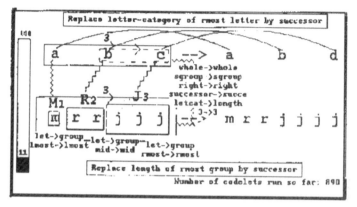

图13.12

从上面的叙述可以清楚地看到，由于模仿者每次运行都充满了随机决定，因此运行得出的结果也可能会不一样。图13.13显示了模仿者1000次运行中给出的不同答案，每次运行都有不同的随机数种子。各种答案的立方条高度表示答案的出现频率，上面标了具体的次数。立方条下面则给出了各种答案最后的平均温度。

答案的频率大致上对应于答案相对于程序的显见程度。例如，对于程序来说，出现了705次的mrrkkk就比只出现了42次的mrrjjjj要显见得多。但是得出mrrjjjj后的平均温度还是比得出mrrkkk后的平均温度要低得多（分别是21和43），这表明虽然后者更显见，程序还是认为，根据答案结构的一致性，前者要好于后者。

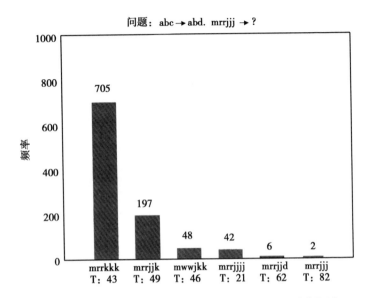

图13.13 让模仿者运行1000次，每次的随机数种子都不相同，得出的最后答案的样条图

总结

通过程序运行中表现出来的机制，模仿者避开了认知的第22条军规：你无法探索所有可能，但如果你不探索它们，你就无法知道哪种可能值得探索。你必须毫无偏见，但需要探索的领域又太大；你需要利用概率来让探索公平。在模仿者受生物启发的策略中，最初是信息很少，使得温度很高，也很随机，许多探索并行进行。随着获得的信息越来越多，适当的概念被发现，温度降低，探索也变得越来越具有确定性，一系列特定概念开始占据主导。整体上使得系统从极为随机、并行和自底向上的处理模式逐渐转变成确定、连贯而且集中的模式，逐步发现对情形的一致性认知并渐渐让其"凝结"。就像我在第

12章阐释的，处理模式的逐步转变似乎是一些复杂适应系统的共性。

　　模仿者与生物系统的相似性迫使我们从更广泛的角度来思考和理解我们所建立的系统。例如，人们可能会注意到，细胞因子在免疫系统中传递信号的作用就类似于码片在类比问题中唤起对特定位置的注意，这实际上就是在广义的信息处理层面上认识生物学单位的功能。类似的，如果注意到了免疫系统中的温度现象——发热、炎症——来自于许多自主体的联合行动，人们也许就会受到启发，从而更好地对模仿者这样的系统中的温度机制进行建模。

　　最后还有棘手的意义问题。在第12章我曾说过，就传统计算机来说，信息对于计算机本身是没有意义的，只对人类创造者和"最终使用者"才有意义。然而，我还是认为模仿者代表了一种相当不传统的计算模型，对于它所具有的概念和它所做的类比，它能理解一种非常初级的意义。例如，后继组合的概念在网络中与其他类似的概念相联，模仿者能够认识这些概念，并在各种情形中合理地利用这些概念。在我看来，这就是意义的开端。但是就像我在第12章说的，意义与生存和自然选择密不可分，而模仿者还没有涉及这一些，只是在降低温度这一点上与"生存"本能有一点点关联。从这方面来说，模仿者（以及后来由侯世达的研究团队研发的一系列让人印象更加深刻的程序[1]）与生物系统还有着很大的区别。

---

1. "由侯世达的研究团队研发的一系列让人印象更加深刻的程序"：对这些程序（包括模仿者）的一些介绍，参见 Hofstadter D., *Fluid Concepts and Creative Analogies*. New York : Basic Books，1995。

AI的终极目标是让人摆脱意义的怪圈，并且让计算机本身能理解意义。这是AI中最难的问题。数学家罗塔（Gian-Carlo Rota）称这个问题为"意义屏障"，[1] 不知道AI是否或何时能"破解"它。我个人认为这不是短时间能做到的，但如果能够破解，我怀疑类比将是关键。

1."意义屏障"：Rota，G.-C.，In memoriam of Stan Ulam-The barrier of meaning. *Physica* D，2 (1-3)，1986，pp.1-3。

第 14 章
计算机模型

复杂系统顾名思义就是很复杂的系统，而物理、化学、数学、生物学这些以数学为导向的学科关注的往往是易于用数学处理的简单而理想化的系统。复杂系统很难单独用数学进行处理，不过现在的计算机速度越来越快，价格也越来越便宜，已经有可能构造复杂系统的计算机模型并进行实验。图灵、冯·诺依曼、维纳（Norbert Wiener）等计算机科学先驱都希望用计算机模拟能发育、思维、学习和进化的系统。一门新的实践科学由此诞生。在理论科学和实验科学之外又产生了一个新的门类：计算机仿真（图14.1）。在这一章，我们来看一看复杂系统的计算机模型能告诉我们什么，用这样的模型来进行研究又会有哪些陷阱。

模型是什么

在科学中，模型是对某种"实在"现象的简化表示。科学家们说是在研究自然，但实际上他们做的大部分事情都是在对自然进行建模，并对所建立的模型进行研究。

以牛顿的引力定律为例：两个物体之间的引力正比于它们质量

图14.1　在理论科学和实验科学的传统划分之外又产生了一个新的门类：计算机仿真（David Moser 绘制）

的乘积。这是对一种特定现象的数学描述 —— 也就是数学模型。还有一种模型是用较为简单的概念来描述现象实际是如何运作的，也就是所谓的原理。在牛顿的时代，他的引力定律受到质疑，就是因为他没有解释引力的原理。也就是说，他没有用"大小、形状和运动"等物理对象的属性对其进行解释 —— 根据笛卡儿的思想，这些基本要素是所有物理模型必要而且充分的组成部分。[1] 牛顿自己推测过引力的可能原理，例如，他"猜想地球就像海绵一样，[2] 不断吸收天空降落下来的轻质流体，这种流体作用到地球上的物体上，导致它们下降"。这种概念框架可以称为原理模型。200年后，爱因斯坦提出了一种不同的引力原理模型 —— 广义相对论，在其中引力被概念化为四维时空的几何特性。现在，一些物理学家又在鼓吹弦论，提出引力是由细

1."根据笛卡儿的思想，这些基本要素是所有物理模型必要而且充分的组成部分"：Garber, D., Descartes, mechanics, and the mechanical philosophy. *Midwest Studies in Philosophy*, 26(1), 2002, pp.185-204。

2."猜想地球就像海绵一样"：Kubrin, D., Newton and the cyclical cosmos: Providence and the mechanical philosophy. *Journal of the History of Ideas*, 28(3), 1967。

小、振动的弦导致的。

模型是我们思维的方式，是用我们熟悉的概念解释观察到的现象，所用到的概念是我们的头脑能够理解的（就弦论来说，则是少数非常聪明的人能够理解的）。模型也是预测未来的途径：比如说，牛顿的引力定律仍然被用来预测行星轨道，而爱因斯坦的广义相对论则成功预测了那些所预测的轨道的偏差。

理想模型

在天气预报、汽车和飞机设计、军事运筹中，经常用计算机来运行详尽而复杂的模型，对所建模的特定现象进行详细的预测。

而在复杂系统研究中一个主要的方向就是研究理想模型：通过相对简单的模型来理解一般性的概念，而不用对具体系统进行详细的预测。下面是我在书中曾讨论过的一些理想模型的例子：

◆麦克斯韦妖：用来研究熵的概念的理想模型。

◆图灵机：用来对"明确程序"进行形式化定义以及研究计算概念的理想模型。

◆逻辑斯蒂模型和逻辑斯蒂映射：用来预测种群数量的极简模型；后来成为研究动力学和混沌一般性概念的理想模型。

◆冯·诺依曼自复制自动机：用来研究自复制"逻辑"的理想模型。

◆遗传算法：用来研究适应性概念的理想模型。有时候也作为达尔文进化的极简模型。

◆元胞自动机：用于研究一般性的复杂系统的理想模型。

◆科赫曲线：用来研究海岸线、雪花等分形结构的理想模型。

◆模仿者：用来研究人类类比思维的理想模型。

理想模型有许多用途：研究一些复杂现象背后的一般机制（例如，冯·诺依曼研究自复制的逻辑）；证明解释某种现象的机制是不是合理（例如，种群数量的动力学）；研究简单模型在变化后的效应（例如，研究遗传算法的变异率或逻辑斯蒂映射的控制参数 R 变化所带来的影响）；或者更普遍是作为哲学家丹尼特（Daniel Dennett）所谓的"直觉泵"[1]（intuition pump）——用来引导对复杂现象进行理解的思维实验或计算机仿真。

复杂系统的理想模型也能为新的技术和计算方法提供灵感。例如，图灵机启发了可编程计算机；冯·诺依曼的自复制自动机启发了元胞自动机；达尔文进化、免疫系统和昆虫社会的极简模型分别启发

1."直觉泵"：Dennett, D.R., *Elbow Room: The Varieties of Free Will Worth Wanting*.Cambridge, MA: MIT Press, 1984, p.12。

了遗传算法、计算机免疫系统和"群体智能（swarm intelligence）"方法。为了领略科学中理想模型的成就，现在我们来深入了解一下社会科学中的几个理想模型，从最广为人知的模型开始：囚徒困境。

对合作的进化进行模拟

许多生物学家和社会学家都用理想模型来研究为什么在由自私个体组成的群体中会进化出合作。

生物归根结底都是自私的 —— 它们要想在进化中获得成功，就必须能活足够长的时间，保持足够的健康，还要能吸引异性，以繁衍后代。大部分生物为了达到这些目的会毫不犹豫地与其他生物进行斗争，采用各种伎俩，杀死或杀伤其他生物。通常的看法认为进化选择会使得自私或自卫本能得以传递给下一代并在种群中扩散。

然而与这种看法相反，在生物王国和社会的各个层面上都有许多明显不符合自私原则的例子。从底层看，在进化历程的一定阶段时刻，单细胞生物会互相合作以形成更复杂的多细胞生物。后来，又进化出了蚁群这样的社会性生物，大部分蚂蚁为了蚁群的整体利益工作，甚至放弃了繁衍的能力，只让蚁后来繁衍后代。后来，灵长类动物群体中又涌现出了更加复杂的社会，社会团结一致对外，复杂的贸易，最终出现了人类国家、政府、法律和国际条约。

生物学家、社会学家、经济学家和政治学家都面临着类似的问题，本质上自私的个体中是怎么产生出合作的。这不仅仅是个科学问题，也是政治问题：例如，是否有可能创造条件让国家之间产生并维持合作，一起应对核扩散、艾滋病、全球变暖等国际问题？

囚徒困境

20世纪50年代冷战高峰时期，一些人开始思考如何推动敌对国家之间的合作，以避免核战争。1950年前后，两位数学博弈论学家，弗勒德（Merrill Flood）和德雷希尔（Melvin Drescher）发明了囚徒困境，[1] 用来研究这种合作难题。

囚徒困境基本形式如下。两个人（姑且称他们为爱丽丝和鲍勃）因为合伙犯罪被逮捕了，警察将他们分别关在不同的房间（图14.2）。爱丽丝和鲍勃必须各自决定是否指证对方。如果爱丽丝同意指证鲍勃，她就会被释放，而鲍勃则会被判处无期徒刑。但如果爱丽丝拒绝指证，而鲍勃同意指证爱丽丝，则他将被释放，爱丽丝则会被判无期徒刑。如果两人都指证对方，则两人都会被关入监狱，但是只判10年徒刑。而如果两人都不指证对方，则两人都会判得较轻，只需入狱5年。警察要求他们不许相互沟通，必须马上做出决定。

如果你是爱丽丝，你会怎么做呢？

你可能会这样想：鲍勃有可能指证你，也有可能不指证，你不知道他会怎么做。如果他指证你，你最好的选择就是指证他（入狱10年

---

1. "弗勒德和德雷希尔发明了囚徒困境"：对囚徒困境以及博弈论的历史和应用有趣而富有启发的讨论，参见Poundstone, W., *Prisoner's Dilemma*. New York: Doubleday, 1992。

图14.2 爱丽丝和鲍勃面临着"囚徒困境"（David Moser绘制）

要好于无期）。如果他不指证你，你最好的选择仍然是指证他（释放要好于入狱5年）。因此，不管鲍勃怎么做，你脱罪最好的选择都是同意指证他。

问题是鲍勃也会这样想。因此你们俩都会同意指证对方，而如果你们俩都保持沉默，得到的结果会更好。

我们再换一个场景来看这个问题，假设你是美国总统，你在考虑是否建造一种强大的核武器，比你现有的武器强得多。你怀疑俄国政府也在考虑这样做，但是不确切。

假设俄国决定发展这种武器，如果你也决定建造这种武器，那美国和俄国的军力就会维持平衡，尽管两国的花费都不少，世界也处于更危险的境地；如果你决定不发展这种武器，那么俄国对美国的军力就会占优势。

假设俄国决定不发展这种武器，如果你决定建造，那美国对俄国的军力就会占优，同时国家也会有财政负担；而如果你决定不建造，那么美国和俄国仍然会维持军力平衡。

同鲍勃和爱丽丝面临的情形一样，无论俄国怎么做，你最好的选择都是同意建造，因为不管俄国的选择是什么，建造武器都是美国更好的选择。当然，俄国也这样想，因此两国都会决定建造新的核弹，而如果两国都不建造，本来结果会更好。

这就是囚徒困境悖论 —— 用政治学家阿克塞尔罗德（Robert Axelrod）的话说，"每个人都追求自利，使得所有人的利益都受损。"[1] 这个悖论指的是群体中的个体由于只顾自身利益，整体上却使得群体所有个体都受损的情形（全球变暖就是典型的这种例子）。经济学家哈丁（Garrett Hardin）有个著名的词描述这种情况 ——"公地悲剧"。[2]

囚徒困境及其变体作为理想模型体现了合作问题的本质，其影响遍及学术界和商业界，并且改变了各国政府对于核裁军、恐怖主义以及合作管理和规范等现实世界中政策问题的看法。

囚徒困境通常用两人"博弈"的收益矩阵表示 —— 矩阵中各元素为两个人在各种可能情形下的收益。表14.1给出了囚徒困境收益

---

1. "每个人都追求自利，使得所有人的利益都受损"：Axelrod，R.，*The Evolution of Cooperation*. New York：Basic Books，1984，p.7。
2. "公地悲剧"：Hardin，G.，The tragedy of the commons. *Science*，162，1968，pp. 1243-1248。

矩阵的一个例子。博弈的目标是尽可能多得分（蹲监狱的时间尽可能短）。参与者各自决定"合作还是背叛"，各决定一次形成一个回合。也就是说，每个回合中，参与者 A 和 B 不能相互商量是否合作（例如，拒绝指证；决定不建造核弹）。如果双方都合作，各得 3 分。如果 A 合作而 B 背叛，则 A 得 0 分而 B 得 5 分，反之则 A 得 5 分而 B 得 0 分。如果双方都背叛，则各得 1 分。前面说了，如果只进行一个回合，则两人合理的策略就是背叛。但如果有多个回合，也就是说，如果双方相互博弈多次，则总是背叛的参与者的收益会远低于学会了相互合作的参与者。互利合作是如何产生的呢？

表14.1		囚徒困境的收益矩阵		
	A合作 B合作	A合作 B背叛	A背叛 B合作	A背叛 B背叛
A	3	0	5	1
B	3	5	0	1

密歇根大学的政治学家阿克塞尔罗德（图 14.3）深入研究了囚徒困境。他在这方面的成果深深影响了许多学科，也让他赢得了许多奖项，包括麦克阿瑟"天才"奖。

阿克塞尔罗德因为关注军备竞赛，从冷战时期开始研究囚徒困境。他的问题是："在一个自私的世界里，如果没有中央权威，合作要如何才能出现？"[1] 阿克塞尔罗德注意到历史上对这个问题最著名的回答是17 世纪哲学家霍布斯（Thomas Hobbes）给出的，他认为合作只有在

---

1. "合作要如何才能出现？"：Axelrod, R., *The Evolution of Cooperation*. New York：Basic Books，1984，p.3。

图14.3 阿克塞尔罗德（密歇根大学复杂系统研究中心提供照片）

存在中央权威的情况下才有可能产生。[1] 300年（和无数场战争）之后，爱因斯坦也提出了类似的观点，[2] 认为在核武器时代要确保和平的唯一途径就是成立高效的世界政府。国际联盟，以及后来的联合国，就是以此为目的成立的，但是都没有成功成立世界政府，或是维持世界和平。

---

1. "霍布斯……认为合作只有在存在中央权威的情况下才有可能产生"：霍布斯关于集权政府的论述参见 Hobbes，T.，*Leviathan.* 1651年首次出版；1991年版由R.Tuck编辑。Cambridge University Press，1991。
2. "爱因斯坦也提出了类似的观点"：爱因斯坦关于世界政府等问题的思想参见他的著作集，Einstein，A.，*Out of My Later Years.*1950年首次出版；2005年修订版，Castle Books。

高效的世界政府看来是指望不上了，阿克塞尔罗德想知道，如果没有世界政府是不是也有可能产生合作。他认为通过研究多回合的囚徒困境也许能有助于认识这个问题。阿克塞尔罗德认为，"合作要能够产生"就意味着，不管对手的策略如何变化，从长期来看，合作策略必须比非合作策略的收益更高。而且，如果用达尔文选择对策略进行演化，则种群中的合作策略的比重应当会随时间增加。

用计算机模拟囚徒困境

阿克塞尔罗德想知道什么样的策略是好策略，因此他组织了两次囚徒困境竞赛。他让各学科的研究人员提出各自的策略，并根据策略设计能进行囚徒困境博弈的计算机程序，然后在比赛中让这些程序互相博弈。

回想一下第 9 章讨论的机器人罗比，策略指的其实就是一组规则，规定了在各种情形中应该采取何种行动。对于囚徒困境来说，策略就是根据对手以前的行为决定下一步是合作还是背叛的规则。

第一次竞赛收到了 14 个程序；第二次增加到了 63 个。每个程序都相互博弈 200 个回合，根据表 14.1 中的收益矩阵计算总分。程序可以有记忆 —— 每个程序都能存储一些之前与对手的博弈记录。有些提交来的策略相当复杂，使用统计方法分析其他策略的"心理"。然而，两次竞赛中获胜的策略 —— 平均得分最高 —— 都是所提交的策略中最简单的策略：针锋相对（TIT FOR TAT）。这个策略是数学家拉普波特（Anatol Rapoport）提交的，第一个回合合作，然后在后面的回合中采取对手在前一回合中所使用的策略。也就是说针锋相对策略愿意合作，并且对愿意合作的对手以礼相待。但如果对方背叛，针锋相对策略就会回之以背叛，直到对手又开始合作为止。

让人吃惊的是，这样简单的策略竟然打败了其他所有策略，尤其是第2次竞赛时参赛者已经知道了针锋相对策略，可以有针对性地与它对抗。然而，在参赛的几十位专家中，没有人能设计出更好的策略。

根据竞赛结果，阿克塞尔罗德得出了一些一般性结论。他注意到所有成绩好的策略都有友善的特点 —— 他们从不先背叛对方。友善的策略中得分最低的是"绝不宽恕"策略：它开始时合作，但一旦对方背叛，它以后就会一直背叛。而针锋相对策略会以一次背叛惩罚对手的上一次背叛，但如果对手又开始合作，它就会原谅对方，也开始合作。阿克塞尔罗德还注意到，虽然大多数成功的策略既友善也能宽恕对手，但是它们也具有报复性 —— 它们会在背叛发生后很快就进行惩罚。针锋相对策略不仅友善、宽恕和进行报复，它还有一个很重要的特性：行为明确，具有可预见性。对手很容易就能知道针锋相对采取的策略，因此也就能预知它会如何对对手的行为做出反应。这种可预见性对于促进合作很重要。

有趣的是，阿克塞尔罗德在竞赛之后又进行了一系列实验，用遗传算法演化囚徒困境的策略。策略的适应度就是它与种群中其他策略反复博弈之后的得分。遗传算法演化出的策略行为与针锋相对也是一样的。

囚徒困境的扩展

阿克塞尔罗德对囚徒困境的研究在20世纪80年代引起了轰动，尤其是在社会科学中影响很大。人们开始研究它的各种变体 —— 采用不同的收益矩阵、不同的参与人数或者在多方博弈中让各方能选择对手，等等。其中有两个很有趣的实验分别增加了社会规范和空间结构。

加入社会规范

阿克塞尔罗德进行了添加社会规范的囚徒困境实验，[1] 实验中规范表现为在背叛被其他人发现时的社会谴责（用负分表示）。在阿克塞尔罗德的多方博弈中，个体的每次背叛，都有一定的概率被其他个体发现。除了决定合作或背叛的策略，每个个体还有在发现其他个体的背叛行为时决定是否进行惩罚（减分）的策略。

具体说，每个个体的策略由两个数字组成：背叛的概率（无耻度）和发现背叛行为时进行惩罚的概率（正义度）。在最初的群体中，概率值被随机赋予。

在每一代，群体进行一次循环博弈：群体中每个个体与其他所有个体博弈一次，每当出现背叛，背叛行为都有一定概率被其他个体发现。一旦被发现，发现背叛行为的个体就会根据自身的正义度以一定

---

1. "阿克塞尔罗德进行了添加社会规范的囚徒困境实验"：Axelrod，R.，An evolutionary approach to norms. *American Political Science Review*，80（4），1986，pp. 1095–1111。

概率对背叛个体进行惩罚。

在每次循环之后，会发生进化过程：根据适应度（得分）选择父代策略，从而产生出下一代策略。父代通过变异复制产生后代：每个后代的无耻度和嫉恶度在父代的基础上稍微变化。如果开始时群体中大多数个体的正义度都设为 0（也就是没有社会规范），那背叛者就会越来越多。阿克塞尔罗德最初希望能发现促进群体中合作进化的规范 —— 也就是说，进化出正义度以对抗无耻度。

然而，结果是仅仅有规范并不足以保证产生合作。在后来的实验中，阿克塞尔罗德又加入了元规范（metanorms），在其中有执法者来惩罚非执法者。不知道你们明不明白我的意思，就好像逛超市的时候，如果我没有阻止我的小孩在过道里嬉闹，还撞到了其他顾客，有些这样的人就会以鄙视的眼神看着我。这样的元规范对我很有效。阿克塞尔罗德也发现元规范很有用 —— 如果周围有惩罚者，非惩罚者就会演化得更倾向于惩罚，而被惩罚的背叛者也会演化得更愿意合作。用阿克塞尔罗德的话说，"元规范能促进并保持群体中的合作"。[1]

加入空间结构

数学生物学家诺瓦克（Martin Nowak）和其合作者在囚徒困境中加入了空间结构，这种扩展也非常有趣。在阿克塞尔罗德最初的实验中没有空间的概念 —— 所有参与者相遇的可能性都一样，参与者之

---

1. "元规范能促进并保持群体中的合作"：Axelrod, R., An evolutionary approach to norms. *American Political Science Review*, 80（4）, 1986, pp.1095-1111。

间的距离没有意义。

诺瓦克猜测，如果参与者位于空间网格上，有严格的邻居概念，则会对合作的进化产生很强的影响。诺瓦克同他的博士后导师梅一起进行了计算机仿真[1]（在第 2 章讲逻辑斯蒂映射时我们已经见过梅），实验中参与者位于 2 维网格上，都只与最近的邻居博弈。如图 14.4 所示，图中有一个 5×5 的网格，每个格子中有一个参与者（诺瓦克和梅的网格要大得多）。所有参与者的策略都极为简单——它们没有记忆；要么一直合作，要么一直背叛。

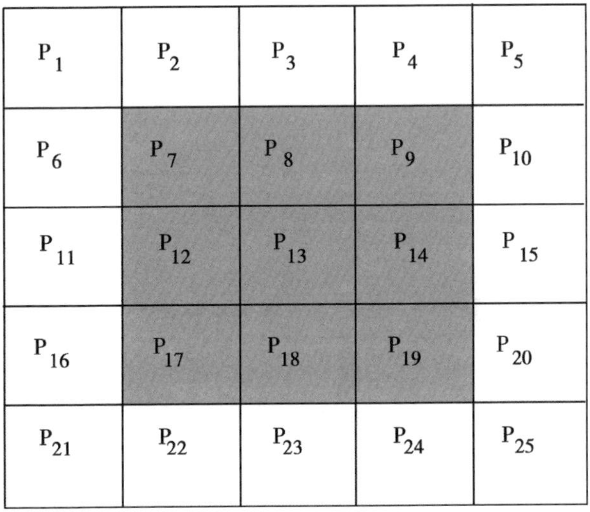

P_1	P_2	P_3	P_4	P_5
P_6	P_7	P_8	P_9	P_{10}
P_{11}	P_{12}	P_{13}	P_{14}	P_{15}
P_{16}	P_{17}	P_{18}	P_{19}	P_{20}
P_{21}	P_{22}	P_{23}	P_{24}	P_{25}

图 14.4 空间囚徒困境博弈示意图。每个策略只与最近的邻居进行博弈——例如，策略 P13 只与其最近的邻居（阴影部分）进行博弈和生存竞争

模型周期运行。在每个时间步，每个策略与 8 个最近的邻居分别

---

1. "诺瓦克同他的博士后导师梅一起进行了计算机仿真"：Nowak, M. A. & May, R. M., Evolutionary games and spatial chaos.*Nature*, 359 (6398), 1992, pp. 826–829。

进行一次囚徒困境博弈（与元胞自动机类似，边缘上的格子回绕相连），然后将8次博弈的得分加总。接下来进行选择，每个策略都替换为邻域中得分最高的策略（有可能是它自己）：没有变异。

这项研究的出发点是生物学。就像诺瓦克和梅说的，"我们认为，群体中确定的空间结构对合作的进化可能很重要[1]，无论是分子、细胞，还是生物"。

诺瓦克和梅用各种合作和背叛个体的初始设置以及不同的收益矩阵进行了实验。他们发现在有些条件下，合作和进化个体的空间分布模式有可能振荡，甚至产生"混沌性变化"，[2] 在其中合作者和背叛者共存。而在非空间性的多方囚徒困境博弈中，如果没有前面提到的元规范，最后背叛者会占据群体。在诺瓦克和梅加入空间后，合作者可以一直坚持下去，无需在博弈中加入规范或元规范。

诺瓦克和梅认为他们的结果表现了真实世界中的一个特性——空间相邻关系的存在会促进合作。在评论这项研究时，生物学家西格蒙德（Karl Sigmund）这样说道："地域性有利于合作[3]……这在真实的社区中可能也是成立的。"

---

1. "我们认为，群体中确定的空间结构对合作的进化可能很重要"：Nowak, M. A. & May, R. M., Evolutionary games and spatial chaos. *Nature*, 359 (6398), 1992, pp. 826-829。
2. "混沌性变化"：Nowak, M. A. & May, R. M., Evolutionary games and spatial chaos. *Nature*, 359 (6398), 1992, pp. 826-829。
3. "地域性有利于合作"：Sigmund, K., On prisoners and cells, *Nature*, 359 (6398), 1992, p. 774。

建模的好处

对于囚徒困境这样的理想模型的计算机仿真，如果做得好的话，会是实验科学和数学理论的有力补充。对于大部分复杂系统来说，不可能对其进行真正的实验，用数学研究也非常困难，这个时候模型就是研究它们的唯一可行途径。像囚徒困境这样的理想模型最大的贡献就是为我们提供了一把钥匙，来研究合作的进化这类没有精确的科学术语和完善定义的现象。

囚徒困境模型具备了前面列出的科学中理想模型的所有作用（其他复杂系统模型也可以列出类似的贡献）：

证明了解释某种现象的机制是不是合理。例如，霍布斯可能不会相信，在自私但具有适应性的个体组成的缺乏领袖的群体中会产生合作，而各种各样的囚徒困境模型则证明了这一点（虽然是以某种理想形式）。

研究简单模型在改变后的效应，引导对复杂现象的认识。各种各样的囚徒困境变体揭示了合作得以产生的条件。比如说，你可能会问，如果本来想合作的人犯了错，不小心发出了不合作的信号，打个比方，美国总统的意见被翻译成俄语时不小心弄错了，会发生什么呢？囚徒困境模型为研究这类讯息错误的影响提供了条件。霍兰德曾把这种模型比作"飞行模拟器"[1]，可以用来验证人们的思想和改进人们的认识。

1."霍兰德曾把这种模型比作'飞行模拟器'": Holland, J. H., *Emergence: From Chaos to Order*. Perseus Books, 1998, p.243。

为新技术带来灵感。囚徒困境的研究结果 —— 例如，合作得以产生和维持的条件 —— 就被用来帮助改进P2P网络[1]和在电子商务中防止欺诈[2]，类似的应用还有很多。

引出数学理论。一些人利用囚徒困境的计算机仿真结果研究合作产生条件的通用数学理论。最近的一个例子就是诺瓦克在题为《合作进化的5条规则》的文章中所做的工作。[3]

从囚徒困境这样的理想模型中得出的结论能否用于改进政府外交策略或全球变暖等问题的政策决策呢？用理想模型研究各种政策效果的想法很有吸引力，事实上，囚徒困境及其相关模型对政策分析的影响已经很大了。

举个例子，新能源金融（New Energy Finance）是专为全球变暖问题提供咨询的公司，这家公司最近公布了一份报告，[4] 题为《如何拯救地球：友善、报复、宽恕、明确》。报告中认为气候变化问题就是多方多回合的囚徒困境问题，各个国家可以选择合作（减少碳排放，代价是经济受损）或是不合作（什么也不做，目前来看省了钱）。这个

1."被用来帮助改进P2P网络"：例如，Hales, D. & Arteconi, S., SLACER：A Self-Organizing Protocol for Coordination in Peer-to-Peer Networks. *IEEE Intelligent Systems*，21（2），2006，pp.29–35。
2."在电子商务中防止欺诈"：例如，参见Kollock, P., The production of trust in online markets. 收录在E.J.Lawler，M.Macy，S.Thyne，& H.A.Walker（编辑），*Advances in Group Processes*，Vol. 16. Greenwich，CT：JAI Press，1999。
3."诺瓦克在题为《合作进化的5条规则》的文章中所做的工作"：Nowak, M. A., Five rules for the evolution of cooperation. *Science*，314（5805），2006，pp.1560–1563。
4."新能源金融……最近公布了一份报告"：Liebreich, M., How to Save the Planet：Be Nice, Retaliatory，Forgiving，& Clear. White Paper，New Energy Finance, Ltd.，2007。（http://www.newenergyfinance.com/docs/Press/NEF_WP_Carbon-Game-Theory_05.pdf）

博弈会反复进行，不断缔结新的规范碳排放的协议和公约。报告认为，各国政府和国际组织的政策应当采取"友善、报复、宽恕、明确"的原则，正是阿克塞尔罗德在重复囚徒困境中指出的成功所需的条件。

另外，前面介绍了，通过研究规范和元规范的模型，发现规范和元规范对维持合作都很重要。这个结果对政府制定应对恐怖主义、军备控制和环境治理等问题的政策也有影响。[1]诺瓦克和梅的空间囚徒困境模型则告诉人们，在许多问题中——无论是生物多样性的维持和细菌制造新抗生素的效率问题[2]——空间和位置对于促进合作起到的作用。

计算机建模注意事项

> *所有模型都是错的，但是有一些有用。*[3]
>
> —— *伯克斯（George Box）和德雷珀（Norman Draper）*

前面描述的模型都很简单，但是却有力地促进了科学的进步和政策的调整。它们带来了全新的认识，为研究复杂系统提供了新的途径，

1."对政府制定应对恐怖主义、军备控制和环境治理等问题的政策也有影响"：例如，参见 Cupitt，R.T.，Target rogue behavior，not rogue states.*The Nonproliferation Review*，3，1996，pp.46–54；Cupitt，R.T.& Grillot，S.R.，COCOM is dead，long live COCOM：Persistence and change in multilateral security institutions. *British Journal of Political Science* 27，7，pp.361–389；以及 Friedheim，R.L.，Ocean governance at the millennium：Where we have been，where we should go：Cooperation and discord in the world economy. *Ocean and Coastal Management*，42（9），1999，pp.747–765。

2."生物多样性的维持和细菌制造新抗生素的效率问题"：例如，Nowak，M. A. & Sigmund，K.，Biodiversity：Bacterial game dynamics. *Nature*，418，2002，pp.138–139；Wiener，P.，Antibiotic production in a spatially structured environment. *Ecology Letters*，3（2），2000，pp.122–130。

3."所有模型都是错的，但是有一些有用"：Box，G.E.P.& Draper，N.R.，*Empirical Model Building and Response Surfaces*. New York：Wiley 1997，p.424。

也让我们对怎样建立有用的模型有了更深刻的理解。不过，对于这些模型结果的意义以及它们在真实世界中的应用，却存在着一些夸大其词。因此，科学家应当仔细审视这些模型，弄清楚所得到的结果的普遍性。最好的方法就是看看这些结果是不是可重复。

在天文学或化学这样的实验科学中，所有重要的实验都必须是可重复的，也就是说其他科学家如果进行同样的实验要能得出同样的结果。如果实验结果没有人能重复，就不会（也不应当）被采信。不计其数的科学观点都是因为他人无法重复而被判了死刑。

计算机模型也必须是可重复的 —— 也就是说，其他人重新构造所提出的模型要能得到同样的结果。阿克塞尔罗德就极力拥护这种观点，他写道："可重复性是科学积累的基石。[1] 必须确认得到的仿真结果是否可靠，也就是说可以从头进行复制。如果没有进行确认，所发表的结论中有些就有可能只不过是程序错误导致的，歪曲了所仿真的对象，或是分析结果存在错误所致。可重复性对于检验模型结论的稳健性也很有用。"

大部分研究者从内心接受这样的观点，尝试重复了许多著名的囚徒困境仿真。这其中也产生了一些有趣甚至出人意料的结果。

1995年，胡伯尔曼（Bernardo Huberman）和格兰斯（Natalie

---

1. "可重复性是科学积累的基石"：Axelrod R.，Advancing the art of simulation in the social sciences. 收录在 Conte，R.，Hegselmann，R.，Terna，P.（编辑），Simulating Social Phenomena.(Lecture Notes in Economics and Mathematical Systems 456). Berlin：Springer-Verlag，1997。

Glance）重复了诺瓦克和梅的空间囚徒困境模型。[1] 他们的仿真只有一处改动。在原来的模型中，每一步格子上所有策略的博弈都同时进行，然后再在邻居中选择适应度最高的策略。（诺瓦克和梅必须在非并行计算机上模拟这种并行性。）胡伯尔曼和格兰斯则让一些博弈可以异步进行 —— 也就是说，一些策略先进行博弈并选择，然后另一些策略再接着做，这样轮着来。这样简单的变化，应该说是让模型更符合实际了，他们却发现结果经常是整个网格中合作者完全被不合作者取代。穆科吉（Arijit Mukherji）、拉詹（Vijay Rajan）和斯莱格勒（James Slagle）也独立得到了类似的结果。[2] 他们还发现，只要存在一点失误或是欺骗（例如，合作者无意或是有意地背叛），合作就无法继续。诺瓦克、梅和他们的合作者博恩霍艾弗（Sebastian Bonhoeffor）则回应说，[3] 这样的改变只有在收益矩阵取一定的值时才会导致合作者消失，而在其他情况下则不会，至少在很长的时间内都不会消失。

2005 年，加兰（Jose Manuel Galan）和利兹奎尔多（Luis Izquierdo）发表了他们重复阿克塞尔罗德的规范和元规范模型实验的

---

1. "胡伯尔曼和格兰斯重复了诺瓦克和梅的空间囚徒困境模型"：Huberman，B.A.& Glance，N.S.，Evolutionary games and computer simulations. *Proceedings of the National Academy of Science*，USA，90，1993，pp.7716-7718。

2. "穆科吉、拉詹和斯莱格勒也独立得到了类似的结果"：Mukherji，A.，Rajan，V.，& Slagle，J.R.，Robustness of cooperation. *Nature*，379，1996，pp.125-126。

3. "诺瓦克、梅和他们的合作者博恩霍艾弗则回应说"：Nowak，M.A.，Bonhoeffer，S.，& May，R.M.，Spatial games and the maintenance of cooperation. Proceedings of the National Academy of Sciences，USA，91，1994，pp. 4877-4881；Nowak，M.A.，Bonhoeffer，S.，& May，R.M.，Reply to Mukherji et al. *Nature*，379，1996，p.126。

结果。[1] 在阿克塞尔罗德的实验后已经过去了20年，计算机的性能已得到大幅提升，他们可以让仿真运行更多的周期，也可以彻底研究如果改变收益矩阵、变异概率等条件会导致什么结果。他们的结果与阿克塞尔罗德的一些结果相吻合，但也有一些结果相当不同。例如，他们发现虽然元规范在短期内会促进和维持合作，但如果仿真很长时间，不合作者最终还是会占据优势。他们还发现结果对收益矩阵等条件相当敏感。

我们应当怎样理解这一切呢？我认为就像伯克斯和德雷珀说的：所有模型都是错的，但是有一些对于尝试研究极为复杂的系统却很有用。独立的重复实验能够发现理想模型中隐藏的一些不切实际的假设和对某些参数的敏感性。当然重复实验本身也应当被重复检验，就像实验科学一样。最后，建模者也必须明确指出模型的局限性，以免模型的结果被误读，生搬硬套，或是过分渲染。我用囚徒困境的模型作为例子来说明这些观点，其他复杂系统的简化模型同样应当注意这些。

最后借用一段物理学家安德森（Phillip Anderson）在1977年诺贝尔奖授奖仪式上讲的一段话（他也是建模的先驱）：

> 建模的艺术就是去除实在中与问题无关的部分，[2] 建模者和使用者都面临一定的风险。建模者有可能会遗漏至关

1."加兰和利兹奎尔多发表了他们重复阿克塞尔罗德的规范和元规范模型实验的结果": Galan, J.M.& Izquierdo, L. R., Appearances can be deceiving: Lessons learned re-implementing Axelrod's 'Evolutionary Approaches to Norms.' *Journal of Artificial Societies and Social Simulation*, 8(3), 2005。(http://jasss.soc.surrey.ac.uk/8/3/2.html)

2."建模的艺术就是去除实在中与问题无关的部分": Anderson, Nobel Prize acceptance speech, 1977。

重要的因素；使用者则有可能无视模型只是概略性的，意
在揭示某种可能性，而太过生硬地理解和使用实验或计算
的具体结果样本。

在爱希莉亚[1]，城的生命是靠各种关系维持的。为了建立这些关系，它的居民从房子的角落拉起绳子，或白或黑或黑白相间，视关系的性质——血缘、贸易、权力、代表——而定。绳子愈来愈多，到了走路都通不过的时候，居民就会离开：只留下绳子和系绳子的东西。

带着财产露宿的爱希莉亚难民，从山边回望平原上那竖起木柱和绷紧绳索的迷宫，它仍然是爱希莉亚城，而他们则不算什么。

他们在另一个地方再建爱希莉亚。他们织起另一张类似的绳网，希望它比以前那一张更精细更有规律。后来他们又放弃了，把房子搬到更远的地方。

因此，在爱希莉亚境内旅行的时候，你会看到一些被舍弃的城的废墟，不耐用的墙已经失踪了，死去的骸骨也被风卷走了：一些纠缠不清的关系的蛛网在寻找形式。

——卡尔维诺（Italo Calvino），
《看不见的城市》（*Invisible Cities*）

4
网络

---

1. "在爱希莉亚"：引自 Calvino，I. Invisible Cities. New York：Harcourt Brace Jovanovich，1974，p.76。（英文翻译 W. Weaver）

第 15 章
网络科学 [1]

小世界

　　我住在俄勒冈州波特兰，这个市区大约有200万人。我在波特兰州立大学（Portland State University，PSU）任教，学校有将近25000名学生，超过1200名教师。几年前，我们家换了新房子，离学校较远。有一次我同我们的新邻居桃乐茜聊天，她是位律师。我告诉她我在波特兰州立大学教书。她说："不知道你认不认识我父亲。他叫乔治·勒恩达理斯（George Lendaris）。"我很吃惊。勒恩达理斯是我在PSU的同事，整个学校只有三四个老师研究人工智能，其中就包括我们俩。就在前天，我还和他见了面，讨论合作申请经费。这世界真小！

　　几乎所有人都有过这种"小世界"经历，很多比我遇到的更具戏剧性。我丈夫高中最好的朋友和我在人工智能课上采用的课本的作者是堂兄弟。在圣塔菲住在离我三栋房子里的一位女士是我在洛杉矶的高中英语老师的好友。我相信你也有过类似的经历。

---

1. "网络科学"：本章部分内容源自Mitchell，M.，Complex systems：Network thinking. *Artificial Intelligence*，170（18），2006，pp.1194-1212。

　　这种出人意料的关系到底有多常见呢？ 20世纪50年代，哈佛大学的心理学家米尔格兰姆（Stanley Milgram，图15.1）对这个问题产生了兴趣，他想弄清在美国一个人平均要通过几个熟人关系才能到达另一个人。他设计了一个实验，实验中一些普通人被要求将一封信寄给一位陌生人，他可以将信交给他认为最有可能将信送达的熟人，熟人又转交给熟人的熟人，直到信通过熟人关系形成的链条送到收信人手中。

　　米尔格兰姆在报纸上刊登广告，在堪萨斯州和内布拉斯加州招募了一群"发信人"，告诉他们"收信人"的姓名、职位和所在城市，发信人要把信送给他不认识的这位收信人。米尔格兰姆选择的收信人中，有一个例子是波士顿的一位股票经纪人，还有一个例子是坎布里奇（Cambridge）附近一位神学学生的妻子。发信人被要求将信送给他认识的某位熟人，再请这位熟人继续传送。传送过程被记录在信上，如果信送到了收信人手里，米尔格兰姆就计算信经过了几个熟人关系。米尔格兰姆记述了一个例子[1]：

　　　　在信封被交给堪萨斯州一位发信人4天后，圣公会神学院的一位教师在街上拦住了我们的收信人。他将一个牛皮信封塞给她："爱丽丝，这是你的。"一开始她以为这是一封没有送到发信人手里被退回来的信，从没有离开过坎布里奇，但是当我们看上面的记录时，我们惊喜地发现信是堪萨斯州的一位农夫寄来的。他将信交给了他们当地圣

"米尔格兰姆记述了一个例子"：引自Milgram, S., The small-world problem. *Psychology Today*, 1, 1967, pp. 61-67。

公会的牧师，这位牧师又将信寄给了在坎布里奇任教的这位牧师，这位牧师再将信交给了收信人。这样从发信人经过两个熟人关系就到了收信人！

图15.1 米尔格兰姆（1933—1984）(Eric Kroll摄影，经亚历山德拉·米尔格兰姆夫人许可使用）

在这项著名的实验中，米尔格兰姆发现，在送达的信件中，从发信人平均经过5个熟人就送到了收信人的手中。这个发现后来广为人知，被称为"六度分隔（six degrees of separation）"。

后来心理学家柯兰菲尔德（Judith Kleinfeld）研究发现，[1] 米尔格兰姆的发现被曲解了 —— 事实上，大部分信件从没有到达收信人手中，而在米尔格兰姆的其他研究中，到达收信人的信件经过的平均熟人关系也不止5个。然而，六度分隔的小世界思想还是成了我们文化的传奇[2]。正如柯兰菲尔德指出的：

> 当人们发现出人意料的社会关系时[3]，很有可能会印象深刻……在理解自然界的巧合时，我们的数学水平不高，直觉也不咋样。

那这到底是不是一个小世界呢？这个问题最近又受到很多关注，不仅仅是社会网络，还涉及其他各种网络，包括活细胞中的代谢网络和遗传调节网络，以及增长迅猛的万维网。过去十年中，这些网络的问题吸引了无数复杂系统研究者，从而产生了所谓的"网络新科学"[4]。

网络新科学

你肯定看到过类似于图15.2这样的网络图。这是大陆航空（Continental Airlines）在美国的航线图。点（或节点）代表城市，线（或连接）代表城市之间的航班。

---

1. "后来心理学家柯兰菲尔德研究发现"：参见 Kleinfeld, Could it be a big world after all? *Society*, 39, 2002。
2. "我们文化的传奇"：Kleinfeld, J.S., Six degrees: Urban myth? *Psychology Today*, 74, March/April 2002。
3. "当人们发现出人意料的社会关系时"：Kleinfeld, J.S., Could it be a big world after all? The "six degrees of separation" myth. *Society*, 39, 2002。
4. "'网络新科学'"：例如，Barabási, A.-L., Linked: *The New Science of Networks*. Cambridge, MA: Perseus, 2002。

　　许多自然、技术和文化现象经常被描述为网络，航线图就是一个明显的例子。大脑是神经元通过突触连接起来的巨大网络。细胞中的遗传活动是受由基因通过调节蛋白质连接起来的复杂网络控制。社会则是由各种各样的关系连接起来的人（或组织）组成的网络。万维网则更是现代社会的典型网络。在国家安全领域，识别和分析可能的"恐怖分子网络"是很重要的工作。直到不久前，网络科学都不被视为一个研究领域。数学家研究抽象网络结构的学科被称为"图论"，神经科学家研究神经网络，流行病学家研究疾病通过人际网络的传播。像米尔格兰姆这样的社会学家和社会心理学家则研究社会网络的结构。经济学家研究经济网络的行为，例如技术革新在商业网络中的传播。航空公司主管则研究图15.2这样的网络，想找到在一定条件下能获得更多利润的网络结构。他们基本上都是各干各的，通常都互相不知道其他人的工作。

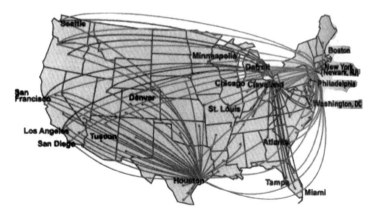

图15.2　大陆航空公司航线简图（图片来自NASA虚拟天空；http://virtualskies.arc.nasa.gov/research/tutorial/tutorial2b.html）

　　不过，近十年来，越来越多的应用数学家和物理学家开始着迷于研究一系列操控所有自然、社会和技术网络的普适原理。这股网络研究浪潮是由20世纪90年代末的两篇重要文章[1]引发的：邓肯·瓦特（Duncan Watts，图15.3）和斯托加茨（Steven Strogatz，图15.4）的《'小世界网络'的集体动力学》，以及巴拉巴西（Albert-László Barabási，图15.5）和艾伯特（Réka Albert）的《随机网络中标度的涌现》。这两篇文章分别发表在世界上最著名的科学期刊《自然》和《科学》上，很快就引起了巨大反响。关于网络的各种新发现迅速涌现。

图15.3 邓肯·瓦特（经邓肯·瓦特许可使用）

　　网络科学的兴起恰逢其时。对各种网络的共性的研究，无论是仿

---

1. "20世纪90年代末的两篇重要文章": Watts, D. J. & Strogatz, S. H., Collective dynamics of 'small world' networks. *Nature*, 393, 1998, pp. 440 – 442；Barabási, A.-L. & Albert, R., Emergence of scaling in random networks, *Science*, 286, 1999, pp. 509 – 512。

真还是统计大量真实数据，都只有在计算机的速度足够快之后才可能做到。在20世纪90年代，条件成熟了。不仅如此，随着万维网在社会、商业和科学网络中越来越普及，大量数据都能很容易地得到。

　　此外，许多非常聪明的物理学家已经厌倦了越来越抽象的现代物理学，想要研究点别的东西。网络既包含数学和复杂系统动力学，又与现实世界相关，因此成为理想的研究对象。就像邓肯·瓦特说的（他自己是应用数学家和社会学家），"一大群饥肠辘辘的物理学家[1]兴奋地循着新问题的香味涌来"。

图15.4　斯托加茨（经斯托加茨许可使用）

---

1. "一大群饥肠辘辘的物理学家"：Watts，D.J.，*Six Degrees：The Science of a Connected Age*. New York：W. W. Norton & Co，2003，p.32。

图15.5 巴拉巴西（经巴拉巴西许可使用）

这些聪明人掌握了合适的数学工具，能够将复杂问题简单化，同时又不丢掉本质特征。一些从物理学家转型而来的网络科学家已经成为这个领域的领导者。

也许最重要的是，这些科学家逐渐意识到，各种高度复杂的网络系统对人类生活和福祉的影响越来越大，迫切需要有新的思想和方法 —— 真正全新的思考方式 —— 来帮助理解它们。

巴拉巴西将这种新方法称为"网络思维"，并认为"网络思维将渗透到人类活动和人类思想的一切领域"[1]。

1."网络思维将渗透到人类活动和人类思想的一切领域"：Barabási, A.-L. Linked：*The New Science of Networks.* Cambridge, MA：Perseus, 2002, p.222。

什么是网络思维

网络思维意味着关注的不是事物本身，而是事物之间的关系。例如，第7章曾讲过，人类和芥菜都大致有25000个基因，这似乎无法体现人类与这种植物的生物复杂性的差别。近几十年来，一些生物学家提出生物的复杂性主要来自基因之间交互作用的复杂性。在第18章我们会详细讨论这一点，现在知道网络思维的最新成果对生物学有深刻影响就够了。

最近，网络思维还帮助厘清了一些看似无关的科学和技术之谜：为什么生物的生命期与它们的大小基本上遵循一个简单的函数？为什么谣言和笑话传播得如此之快？为什么电网和万维网这样大规模的复杂网络有时候非常稳健，有时候却又容易出现大范围崩溃？什么样的事件会让本来很稳定的生态群落崩溃？

这些问题看似毫不相干，网络科学家却认为答案反映了各种网络的共性。网络科学的目的就是提炼出这些共性，并以它们为基础，用共同的语言来刻画各种不同的网络。同时网络科学家也希望能理解自然界中的网络是如何发展而来的，以及它们是如何随时间变化的。对网络的科学理解不仅会改变我们对各种自然和社会系统的理解，同时也会帮助我们更好地规划和更有效地利用复杂网络，包括更好的网络搜索和万维网路由算法，控制疾病传播和有组织犯罪，以及保护生态环境。

到底什么是"网络"

要科学地研究网络，我们必须精确地定义网络的意义。用最简单的话说，网络是由边连接在一起的节点组成的集合。节点对应网络中的个体（例如神经元、网站、人），边则是个体之间的关联（例如突触、网页超链接、社会关系）。

图15.6展示了一部分我自己的社会网络 —— 一些我最密切的朋友以及他们的一些最密切的朋友，总共19个节点。（当然大部分"真实的"网络比这个要大得多。）初看上去，这个网络就像一团乱麻。然而，如果你仔细看一下，就会在这一团乱麻中发现一些结构。有一些联系紧密的群体 —— 这不奇怪，我的一些朋友相互之间也是朋友。例如，David、Greg、Doug和Bob相互连接，Steph、Ginger和Doyne也是这样，我自己则是这两个群体之间的桥梁。不了解我的历史的人可能也猜得出这两个朋友"群体"与我的不同兴趣或不同的人生阶段有关。（两个答案都正确。）

你可能还注意到一些人有很多朋友（例如我自己、Doyne、David、Doug、Greg），一些人则只有一个朋友（例如Kim、Jacques、Xiao）。这是因为这个网络不完整，但是在大型社会网络中，总是有一些人有许多朋友，有一些人则朋友较少。

网络科学家创造了一些术语来描述各种类型的网络结构。网络中存在的内部联系紧密、外部较松散的群体被称为集群（clustering）。进出一个节点的边的数量称为这个节点的度（degree）。例如，我的

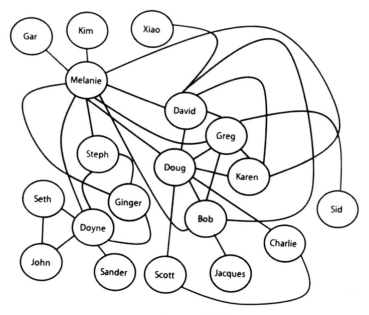

图15.6 一部分我自己的社会网络

度就是10，是所有节点中最高的。Kim的度为1，与其他5个人一起是最低的。借助这些术语，我们可以说网络中有少数高连接度的节点，以及大量低连接度的节点。

在图15.7的网络度分布中，这一点可以看得很清楚。横坐标为度，长条的高度则对应具有这个度的节点的数量。例如，有6个节点的度为1（第一个长条），有1个节点的度为10（最后一个长条）。

从图中可以清楚看到大量节点具有低连接度，少量节点具有高连接度。在社会网络中，这表明大部分人的朋友相对较少，极少的人具

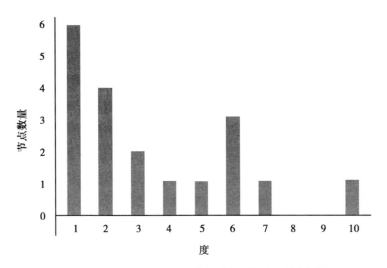

图15.7 图15.6中的网络的度分布。图中的长条代表具有相应度数的节点的数量

有很多很多朋友。类似的,在万维网上,少数网站极受欢迎(很多网站都有链接指向这些网站),例如有超过7500万个链接指向谷歌,而大部分网站则几乎没什么知名度 —— 例如只有123个链接指向我自己的网站[1](其中大部分可能都来自搜索引擎)。

高连接度的节点被称为中心节点(hub),它们是网络中主要的信息或行为的传递渠道。图15.2显示了大多数航空公司在20世纪80年代解除管制后采用的中心节点系统:各家航空公司都选择特定的一些城市作为中心节点,大部分航班都经过这些城市。如果你曾坐大陆航空的航班从美国西部飞到东海岸去,你可能就会在休斯敦转机。

1.“123个链接指向我自己的网站”:本章用到的所有网站入链接数据都来自网页http://www.microsoft-watch.org/cgi-bin/ranking.html。这个数据只包括来自网站外部的入链接。

网络科学家发现，他们研究过的自然、社会和技术网络中，大部分都具有这些特征：高度的集群性、不均衡的度分布以及中心节点结构。这些特征的出现显然不是偶然的。如果我将节点随机连接起来生成一个网络，则所有节点的度数都会差不多，得到的度分布就不会像图15.7那样。同样的，网络中也不会有中心节点和小的集群。

为什么现实世界中的网络会具有这些特征呢？这是网络科学的主要问题，目前基本上已经通过建立网络的发展模型解决了。其中有两类模型被深入地进行了研究，分别是小世界网络（small-world networks）和无尺度网络（scale-free networks）。

小世界网络

米尔格兰姆的实验也许不能证明我们的社会是一个小世界，但我的社会网络（图15.6）的确是个小世界。从一个节点出发，用不了几步就能到达其他任何节点。Gar只需3步就能到达Charlie，John只需4步就能到达Xiao，虽然他们从未谋面（据我所知是这样）。在我的网络中人们最多相隔4度。

应用数学家和社会学家邓肯·瓦特与应用数学家斯托加茨率先从数学上定义了小世界网络的概念[1]，并且研究了怎样的网络结构会具有这种特性。（他们对网络的抽象研究的灵感来源出人意料：来自对蟋蟀如何同步鸣叫的研究。）瓦特和斯托加茨从一个最简单的"规

1."从数学上定义了小世界网络的概念"：参见 Watts，D.J.& Strogatz，S.H.，Collective dynamics of 'small world' networks. *Nature*，393，1998，pp.440-442。

则"网络开始：由60个节点组成的一个环，如图15.8所示。每个节点与相邻的两个节点相连，像一个初等的元胞自动机。为了确定网络的"小世界"程度，瓦特和斯托加茨计算了网络的平均路径长度。两个节点之间的路径长度就是两个节点之间最短路径的边的数量。平均路径长度则是网络中所有节点对之间的路径长度的平均值。结果图15.8中的规则网络的平均路径长度为15[1]。如果玩传话游戏，要与坐在对面的人沟通会需要很长时间。

图15.8　规则网络的例子。这个网络是由节点组成的一个环，每个节点都与相邻的两个节点相连

瓦特和斯托加茨想知道，如果我们对这样的规则网络稍加改动，将少量与相邻节点连接的边改成长距离连接，平均路径长度会受到怎样的影响呢？他们发现，影响相当剧烈。

图15.9是对图15.8网络中5%的边（3条）进行重连后得到的网

---

1. "结果图15.8中的规则网络的平均路径长度为15"：这个值是用公式 $l = N/2k$ 计算得出。其中 l 是平均路径长度，N 是节点数量，k 是各节点的连接度（这里是2）。参见 Albert, R.& Barabási, A-L., Statistical mechanics of complex networks.*Reviews of Modern Physics*, 74, 2002, pp.48-97。

络，重连时3条边的一端被解开，重新连接到一个随机选择的节点上。

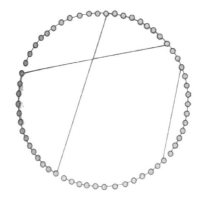

图15.9　将3条边随机重连，使得图15.8的规则网络变成了小世界网络

　　重连后的网络与原来的规则网络的边数量一样多，但是平均路径长度一下就降到了9左右[1]。瓦特和斯托加茨发现，节点数量越多，这个效应越明显。例如，如果是有1000个节点的规则网络，平均路径长度是250，如果5%的边重连，平均路径长度会一下降到20。瓦特说："只需很少的随机连接就能产生很大的效应[2]……不管网络的规模多大，前5个随机重连会将平均路径长度平均减少一半。"

　　这解释了小世界性[3]：一个网络如果只有少量的长程连接，相对于节点数量来说平均路径却很短，则为小世界网络。小世界网络也经常

1."平均路径长度一下就降到了9左右"：这个值是根据以下文献给出的结果估计，Newman, M.E.J., Moore, C., & Watts, D.J., Mean-field solution of the small-world network model. *Physical Review Letters*, 84, 1999, pp.3201-3204。

2."只需很少的随机连接就能产生很大的效应"：Watts, D.J., Six Degrees: *The Science of a Connected Age*. New York: W.W.Norton, 2003, p.89。

3."小世界性"：小世界性的正式定义是这样，即使长程连接相对较少，在平均连接度不变的情况下，两个节点之间的最短路径长度（跨越的边的数量）会随网络大小 n 呈对数增长或更低。

表现出高度的集群性：任选3个节点A、B、C，如果节点A与节点B和
C相连，则B与C也很有可能相连。这在图15.9中不明显，因为这个
网络中大部分节点都只与两个相邻节点相连。但如果网络更贴近真实，
也就是说节点与更多节点相连，则集群性会很高。我自己的社会网络
就是一个例子 —— 我的朋友的朋友也很有可能是我的朋友。

　　瓦特和斯托加茨还研究了3个真实世界中的网络，结果表明它
们都具有小世界性。一个是电影演员网络。在这个网络中，节点代表
演员；如果两个演员出现在同一部电影中，例如汤姆·克鲁斯和马克
斯·冯·赛多（《少数派报告》，*Minority Report*），卡梅隆·迪亚兹和朱
莉娅·罗伯茨（《我最好朋友的婚礼》，*My Best Friend's Wedding*），则
相应的两个节点就相互连接。这个网络因著名的"凯文·贝肯游戏"[1]
（Kevin Bacon game）而受到关注，游戏参与者尝试在网络中寻找任
意一位电影演员与多产的电影明星凯文·贝肯的最短路径。一般来说，
如果你是演电影的，与凯文·贝肯之间的路径很长，就说明你在演艺
界混得不好。

　　第二个例子是美国西部电网。网络中的节点代表电网的主要组成
部分：电厂、变压器、变电站。边代表它们之间的高压输电线。第三
个例子是线虫的神经网络，节点代表神经元，边则代表神经元之间的
连接。（瓦特和斯托加茨很幸运，神经学家已经绘制出了这种低等生
物的所有神经元和连接。[2]）

---

1. "凯文·贝肯游戏"：参见，例如，http://en.wikipedia.org/wiki/Six_Degrees_of_Kevin_Bacon。
2. "神经学家已经绘制出了这种低等生物的所有神经元和连接"：更多信息参见 Achacoso，T.B.&
Yamamoto，W.S.，*AY's Neuroanatomy of C. Elegans for Computation*. Boca Raton，FL：CRC
Press，1991。

很难想象电影明星与电力系统之间存在共性，更不要说线虫的脑神经，但瓦特和斯托加茨的研究表明它们实际上都是小世界网络，平均路径很短，具有高度的集群性。

瓦特和斯托加茨1998年发表的著名文章 ——《"小世界网络"的集体动力学》—— 引发了网络科学的研究浪潮。科学家们在现实世界中发现了越来越多的小世界网络，在下一章我们将介绍其中一部分。自然、社会和技术演化产生的许多生物、群体和产品似乎都具有这种结构。这是为什么呢？有假说认为至少有两种相互矛盾的选择压力导致了这种结果：在系统内快速传播信息的需要，以及产生和维持可靠的远程连接的高成本。小世界网络具有较短的平均路径长度，同时又只需相对较少的长程连接，从而解决了这两个问题。

进一步的研究表明，根据瓦特和斯托加茨提出的方法 —— 从规则网络开始，对一小部分边进行随机重连 —— 产生的网络与许多真实世界网络的度分布并不一样[1]。很快不同的网络模型就被提了出来，其中就包括无尺度网络 —— 一种更类似现实世界网络的小世界网络。

无尺度网络

你肯定搜索过万维网，你也很有可能将谷歌作为你的搜索引擎。（如果你读这本书的时间离我写书的2008年已经过去了很久，流行的

---

1. "产生的网络与许多真实世界网络的度分布并不一样"：瓦特-斯托加茨模型产生的网络连接度呈指数分布，而大多数真实世界中的网络连接度是呈幂律分布的。细节参见 Albert，R.& Barabási，A-L.，(2002). Statistical mechanics of complex networks. *Reviews of Modern Physics*，74，2002，pp.48-97。

也许是新的搜索引擎。)在谷歌出现之前,搜索引擎的做法是在一张索引上搜索你查询的单词,索引将所有可能的英文单词对应到包含有这个单词的网页的列表。比如,如果你用"apple(苹果)records(唱片、记录)"这两个单词进行搜索,搜索引擎会列出包含这两个单词的所有网页,根据这些单词的出现次数进行排序。你可能会得到华盛顿州苹果的历史价格网页,或是塔斯马尼亚大苹果赛的最快时间记录,或是甲壳虫乐队1968年的著名唱片的网页。当时在一大堆不相关的网页中寻找你想要的信息是一件让人充满挫折感的事情。

20世纪90年代,谷歌改变了这一切。谷歌提出了一种革命性的思想,用一种称为"网页排名(PageRank)"的方法对网页搜索结果进行排序。其中的思想是网页的重要性(和可能的相关性)与指向这个网页的链接数量(入连接的数量)有关。例如,在我写下这些的时候,《美国西部果农》报道2008年苹果价格的网页[1]有39个入连接,关于塔斯马尼亚大苹果赛信息的网页[2]有47个入连接。甲壳虫乐队官网(www.beatles.com)有大约27000个入连接。在搜索"apple records"时这个网页位于列表前面。在搜索到的近100万个网页中,另两个网页则远远排在后面。最初的网页排名的思想非常简单,但它极大地改善了搜索引擎,与搜索单词最相关的网页通常都位于列表的前面。

如果我们将万维网看作一个网络,节点是网页,边是网页之间的

1."报道2008年苹果价格的网页":http://www.americanfruitgrower.com/e_notes/page.php?page=news。
2."关于塔斯马尼亚大苹果赛信息的网页":http://www.huonfranklincottage.com.au/events.html。

超链接,我们就能发现网页排名之所以有效是因为这个网络具有特定的结构:同典型的社会网络一样,大部分网页为低连接度(入连接相对较少),极少部分网页具有高连接度(入连接相对较多)。此外,网页之间的入连接数量差别很大,这样才使得排名有意义——能真正对网页进行区分。换句话说,万维网具有前面描述的那种度分布和中心节点结构。而且它也具有高度的集群性——一些网页"群体"内部相互连接。用网络科学的术语说,万维网是无尺度网络。这在最近的复杂系统研究中是最热门的话题,因此我们来稍加深入地了解一下万维网的度分布,以及无尺度到底指的是什么。

万维网的度分布

怎样分析万维网的度分布呢?万维网连接有两种:入连接和出连接。如果我的网页有一个链接指向你的网页,而你却没有指向我,则我有一个出连接而你则有一个入连接。我们必须明确考虑的是哪种连接。最初的网页排名算法只关注入连接而忽略出连接——在我们的讨论中也是一样。我们将网页的入连接数量称为网页的入度(in-degree)。

这样问题就是万维网的入度分布是怎样的?要考虑所有的网页和入连接极为困难——并不存在完整的列表,而且不断有新的连接产生,旧的连接消失。不过一些网络学家还是通过采样和巧妙的网络爬虫(Web-crawling)技术得到了近似结果。对网页总数的估计各种各样;2008年时,我看到的估计从1亿到100亿都有,而且显然网页数量还在迅速增长。

几个研究团体都发现网页入度分布可以用非常简单的规则来描述：具有某一入度的网页数量大致正比于入度的平方的倒数。如果用字母k表示入度。则（在文献中对于k的指数的具体数值有些分歧，但是都接近2——细节见注释）这个规则实际上只适用于[1]入度（k）为数千或更大的情形。

$$\text{入度为}k\text{的网页数量正比于}\frac{1}{k^2}。$$

为了解释为何万维网是"无尺度"，我用三种不同的尺度画出了遵循上面的规则的入度分布（图15.10）。第一幅图画了9000个入度对应的分布，从1000开始，这是规则开始变得相当精确的地方。类似于图15.7，横轴为1000—10000的入度值，纵轴标示的长条高度则是各入度值的频率（具有相应入度的网页数量）。长条太多以至于形成了一整块黑色区域。

图中给出的并不是频率的真实值，因为我想强调图形的形状（据我所知，也没有人对实际频率有很好的估计）。图中可以看到入度k为1000的网页相对较多，随着入度增大，频率下降很快。在$k=5000$和$k=10000$之间，网页数量已经很少了，对应的长条高度已基本接近0。

如果我们改变尺度，将这片"基本接近0"的区域放大，会怎么样呢？第二幅图绘制了$k=10000$到$k=100000$之间的入度分布。我改

1."这个规则实际上只适用于"：网页的入度分布基本符合幂律$k^{-2.3}$，下限$k_{\min}=3684$［参见 Clauset, A., Shalizi, C. R., & Newman, M. E. J., Power-law distributions in empirical data. Preprint, 2007（http://arxiv.org/abs/0706.1062）。］为了便于讨论，这一章中将式子简化近似为k^{-2}；$k^{-2.3}$分布的图与这一章给出的图非常相似。

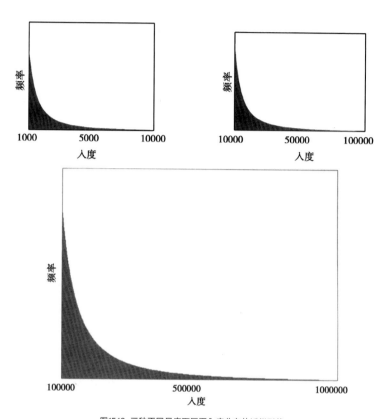

图15.10 三种不同尺度下网页入度分布的近似形状

变了图形的尺度，让 $k = 10000$ 处与前一幅图中 $k = 1000$ 处的长条高度相等。在这个尺度下，入度为 $k = 10000$ 的网页数量相对较多，在 $k = 50000$ 和 $k = 100000$ 之间的长条高度则"基本接近 0"。

但还有一点很惊人 —— 除了坐标轴上的数字不同，第二幅图与第一幅图是一样的。第一幅图画了 9000 个值的分布，而第二幅图画了 90000 个值的分布，足足大了一个数量级。

第三幅图中可以看到在更大的尺度上仍然有相同的现象。k 为 100000 到 1000000 之间，画出的分布形状仍然是一样的。

这样的分布被称为是自相似的，因为不管在哪种尺度上进行绘制，形状都是一样的。说得更专业一点，就是"在不同尺度下具有不变性"。这就是无尺度一词的由来。自相似这个词可能会让你觉得似曾相识。因为在第 7 章讨论分形时我们见过它。这里与分形确实有一些联系，到第 17 章我们再来详细讨论。

无尺度分布和钟形曲线

无尺度网络没有"特征尺度"。要解释这一点，最好的办法是将无尺度分布与另一种著名的分布 —— 钟形曲线 —— 进行比较。

假设我们绘制全世界成年人身高的分布。世界上最矮的（成年）人大约是 70 厘米，最高的人则大约是 270 厘米。成年人的平均身高大约是 165 厘米，而且大部分人的身高介于 150 — 200 厘米之间。人类身高分布大致像图 15.11 那样。画出来的曲线像一座钟，钟形曲线也因此而得名。很多东西的分布都接近钟形曲线 —— 身高、体重、考试成绩、篮球赛得分、各种物种的数量，等等。自然界中有许多量都遵循这种分布，因此钟形曲线也被称为正态分布。正态分布有特定的尺度 —— 比如，身高是 70 — 270 厘米，考试成绩是 0 — 100 分。在正态分布中，平均值同时也是频率最高的值，例如 165 厘米既是身高平均值也是最常见的值。大部分取值与平均值相差不大 —— 分布相当单一。如果网页的入度值是正态分布，网页排名就不会起作用，因为几乎所有网页的入连接都差不多。甲壳虫乐队的官网与其他包含"apple records"的网页的入连接数量就会相差不大，因而无法用来区分可能的相关程度。

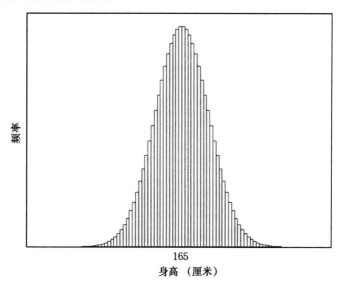

图15.11 人类身高的钟形曲线分布

幸运的是（对谷歌的股东来说尤其如此），网页的度分布是无尺度而不是钟形曲线。无尺度网络有4个显著特征：①相对较少的节点具有很高的度（中心节点）；②节点连接度的取值范围很大（度的取值多样）；③自相似性；④小世界结构。所有的无尺度网络同时也具有小世界特性，但不是所有具有小世界特性的网络都是无尺度网络。

说得专业一点，无尺度网络一定遵循连接度幂律分布。前面已经讲了，网页的入度分布大致是：

$$入度为 k 的网页数量正比于 \frac{1}{k^2} 。$$

你可能还记得高中数学学过 $\frac{1}{k^2}$ 也可以写成 k^{-2}。即 "指数为 −2 的幂律分布"。类似的，$\frac{1}{k}$ 即（k^{-1}）就是 "指数为 −1 的幂律分布"。幂律分布的形式一般为 x^d，其中 x 是入度这一类的量。描述这种分布的关键是指数 d；不同的指数会产生不同的分布。

在第 17 章我们再深入讨论幂律分布。现在只需记住无尺度网络遵循连接度幂律分布。

网络稳健性

无尺度网络有一个非常重要的特性，在节点被删除时具有稳健性。也就是说，如果随机删除一些节点，不会改变网络的基本特性：仍然会有多样的度分布、很短的平均路径以及很高的集群性，即使删除的节点很多也不会有什么变化。原因很简单：如果随机删除节点，则极有可能删除的是低连接度的节点，因为网络中绝大部分节点都是低连接度节点。删除这种节点对总体的度分布和路径长度的影响很小。万维网就是这样，网络上不断有计算机出故障或是被移除，但是这对万维网的运转不会有明显影响，也不会改变其平均路径长度。类似的，网页和链接也在不断被删除，但网上冲浪不会受到什么影响。

不过，这种稳健性是有代价的：如果删除了中心节点，网络就有可能会失去无尺度特性，并且无法正常运转。例如，芝加哥（航班网络的中心节点）的暴风雪可能会导致全国大面积的航班延误或取消。

谷歌出故障会对整个万维网形成很大冲击。

　　总而言之，无尺度网络对节点的随机删除具有稳健性，但如果中心节点失效或是受到攻击就会非常脆弱。

　　下一章我们将讨论几个具有小世界和无尺度特性的真实网络，以及一些对它们的形成进行解释的理论。

第 16 章
真实世界中的网络

　　网络的思想显然深入人心。我在谷歌学术上搜索了一下,从 2003 年到我写书时的 5 年里,关于小世界或无尺度网络的论文超过了 14000 篇,仅去年一年就有近 3000 篇。我浏览了一下前面约 100 篇论文的标题,发现涉及 11 个不同的学科,既包括物理和计算机,也包括地质学和神经科学。我相信如果继续往后看的话,涉及的学科还会更多。

　　这一章我们来看几个真实世界中的网络,然后讨论一下网络科学的进展对各学科的学者思维方式的影响。

真实世界中的网络

大脑

　　一些研究团队发现的证据表明大脑具有小世界特征。大脑在几个不同的描述层面上都可以视为网络。例如,将神经元作为节点,突触作为边,或者将整个功能区作为节点,将功能区之间的大尺度连接(神经元连接群)作为边。

前一章曾提到，神经学家已经完整绘制了线虫的脑神经网络，并发现线虫的脑是小世界网络。最近，神经学家又绘制出了猫、恒河猴等动物甚至人类的一些高级功能脑区的连接结构，[1] 并且发现这些网络同样具有小世界特性。

为什么进化喜欢具有小世界特性的大脑网络呢？弹性可能是一个重要原因：我们知道神经元会不断死去，但幸运的是，大脑仍然能正常运转。大脑的中心节点则是另一回事：比如海马区（负责短时记忆的网络的中心），如果受到击打或是疾病侵袭，后果将会是毁灭性的。

另外，研究者还猜测，连接度的无尺度分布使得大脑可以在两种大脑行为之间达成最佳妥协：信息在视觉皮层或语言区等局部区域的处理，以及信息的全局处理，例如视觉皮层的信息传递到语言区，或者反过来。

如果每个神经元或是所有功能区相互之间都有连接，在这些连接上传递信号耗费的能量将大得惊人。进化可能选择了能效更高的结构。另外，如果那样大脑的体积也要大得多。另一方面，如果大脑中没有长程连接，则不同区域之间的通信会困难得多。人类的脑容量——以及相应的颅骨大小——似乎在大小上形成了精妙的平衡，要大到足以进行复杂的认知，同时又要小到可以让母亲生下来。有观点认为

---

1. "神经学家又绘制出了猫、恒河猴等动物甚至人类的一些高级功能脑区的连接结构"：例如，参见 Bassett, D. S. & Bullmore, D., Small-world brain networks.*The Neuroscientist*, 12, 2006, pp.512–523；以及 Stam, C. J. & Reijneveld, J.C., Graph theoretical analysis of complex networks in the brain. *Nonlinear Biomedical Physics*, 1(1), 2007, p.3。

正是小世界特性让这种平衡得以达成。

科学家们普遍认为，同步 —— 神经元群不断同时激发 —— 是大脑中信息高效传播的主要机制，而小世界结构极大地促进了这种同步的产生。

基因调控网络[1]

第 7 章曾讲过，人类大约有 25000 个基因，与拟南芥的基因数量差不多。人类之所以比植物复杂，不在于基因数量，而在于基因如何相互作用。

有很多基因的作用就是调控其他基因 —— 即决定受调控的基因是不是表达。一个著名的基因调控的例子就是大肠杆菌乳糖代谢的控制。这种细菌通常以葡萄糖为食，但也能代谢乳糖。细胞要代谢乳糖必须有三种特定的蛋白酶，每种都由单独的基因编码。我们先称这些基因为 A、B 和 C。另外还有一种乳糖抑制蛋白（lactose repressor），能够与基因 A、B、C 结合，从而关闭这些基因。如果在细菌的周围没有乳糖，乳糖抑制蛋白就会不断产生，从而不发生乳糖代谢。但如果细菌突然发现周围没有葡萄糖，而乳糖又很多，乳糖分子就会与乳糖抑制蛋白结合，让其离开基因 A、B 和 C，这些基因就能产生酶，从而进行乳糖代谢。

1."基因调控网络"：对于网络思想应用于基因调控的更多细节，参见 Barabási, A.-L.& Oltvai, Z.N., Network biology：Understanding the cell's functional organization. *Nature Reviews：Genetics*, 5, 2004, pp.101–113。

有些调控机制还要复杂精巧得多，这些调控作用是遗传复杂性的精髓。早在20世纪60年代，考夫曼（Stuart Kauffman）在研究调控机制时就利用了网络的思想（详见第18章）。最近，网络科学家和遗传学家又一起合作发现，至少有一些调控网络接近于无尺度。在调控网络中，节点代表单独的基因，边则代表基因之间的调控关系（如果有的话）。

稳健性对于基因调控网络也很重要。基因转录和调控的过程远不是完美的；它们难免犯错，而且经常受病毒等病原体的侵袭。无尺度结构能让系统基本上不受这些错误影响。

代谢网络

第12章曾讲过，大部分生物的细胞都有上百种代谢途径，代谢途径之间相互作用，形成代谢反应网络。巴拉巴西和他的同事仔细研究了43种生物的代谢网络结构，[1]发现它们都符合幂律分布 —— 也就是说，是无尺度网络。代谢网络中的节点是化学反应物 —— 化学反应的原料和产物。如果某种反应物参与了生成另一反应物的反应，就认为前者连接到后者。例如，在糖酵解这种代谢途径的第二步，葡萄糖-6-磷酸（glucose-6-phosphate）生成果糖-6-磷酸（fructose-6-phosphate），因此在网络中前一反应物有边连接到后一反应物。

---

1. "巴拉巴西和他的同事仔细研究了43种生物的代谢网络结构": Jeong, H., Tombor, B., Albert, R., Oltvai, Z.N., & Barabási, A.-L., The large scale organization of metabolic networks. *Nature*, 407, 2000, pp. 651-654. 其他研究代谢网络结构的例子包括 Fell, D.A.& Wagner, A., The small world of metabolism. *Nature Biotechnology*, 18, 2000, pp.1121-1122; 以及 Burgard, A.P., Nikolaev, E.V., Schilling, C.H., & Maranas, C.D., Flux coupling analysis of genome-scale metabolic network reconstructions. *Genome Research*, 14, 2004, pp. 301-312。

既然代谢网络是无尺度的，就有少数中心节点是许多种反应的产物，涉及许多不同的反应物。结果发现，在所研究的所有生物中，这些中心节点代表的化学物质基本都是一样的 —— 对生命最重要的化学物质。有假说认为，代谢网络之所以演化出无尺度特性，是为了确保代谢的稳定性，并优化不同反应物之间的"通信"。

流行病

20世纪80年代初，艾滋病流行的早期阶段，美国疾控中心（Centers for Disease Control）的流行病学家发现，有一个群体将艾滋病毒传播到了全世界许多城市的男同性恋，这群人中包括一位加拿大空乘 —— 盖坦·杜格斯（Gaetan Dugas）。杜格斯后来被媒体蔑称为"零号病人"，北美第一个艾滋感染者，认为他对艾滋病毒在美国等地的传播负有责任。虽然后来的研究否认了杜格斯是北美的传染源，[1] 但毫无疑问杜格斯感染了许多人，他承认自己每年都有上百个不同的性伴侣。用网络的术语说，杜格斯是性关系网络的中心节点。

研究性传播疾病的流行病学家经常需要研究性关系网络，这个网络中的节点代表人，边则代表人之间的性伴侣关系。最近，一个由社会学家和物理学家组成的团队分析了瑞典性行为调查数据，[2] 结果发

---

1. "虽然后来的研究否认了杜格斯是北美的传染源"：参见，例如，Robbins, K. E., Lemey, P., Pybus, O. G., Jaffe, H. W., Youngpairoj, A. S., Brown, T. M., Salemi, M., Vandamme, A.M., & Kalish, M. L., U.S. human immunodeficiency virus type 1 epidemic: Date of origin, population history, and characterization of early strains. *Journal of Virology*, 77 (11), 2003, pp.6359–6366。
2. "最近，一个由社会学家和物理学家组成的团队分析了瑞典性行为调查数据"：Liljeros, F., Edling, C.R., Nunes Amaral, L. A., Stanely, H. E., & Aberg, Y., The web of human sexual contacts. *Nature*, 441, 2001, pp.907–908。

现得出的网络为无尺度结构；其他对性关系网络的研究也得出了类似结论[1]。

在这种情形下，移除中心节点就对我们有利。专家建议，安全性行为宣传、疫苗接种等干预措施应当主要针对这类中心节点。

但是得不到性关系的数据，绘制不出整个网络，又如何能识别出中心节点呢？

另一个网络科学家团体提出了一个巧妙而简单的方法[2]：从风险人群中随机选取一组人，让他们每人提供一位性伴侣的名字。然后给这些性伴侣接种疫苗。性伴侣很多的人出现在名单中的概率会很高，从而通过这种方案被接种疫苗。

当然这种方法也可以用到其他场合，用来进行"中心节点打靶"，比如对付通过电子邮件传播的病毒：对于这种情况，杀毒应当重点针对邮件通信录很长的用户的计算机，[3] 而不是寄希望于所有计算机用户都能查杀病毒。

1."其他对性关系网络的研究也得出了类似结论"：例如，Schneeberger, A., Mercer, C. H., Gregson, S. A., Ferguson, N. M., Nyamukapa, C. A., Anderson, R. M., Johnson, A. M., & Garnett, G. P., Scale-free networks and sexually transmitted diseases: A description of observed patterns of sexual contacts in Britain and Zimbabwe.*Sexually Transmitted Diseases*, 31(6), 2004, pp.380-387。
2."另一个网络科学家团体提出了一个巧妙而简单的方法"：Cohen, R., ben-Avraham, D., & Havlin, S., Efficient immunization strategies for computer networks and populations. *Physics Review Letters*, 91(24), 2003, p.247-901。
3."杀毒应当重点针对邮件通信录很长的用户的计算机"：Newman, M. E. J., Forrest, S., & Balthrop, J., Email networks and the spread of computer viruses. *Physical Review E*, 66, 2002, p.035-101。

生态与食物网

在生态学中，食物链的传统概念已经转变成食物网（food web）的概念，食物网中的节点代表物种或物种群；如果物种B是物种A的食物，就有一条边从节点A连接到节点B。图16.1展示了一个食物网的简单例子。

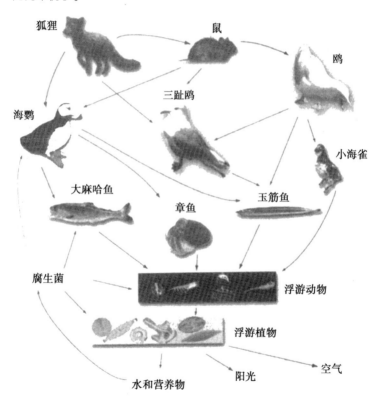

图16.1　食物网示例［图例来自美国地质勘探局阿拉斯加科学中心（USGS Alaska Science Center，http://www.absc.usgs.gov/research/seabird_foragefish/marinehabitat/home.html）］

绘制各种生态系统的食物网一直是生态学的重要内容。最近，科学家们开始用网络科学来研究食物网，深入理解生物多样性以及破坏生物多样性会带来的可能后果。

一些生态学家认为（至少部分）食物网具有小世界特性，其中一些还具有连接度无尺度分布，这种特点可能使食物网在面对物种的随机灭绝时具有一定的稳健性。另一些生态学家则不同意食物网具有无尺度结构，生物学界最近对这个问题有很多争议，[1] 主要是对如何解读真实数据难以达成共识。

网络思想的意义

网络思想对许多科技领域都有影响，前面只是一小部分例子。连接度无尺度分布、集群性和存在中心节点是共同的主题；这些特点使得网络具有小世界的通信能力，并且在随机删除节点时具有稳健性。所有这些特点都有助于理解科学和技术领域的复杂系统。

在科学领域，网络思想为描述自然界复杂系统的共性提供了新的语言，也使得从不同领域得到的知识能相互启发。就其本身来说，网络科学正是它自己所说的那种中心节点 —— 它使得本来相隔遥远的学科变得很近。

---

1. "生物学界最近对这个问题有很多争议"：参见，例如，Montoya, J. M. & Solé, R. V., Small world patterns in food webs. *Journal of Theoretical Biology*, 214 (3), 2002, pp. 405−412；Dunne, J. A., Williams, R. J., & Martinez, N. D., Food-web structure and network theory：The role of connectance and size. *Proceedings of the National Academy of Science*, USA, 99 (20), 2002, pp. 12917−12922；以及Dunne, J. A., The network structure of food webs. 收录 在M. Pascual & J. A. Dunne（编辑），*Ecological Networks*：*Linking Structure to Dynamics in Food Webs*.New York：Oxford University Press，2006，pp. 27−86。

在技术领域，网络思想为许多困难问题提供了新的思路，例如，如何让网络上的搜索变得高效，如何控制流行病，如何管理大型组织，如何保护生态系统，如何应对威胁身体中的复杂系统的疾病，如何应对现代犯罪和恐怖组织，以及在更高层面上，自然、社会和技术网络有怎样内在的稳健性和脆弱性，又应当如何利用和保护这种系统。

无尺度网络是如何产生的[1]

没有谁有意识地将万维网设计成无尺度分布。万维网的连接度分布，同前面提到的所有网络一样，是网络在形成过程中涌现的产物，是由网络的生长方式决定的。

1999年，物理学家巴拉巴西和艾伯特提出了一种网络生长机制[2]——偏好附连（preferential attachment），用来解释大部分真实世界网络的无尺度特性。其中的思想是，网络在增长时，连接度高的节点比连接度低的节点更有可能得到新连接。直观上很明显。朋友越多，就越有可能认识新朋友。网页的入度越高，就越容易被找到，因此也更有可能得到新的入连接。换句话说就是富者越富。巴拉巴西和艾伯特发现，偏好附连的增长方式会导致连接度无尺度分布。（他们当时不知道，这种机制以及所产生的幂律在以前至少被独立发现过三次[3]。）

1. "无尺度网络是如何产生的"：这一节部分来自Mitchell, M., Complex systems : Network thinking. *Artificial Intelligence*, 170 (18), 2006, pp. 1194–1212。
2. "巴拉巴西和艾伯特提出了一种网络生长机制"：Barabási, A.-L. & Albert, R., Emergence of scaling in random networks, *Science*, 286, 1999, pp. 509–512。
3. "这种机制以及所产生的幂律在之前至少被独立发现过三次"：Yule, G. U., A mathematical theory of evolution, based on the conclusions of Dr. J. C. Willis. *Philosophical Transactions of the Royal Society of London*, Ser.B 213, 1924, pp. 21–87; Simon, H.A., On a class of skew distribution functions. *Biometrika*, 42 (3–4), 1955, p. 425; 以及 Price, D. J., Networks of scientific papers. *Science*, 149, 1965, pp. 510–515。

科技文献引用网络的增长[1]是偏好附连效应的一个例子。在这个网络中节点是科技文献；一篇论文如果被另一篇论文引用，就得到一条入连接。因此论文被引用的次数越多，连接度就越高。人们一般认为被引用次数越多，论文就越重要；在科学界，这个指标会决定你的职位、加薪等等。不过，偏好附连似乎经常在其中扮演重要角色。设想你和科学家乔各自独立地就同一个问题写了很出色的论文。如果我在我的论文中碰巧引用了你的文章，却没有引用乔的，其他人如果只读了我的文章就很有可能会引用你的文章（经常是读都没读）。其他人如果读到了他们的文章，也会更有可能引用你的而不是乔的文章。局势会越来越有利于你，不利于乔，尽管乔的论文和你的论文质量一样好。偏好附连机制会导致作家格拉德威尔（Malcolm Gladwell）所说的引爆点[2]（tipping points）——论文引用、时尚流行等过程通过正反馈循环开始剧烈增长的点。另外，引爆点也可以指系统中的某处失效引发系统全面加速溃败，后面我们将讨论这种情况。

幂律以及对其的质疑

前面我们说了，无尺度网络的连接度幂律分布能使系统稳健、通信迅速，这也使得这种网络在自然界很普遍，而它们的形成机制主要是偏好附连。这个观念给科学家研究其他问题带来了新的思路。

不管一种思想如何具有吸引力，科学家们对之都天生抱有怀疑，

---

1. "科技文献引用网络的增长"：例如，参见 Redner, S., How popular is your paper? An empirical study of the citation distribution. *European Physical Journal B*, 4(2), 1998, pp. 131–134。

2. "作家格拉德威尔所说的引爆点"：Gladwell, M., *The Tipping Point: How Little Things Can Make a Big Difference*. Boston: Little, Brown, 2000。

尤其是新提出的思想，还没有被怎么检验过，对于那种声称对很多学科都具有普适性的思想更是如此。这种怀疑态度是健康的，它是科学能够进步的关键。因此，并不是所有人都加入了网络科学阵营，事实上很多人认为，对于网络科学在复杂系统研究中的意义，一些观点过于乐观。下面我们来看看这些怀疑观点。

1.幂律和无尺度分布被滥用。对于真实世界中的网络，一般都很难得到好的数据。例如，巴拉巴西和他的同事在研究代谢网络时用的是网上的数据库，其中的数据由世界各地的生物学家提供。这类生物数据库对于研究很有帮助，但同时也必然是不完善的，还有很多错误。巴拉巴西和他的同事只能靠统计和曲线拟合来计算各种代谢网络的度分布，这种方法还存在问题，但是分析真实数据时大部分用的都是这种方法。用这种方法确定为"无尺度"的一些网络后来又被发现其实不是无尺度分布。[1]

就像哲学家和生物史学家凯勒（Evelyn Fox Keller）说的："现在幂律的普遍性可能被高估了[2]。"物理学家和网络学家沙利兹（Cosma Shalizi）的话说得更不客气："我们对幂律的迷恋是一种耻辱[3]。"就在我写下这些的时候，对于真实世界的网络是不是确实是无尺度分布仍然存在很多争议。

1."用这种方法确定为'无尺度'的一些网络后来又被发现其实不是无尺度分布": Clauset, A., Shalizi, C. R., & Newman, M. E. J., Power-law distributions in empirical data. Preprint, 2007（http://arxiv.org/abs/0706.1062）。
2."现在幂律的普遍性可能被高估了": Keller, E. F., Revisiting 'scale-free' networks. *BioEssays*, 27, 2005, pp. 1060–1068。
3."我们对幂律的迷恋是一种耻辱": Shalizi, C., Networks and Netwars, 2005。论文位于http://www.cscs.umich.edu/~crshalizi/weblog/347.html。

2. 即使网络确实是无尺度分布，也有很多可能会导致网络的连接度幂律分布；并不一定非得是偏好附连。沙利兹一针见血地指出："产生幂律的方法很多，每种都有道理[1]。"我在圣塔菲研究所的时候，几乎每隔一天都有讲座介绍产生幂律分布的新机制[2]。有一些与偏好附连类似，有一些则相差很大。很难说到底是哪种机制导致了在真实世界中观察到的幂律。

3. 网络科学的模型过度简化，假设前提不现实。小世界和无尺度网络模型也仅仅是模型而已，模型中的简化假设在现实世界中的网络也许不成立。建立这些简化模型的目的是希望能抓住所研究的现象的某些方面。前面我们看到，这两个网络模型，尤其是无尺度模型，确实抓住了一些东西，大量真实系统中的度分布、集群以及稳健性（虽然前面第1点认为适用面可能不像想象的那样广）。

不管怎样，网络的简化模型就其本身来说，还是无法解释真实世界中的网络的一切。不管是小世界还是无尺度模型，所有节点都被当作是一样的，除了连接度；所有的边的类型和强度也是一样的。在真实世界中的网络不是这么回事。例如，在我的社会网络中（图15.6有简化模型），一些代表友情的边就比其他边的强度要大些。Kim和Gar都是我的朋友，但是我和Kim关系更好，因此我也更有可能把我个人

---

1. "产生幂律的方法有许多，每种都有道理": Shalizi, C., Power Law Distributions, 1/f noise, Long-Memory Time Series, 2007. 论文位于http://cscs. umich.edu/~crshalizi/notebooks/power-laws.html。
2. "几乎每隔一天都有讲座介绍产生幂律分布的新机制": 对这些机制的综述，参见Mitzenmacher, M., A brief history of generative models for power law and lognormal distributions. Internet Mathematics, 1(2), 2003, pp.226-251; 以及Newman, M.E.J., Power laws, Pareto distributions and Zipf's law. Contemporary Physics, 46, 2005, pp.323-351。

的重要事情告诉她。而且，Kim是女人，而Gar是男人，这也使得我更倾向于信赖Kim。同样的，比起Kim来，我的朋友Greg要懂数学一些，因此如果我想讨论纯数学方面的问题，我就更有可能找Greg而不是Kim。边和节点类型的区别，以及边的强度，对于信息在网络上的传播有很大影响，而简化的网络模型无法抓住这种影响。

网络中的信息传播和连锁失效

事实上，理解信息在网络中的传播方式是网络科学现在面临的最重要的问题。到目前为止我们讨论的都只是网络的结构 —— 例如，静态的度分布 —— 还没有讨论网络中信息传播的动态行为。

"网络中的信息传播"指的是什么呢？这里的信息一词指的是节点之间的所有交流。信息的传播包括例如谣言、流言、流行时尚、思想、流行病（通过病毒传播）、电流、万维网上的数据包、神经递质、卡路里（在食物网中传递），以及一种更普遍的网络传播现象 —— "连锁失效（cascading failure）"。

连锁失效现象的存在促使人们关注网络中的信息传播以及其如何受网络结构影响。网络中的连锁失效是这样一个过程：假设网络中每个节点都负责执行某项工作（例如传输电力）。如果某个节点失效了，它的工作就会转移到其他节点。这有可能会让其他节点负荷过重从而失效，又将它们的工作传递到其他还未失效的节点，这样不断发展。结果是失效如同加速的多米诺骨牌一样扩散，从而让整个网络崩溃。

连锁失效的例子在现实网络世界中很常见。下面是新闻里最近报道的两个例子：

◆ 2003年8月：美国中西部和东北部发生大规模断电，是由俄亥俄州一家发电厂发生故障引发的连锁失效导致的。据报道，由于天气过于炎热，[1] 导致电线负荷过高，引起线路下垂，碰到了树枝，触发了线路自动断路，负载被转移到电网其他部分，使得其他部分也因过载而失效。过载失效迅速传播，最后导致加拿大和美国东部5000万居民断电，有些地区断电长达3天。

◆ 2007年8月：美国海关计算机系统崩溃了近10个小时，[2] 导致17000多名旅客滞留在洛杉矶国际机场。事故是由一台计算机的网卡故障引起的。这个故障很快导致其他网卡也连锁失效，不到1个小时，整个系统都崩溃了。海关职员无法处理到达的国际旅客，其中一些人不得不在飞机上等了5个多小时。

第3个例子表明不仅电力网络会发生连锁失效，公司网络也一样。

---

1. "据报道，由于天气过于炎热"：这次的连锁失效及其原因的详细报道参见U.S.-Canada Power System Outage Task Force's Final Report on the August 14, 2003 Blackout in the United States and Canada: Causes and Recommendations (https://reports.energy.gov/) 。
2. "美国海关计算机系统崩溃了近10个小时"：参见Schlossberg, D. "LAX Computer Crash Strands International Passengers." ConsumerAffairs.com，2007年8月13日 (http://www.consumeraffairs.com/news04/2007/08/lax_computers.html)；以及Schwartz, J., "Who Needs Hackers?" *New York Times*，2007年9月12日。

◆1998年8—9月：私人金融对冲基金美国长期资本管理公司[1]
（Long-Term Capital Management，LTCM）得到数家大型金融公司担
保从事风险投资，结果将公司的权益价值几乎赔光。美联储担心它的
亏损会导致全球金融市场崩溃，因为为了偿债，LTCM会不得不卖掉
大部分资产，导致股票等有价证券的价格下跌，从而迫使其他公司也
抛售资产，导致价格进一步下跌，直至崩溃。1998年9月末，为了防
止出现这种局面，美联储召集了其主要债权银行对LTCM进行援助。

　　前面我们说到，在节点随机失效时，对网络的平均最短路径长
度不会有很大影响。这种特性在连锁失效的情况下并不成立，因为
一个节点的失效会导致其他节点也失效。连锁失效是"引爆点"的又
一个例子，小事件触发加速正反馈，结果小问题导致严重后果。许多
人担心黑客和电脑恐怖分子威胁全球网络基础，但连锁失效带来的
威胁可能更大。随着我们的社会越来越依赖计算机网络、网络投票
机、导弹防御系统、电子银行等等，连锁失效的情况也越来越常见，
威胁也越来越大。正如研究这种系统的专家安东诺普洛斯（Andreas
Antonopoulos）指出的，"威胁来自复杂性本身"[2]。

　　因此，对连锁失效及其应对策略的总体研究现在是网络科学最

1."美国长期资本管理公司"：参见，例如，Government Accounting Office，*Long-Term Capital Management*：*Regulators Need to Focus Greater Attention on Systemic Risk.* Report to Congressional Request，1999（http://www.gao.gov/cgi-bin/getrpt?GGD-00-3）；以及Coy，P.，Woolley，S.，Spiro，L. N.，& Glasgall，W.，Failed wizards of Wall Street.*Business Week*，1998年9月21日。
2."威胁来自复杂性本身"：安东诺普洛斯，引自Schwartz，J.，"Who Needs Hackers？"*New York Times*，2007年9月12日。

活跃的研究领域。两个影响最大的理论分别是自组织临界性[1]（Self Organized Criticality，SOC）和高容错性[2]（Highly Optimized Tolerance，HOT）。SOC和HOT理论也提出了不同于偏好附连的机制解释无尺度网络的产生。这两个理论各自提出了一组进化和工程系统连锁失效的普适机制。

上一章介绍的小世界网络和无尺度网络简化模型给许多学科引入了网络的思想，并且建立了独立的网络科学领域。下一步我们将了解网络中信息等因素的动力学。要研究免疫系统、蚁群、细胞代谢（参见第12章）这类网络中的信息动力学，网络科学必须刻画节点和边随着时间和空间不断变化的网络。这将是一个重大挑战，就像邓肯·瓦特说的："对于网络的动力学之谜，[3] 不管是疾病传播、电网崩溃，还是革命的爆发，我们现在面临的网络问题就像海边的鹅卵石一样多。"

1."自组织临界性"：对SOC的介绍，参见Bak，P.，*How Nature Works：The Science of Self-Organized Criticality.*New York：Springer，1996。

2."高容错性"：对HOT的介绍，参见Carlson，J.M.&Doyle，J.，Complexity and robustness.*Proceedings of the National Academy of Science*，USA 99，2002，pp.2538-2545。

3."对于网络的动力学之谜"：Watts，D. J.，*Six Degrees：The Science of a Connected Age.* New York：W.W.Norton，2003，p.161。

第 17 章
比例之谜

前两章我们看到，网络的思想对许多科学领域都有深刻影响，尤其是生物学。就在不久前，网络思想又为生物学中一个最让人费解的难题提出了新的解答：生物的大小变化时其他属性会如何变化。

生物学中的比例缩放

比例描述的是一个属性改变时，其他相关的属性会如何改变。生物学的比例之谜关注的则是生物在休息时消耗的平均能量 —— 基础代谢率 —— 随着生物体重的变化会如何变化。细胞将食物、空气和光照转化为能量的代谢过程是所有生物系统的关键，因此体重与代谢的关系对于理解生命的运作极为重要。

人们很早就发现，相对于体重大小来说，较小动物的代谢率比较大的动物更快。1883 年，德国生理学家鲁伯纳（Max Rubner）尝试从热力学和几何的角度来确定准确的比例关系。第 3 章曾提到过，代谢过程要将能量从一种形式转化成另一种形式，因此总是会发热。生物的代谢率可以定义为细胞将营养转化为能量的速率，能量用于细胞的运作和生成新细胞。在这个过程中生物会以同样的速率散发热量。因此通过测量生物产生的热量就能推导出代谢率。

如果你之前不知道较小动物的代谢率相对比较大的动物更快，你很可能会想代谢率是不是与体重呈线性比例关系 —— 例如，仓鼠的体重是老鼠的8倍，那么代谢率也应该是老鼠的8倍，或者举个极端点的例子，河马的体重是老鼠的125000倍，那么代谢率也应该是老鼠的125000倍。

问题是，如果这样，仓鼠产生的热量也应该是老鼠的8倍。但是散热要通过表皮，而仓鼠的表皮面积只是老鼠的4倍。这是因为动物的表皮面积并不正比于动物的体重（同样也不正比于体积）。

图17.1说明了这一点，图中老鼠、仓鼠和河马用球体表示。你也许还记得中学几何学过球体的体积公式是 $\frac{4}{3}\pi$ 乘以半径的立方，其中 $\pi \approx 3.14159$。而球体的表面积公式是 4π 乘以半径的平方。因此"体积与半径的立方呈比例"而"表面积与半径的平方呈比例"。这里"呈比例"的意思也就是"正比于"—— 也就是说忽略常数 $\frac{4}{3}\pi$ 和 4π。从图17.1中可以看到，仓鼠球体的半径大约是老鼠球体的2倍，因此表面积是老鼠球体的4倍，而体积则是老鼠球体的8倍。河马球体的半径是老鼠球体的50倍（没有按比例画），因此河马球体的表面积是老鼠球体的2500倍，而体积则是老鼠球体的125000倍。可以看到，随着半径增大，表面积的增长要比体积慢得多。因为表面积与半径平方呈比例，而体积与半径立方呈比例，因此我们说"表面积与体积的2/3

次幂呈比例 "。[1]（推导过程见注释。）

图17.1 动物的比例特征（用球体表示）（David Moser 绘图）

体积的 2/3 次幂的意思就是"体积平方，然后开3次方"。

表皮面积只大4倍，通过表皮发的热却要大8倍，这只仓鼠肯定不是一般的热。同样，河马的表皮面积比老鼠大2500倍，发的热却是老鼠的125000倍。天哪！这只河马恐怕会烧起来。

1."表面积与体积的2/3次幂呈比例"：记体积为 V，表面积为 S，半径为 r。V 正比 r^3，因此 V 的立方根正比于半径。表面积正比于 r^2，因此正比于体积立方根的平方，也就是 $V^{\frac{2}{3}}$。

大自然非常仁慈，它没有这样做。谢天谢地，我们的代谢率与我们的体重不是呈线性比例。鲁伯纳推测，为了安全地发散热量，大自然让我们的代谢率与体重的比例关系同表皮面积一样。他提出代谢率同体重的2/3次幂呈比例。这就是所谓的"表皮猜想（surface hypothesis）"，此后50年这个猜想被广泛接受。唯一的问题是实际数据并不与之相符。

20世纪30年代，瑞典动物学家克莱伯（Max Kleiber）仔细测量了一系列动物的代谢率。他的数据表明代谢率与体重的3/4次幂呈比例。也就是说，代谢率正比于体重$^{3/4}$。你肯定注意到了这就是一个指数为3/4的幂律。这个结果出人意料。指数为3/4而不是2/3，这意味着动物——尤其是较大的动物——的代谢率比人们预想的要高，这也意味着动物比先前根据几何简单预计的要更高效。

图17.2展示了各种动物的这种比例关系。横轴表示体重（单位：千克），纵轴则表示平均基础代谢率（单位：瓦）。图中黑点表示各种动物的实际测量值，直线则表示与体重的3/4次幂呈比例的代谢率曲线。数据与曲线没有精确匹配，但也符合得很好。图17.2是一种特殊的图——专业上称为双对数（或对数-对数）图——图中两条轴都是以10次幂增长。在双对数图上幂律曲线表现为直线，而直线的斜率则等于幂律的指数。[1]（见注释中对此的解释。）

1."在双对数图上幂律曲线表现为直线，而直线的斜率则等于幂律的指数"：在这个例子中，幂律为：代谢率 ∝ 体重$^{3/4}$，两边同时取对数，得到：log（代谢率）∝ 3/4 log（体重）。这是斜率为3/4的直线方程，如果以log（代谢率）和log（体重）为轴作图，画出来就是图17.2那样。

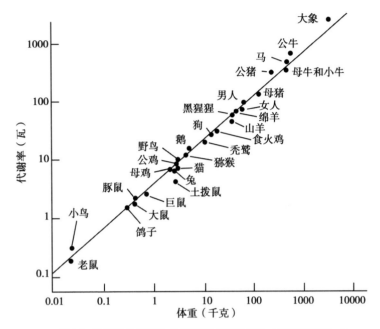

图17.2 各种动物的代谢率与体重的关系 [引自施密特-尼尔森的《比例：为什么动物的大小如此重要？》(K.Schmidt-*Nielsen,Scaling:Why Is Animal Size So Important?*), 剑桥大学出版社1984年出版。经剑桥大学出版社许可重印]

　　这个幂律关系现在被称为克莱伯定律 (Kleiber 's law)。最近有研究发现，3/4次幂比例不仅对哺乳动物和鸟类成立，对鱼类、植物，甚至单细胞生物也成立。

　　克莱伯定律是建立在对代谢率和体重的测量的基础上，克莱伯没有解释这个定律为什么成立。结果克莱伯定律一直困扰着生物学家们。生命系统的重量范围很大，细菌不到万亿分之一克，鲸鱼则可能超过10万千克。这个规律不仅违背简单的几何推理，适用范围也大得惊人，涵盖各种大小的生物，也适用于各种生物类型和生境。到底是生物的哪种共性导致了这个简单而优雅的规律呢？

其他一些相关的比例关系也一直让生物学家们感到困惑。例如，越大的哺乳动物生命期越长。老鼠的生命期一般为2年左右，猪的生命期则大约为10年，大象超过50年。其中也有例外，特别是人类，但是对大部分哺乳动物都成立。如果画出许多物种的平均生命期和体重的关系，会发现是指数为1/4的幂律。如果画出平均心率与体重的关系，你会得到指数为-1/4的幂律（越大的动物心率越慢）。生物学家们发现了大量的幂律关系，都是分母为4的分数指数。因此，这些关系也被称为四分幂比例律（quarter-power scaling laws）。许多人怀疑，这些四分幂比例律意味着这些生物具有某种非常重要的共性。但是没人知道是什么共性。

一次跨学科合作

20世纪90年代中期，新墨西哥大学的生态学教授布朗（James Brown）多年来一直在研究四分幂比例律。他很早就意识到，如果能解决这个问题，理解这些普适比例律的原理，对于发展出生物学的一般理论将很重要。一位对比例问题很着迷的生物学研究生恩奎斯特（Brian Enquist）加入了布朗的团队，他们开始尝试一起来攻克这个问题（图17.3）。

布朗和恩奎斯特怀疑，向细胞输送营养的系统结构是解决这个问题的关键。血液不断在血管中循环，血管形成了一个树状网络，将营养物质输送到身体的所有细胞。同样，在肺部是由支气管组成的分支结构将氧气输送到血管提供给血液（图17.4）。布朗和恩奎斯特认为正是这种在动物体内普遍存在的分支结构导致了四分幂律。要理解这种结构为何会导致四分幂律，就得用数学描述这种结构，并从数学上证明这种结构直接导致了观察到的那些比例律。

大部分生物学家，包括布朗和恩奎斯特，都不具备必需的数学背景，无法进行这样复杂的几何和拓扑分析。因此布朗和恩奎斯特决定寻找一位"数学伙伴"—— 一位数学家或理论物理学家，可以帮助他们解决这个问题，同时又不过度简化以至于失去生物学意义。

图17.3　从左往右：韦斯特、恩奎斯特、布朗（圣塔菲研究所拥有照片版权。经许可重印）

韦斯特（Geoffrey West）正符合他们的要求。韦斯特是理论物理学家，在洛斯阿拉莫斯国家实验室工作，他具有解决比例问题所需的数学能力。他研究过比例问题，虽然是在量子力学领域，但是他自己也思考过生物比例问题，只是不太懂生物学。20世纪90年代中期，布朗和恩奎斯特在圣塔菲研究所遇到了韦斯特。此后三人开始每周在研究所会面，形成了合作关系。我记得当时每星期都见到他们，在一间玻璃会议室里专心讨论，同时还有人（通常是韦斯特）在黑板上写下一堆复杂的公式。（恩奎斯特后来用"放烟火"来描述他们的数学结果。[1]）当时我并不是很清楚他们在讨论什么。但后来当我听到韦斯特在讲座上介绍他们的理论时，我被这个理论的优雅简洁和适用范围之广惊呆了。在我看来，这个工作是迄今为止复杂系统研究的巅峰之作。

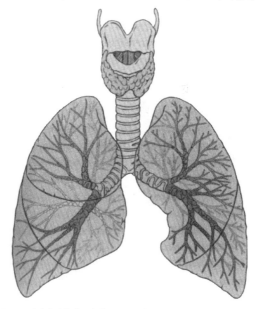

图17.4 肺中由支气管组成的分支结构（Patrick Lynch绘图，经知识共享组织许可使用，http://creativecommons.org/licenses/by/3.0/）

---

1. "恩奎斯特后来用'放烟火'来描述他们的数学结果"：Grant，B.，The powers that be. *The Scientist*，21(3)，2007。

布朗、恩奎斯特和韦斯特提出的理论不仅揭示了克莱伯定律和其他观察到的生物比例关系，而且还推断出生命系统中一系列新的比例关系，其中许多后来都得到了数据支持。这个理论叫作代谢比例理论（Metabolic scaling theory，或简单代谢理论），结合了生物学和物理学，也在这两个领域引起了很大的轰动和争议。

幂律与分形

代谢比例理论回答了两个问题：①到底为什么代谢比例遵循幂律；②为什么遵循指数为3/4的幂律。在阐述这个理论之前，我需要简单阐释一下幂律与分形的关系。

还记不记得第7章讨论的科赫曲线和分形？如果记得，你也许还会记得"分形维"的概念。我们看到，在科赫曲线中，每一层的线段长度都是上一层的1/3，而每一层都是由上一层的4份拷贝组合而成。类似于维数的传统定义，我们这样定义科赫曲线的分形维：$3^{维数}=4$，得到维数 $=1.26$。也就是说，如果每一层与上一层的比例系数是 x，而又是由上一层的 N 个拷贝组合而成，那么 $x^{维数}=N$。现在在阅读了第15章之后，你会意识到这就是幂律，维数就是幂律指数。这说明幂律与分形有密切关联。我们在第15章图15.10中看到的幂律分布就是分形——它们在所有缩放尺度上都自相似，而幂律指数则是相应的分形维（参见第7章），维数量化的正是分布的自相似与放大倍数的比例关系。因此我们可以说，例如，网络的度分布具有分形结构，因为它是自相似的。同样，我们也可以说科赫曲线这样的分形导致了幂律——幂律描述的正是曲线的自相似与放大倍数的比例关系。

最后的结论就是，分形结构是产生幂律分布的一种方式；如果你发现某种量（例如代谢率）遵循幂律分布，你就可以猜想这是某种自相似或分形系统导致的。

代谢比例理论

考虑到代谢率是身体细胞将原料转化为能量的速率，布朗、恩奎斯特和韦斯特认为代谢率应当主要是由向细胞输送原料的效率决定的。而输送原料是生物循环系统的工作。

布朗、恩奎斯特和韦斯特意识到，对于循环系统来说，起决定性作用的不仅是它的质量或长度，更重要的是它的网络结构。正如韦斯特所说的："你应当在两个不同的尺度上思考[1] —— 表面的你和真正的你，而后者是由网络组成的。"

在发展理论时，布朗、恩奎斯特和韦斯特假定进化过程已使得循环和营养输送系统能尽可能地填充身体空间，也就是说能将养分输送到身体所有部位的细胞。他们还假定进化出的网络能最小化向细胞输送养分时所花费的能量和时间。最后，他们假定网络向身体组织提供燃料的"终端单元"大小不随体重变化。这个看法是有根据的，例如，大多数动物循环系统的毛细血管都是一样大的。只是越大的动物毛细血管越多。这是因为细胞的大小不受身体大小影响：老鼠和河马的细胞都差不多大。只是河马的细胞更多，因此也需要更多的毛细血管向

---

1. "你应当在两个不同的尺度上思考"：韦斯特，引自 Mackenzie, D., Biophysics: New clues to why size equals destiny. *Science*, 284 (5420), 1999, pp.1607-1609。

它们提供养分。

尽可能填充空间的几何对象其实就是分形分支结构 —— 在所有尺度上自相似意味着空间在所有尺度上都被同等填充。布朗、恩奎斯特和韦斯特那些日子在玻璃会议室发展的精巧数学模型正是将循环系统视为填充空间的分形。他们融合了前面说的能量时间最小化和终端单位大小不变假设，然后问，当身体变大时，模型会发生什么变化呢？他们的计算表明，决定代谢率的养分输送速率与体重呈指数为3/4的比例关系。

推导出指数为3/4的模型细节相当复杂[1]，不过还是可以看看他们对指数3/4的解释。前面讨论了鲁伯纳的表皮假说，代谢率与体重的比例关系就如同表面积与体积的比例关系，指数为2/3。理解指数3/4的一种方式是将其视为表皮假说应用到四维生物的结果！通过简单的维数类比就能明白这一点。圆这样的二维对象有周长和面积。如果是三维，就分别对应表面积和体积。如果是四维，表面积和体积则分别对应于"表面"体积和超体积 —— 这个量很难想象，因为我们天生擅长思考三维，不擅长思考四维。表面积与体积呈指数为2/3的比例关系，通过类似的论证，就可以知道四维的表面体积与超体积呈指数为3/4的比例关系。

简而言之，布朗、恩奎斯特和韦斯特的观点就是，进化将我们的

1."推导出指数为3/4的模型细节相当复杂"：对代谢比例模型的一个专业但不难理解的阐释参见 West，G.B.& Brown，J.H.，Life's universal scaling laws. *Physics Today*，57（9），2004，pp.36–43。

循环系统塑造成了接近于"四维的"分形网络，从而使我们的新陈代谢更加高效。用他们自己的话说："虽然生物是三维的[1]，内部的生理结构和运作却表现为四维 …… 分形几何给了生命一个额外的维度。"

理论的应用

代谢比例理论最初是用来解释各种动物的代谢比例，也就是图17.2中的现象。但是布朗、恩奎斯特和韦斯特，以及越来越多新加入的研究者并不满足于此。不断有新的生物门类和现象被发现可以用这个理论解释。他们认为他们的理论也可以解释其他四分幂比例律，例如心率、生命期、妊娠期以及睡眠时间等。他们认为植物的代谢比例也可以用这个理论解释，许多植物都是用类似于分形的管道网络输送水和养分。不仅如此，他们认为树干周长、植物生长速度等动植物特性的四分幂比例律都可以用这个理论解释。一种更广义的代谢比例理论将体温也囊括进来，可以解释爬行动物和鱼类的代谢律。

再来看看微观领域，研究组推测，他们的理论可以应用到细胞层面，3/4指数代谢比例既可以计算单细胞生物的代谢律，也适用于细胞内部分子层面的类代谢运输过程，甚至包括像线粒体这样的细胞器内部的类代谢过程。研究组还认为这个理论可以解释生物DNA的变化速率，因此与遗传学和进化生物学也密切相关。还有人发现这个理论可以解释肿瘤生长速度与重量的比例关系。

1."虽然生物是三维的": West，G. B.，Brown，J.H.，& Enquist，B. J.，The fourth dimension of life：Fractal geometry and allometric scaling of organisms. *Science*，284，pp.1677-1679。

在大的方面,代谢比例理论及其扩展已经被应用到整个生态系统。布朗、恩奎斯特和韦斯特认为他们的理论能解释一些生态系统中观察到的种群密度与身体大小的-3/4幂律关系。

事实上,代谢对于生命系统的方方面面都很重要,几乎找不到这个理论没有触及的领域。许多科学家对此非常兴奋,不断为这个理论寻找新的应用。有人认为代谢比例理论"有统一整个生物学的潜力"[1],"对于生物学的重要性就好比牛顿的发现对于物理学的重要性"[2]。研究组在一篇论文中这样说道:"可以预见,广义代谢理论的涌现对于生物学的重要性将类似于遗传理论。"[3]

争议

一个刚刚初具雏形的理论却声称能解释这么多东西,可想而知,一些科学家会对代谢比例理论充满热情,一些人则极力反对。下面是最近发表在顶级科学期刊上的两个主要批评观点:

◆ **四分幂比例律并不像理论说的那样具有普适性。**通常来说,任何关于生物系统的一般性属性都会有特例。(甚至规则本身都会有特例。)姑且认为代谢比例理论也不例外。虽然大部分生物学家都同意

1."有统一整个生物学的潜力": Grant, B., The powers that be.*The Scientist*, 21(3), 2007。
2."对于生物学的重要性就好比牛顿的发现对于物理学的重要性": Niklas, K. J., Size matters! *Trends in Ecology and Evolution*, 16(8), 2001, p.468。
3."可以预见,广义代谢理论的涌现对于生物学的重要性将类似于遗传理论": West, G.B.& Brown, J.H., The origin of allometric scaling laws in biology from genomes to ecosystems: Towards a quantitative unifying theory of biological structure and organization. *Journal of Experimental Biology*, 208, 2005, pp.1575-1592。

大多数物种都遵循各种四分幂比例律，但也有许多例外。甚至在单一物种内的代谢律都变化很大。狗就是一个常见的例子，小型犬与大型犬的寿命都差不多。有观点认为，克莱伯定律只是统计平均，偏差有可能相当大，而代谢理论无法解释这一点，因为只考虑了体重和体温。有人则认为理论得出的一些规律与实际数据严重不符。甚至有人认为克莱伯根本就是错的[1]，一百多年前鲁伯纳提出的表皮假说才是对的，指数为 $2/3$ 的幂律对数据的拟合最好。在大部分情形中，争议都在于对代谢比例的数据应该如何解读，以及 "拟合" 指的是什么。代谢比例研究组坚持他们的理论，并且不厌其烦地回应了许多争议，由于涉及高等统计学和生物学，这些争议变得越来越艰深晦涩。

◆ **克莱伯的比例定律是对的，但代谢比例理论错了。** 有些人认为代谢比例理论过度简化，生命极为复杂多变，不可能被单一理论所涵盖，分形结构也不是解释幂律分布现象的唯一途径。一位生态学家这样评论："人们对于所涉及的生理细节了解得越多[2]，这种解释就越显得不合理。"另一位学者则说："事情简单当然很好[3]，但现实中往往不是这样。"另外还有人认为代谢比例理论的数学有错误[4]。代谢比例理论研究组坚决不同意这一点，并且指出了批评意见中的一些基本数学错误。

1. "甚至有人认为克莱伯根本就是错的 "：对代谢比例理论的各种批评的综述，参见 Agutter P. S & Wheatley , D. N., Metabolic scaling : Consensus or Controversy? *Theoretical Biology and Medical Modeling* , 18 , 2004 , pp.283-289。
2. " 人们对于所涉及的生理细节了解越多 "：H.Horn，引自 Whitfield , J., All creatures great and small. *Nature* , 413 , 2001 , pp.342-344。
3. "事情简单当然很好 "：穆勒-兰道，引自 Grant , B., The powers that be.*The Scientist* , 21 (3), 2007。
4. "另外还有人认为代谢比例理论的数学有错误 "：例如，Kozlowski , J. & Konarzweski , M., Is West , Brown and Enquist ' s model of allometric scaling mathematically correct and biologically relevant? *Functional Ecology* , 18 , 2004 , pp.283-289。

研究组坚持自己的立场，他们对吹毛求疵的批评意见感到沮丧。[1] 韦斯特说："我的内心不会向这些在我脚边乱吠的小狗屈服[2]。" 不过研究组还是认为，有这么多批评意见不是坏事 —— 不管他们到底怎么认为，毕竟有很多人在关注代谢比例理论。并且，就像我在前面提到的，怀疑是科学家们最重要的职责，越是杰出而有雄心的理论，越是会受到质疑。

争议不会很快平息；牛顿的引力理论提出来60年后都没有被广泛认可，许多最重要的科学进展都曾有类似的经历。现在我们能说的是，代谢比例理论非常有趣，应用范围很广，也得到了一些实验数据的支持。生态学家穆勒－兰道（Helene Müller-Landau）评论道："我想韦斯特和恩奎斯特等人不会一直重复他们的观点，[3] 批评者也不会一直重复他们的质疑，随着时间流逝，证据的天平最终会倒向胜利的一边。"

幂律的未解之谜

在前一章和这一章我们看到了许多幂律。除了这些，在城市规模、收入、地震、心率变化、森林火灾和股市波动等现象中都发现了幂律

---

1. "研究组坚持自己的立场，他们对吹毛求疵的批评意见感到沮丧"：例如，参见West，G. B.，Brown，J. H.，& Enquist，B. J.，Yes，West，Brown and Enquist's model of allometric scaling is both mathematically correct and biologically relevant. (Reply to Kozlowski and Konarzweski，2004.) *Functional Ecology*，19，2005，pp. 735-738；以及Borrell，B.，Metabolic theory spat heats up. *The Scientist* (News)，November 8，2007。(http://www.the-scientist.com/news/display/53846/)。

2. "我的内心不会向这些在我脚边乱吠的小狗屈服"：韦斯特，引自Grant，B.，The powers that be. *The Scientist*，21(3)，2007。

3. "我想韦斯特和恩奎斯特等人不会一直重复他们的观点"：穆勒－兰道，引自Borrell，B.，Metabolic theory spat heats up. *The Scientist*(News)，November 8，2007。(http://www.the-scientist.com/news/display/53846/)

分布，这还只是其中一小部分。

第15章曾讲过，科学家们一般都假定大部分自然现象都服从钟形曲线或者说正态分布。然而幂律却在很多现象中都有被发现，以至于一些科学家说它"比'正态'还要正态"。[1] 用数学家维林格（Walter Willinger）和他同事的话说："在复杂的自然和工程系统中获得的数据中发现（幂律）分布，应当视为正常而不是意外。"

科学家们对自然界中钟形曲线分布的成因有很好的理解，但幂律在一定程度上却还是个谜。我们已经看到，对于自然界中观察到的幂律有各种解释（例如，偏好附连、分形结构、自组织临界性、高度容错等等），对于是哪种机制导致了幂律现象很少有共识。

20世纪30年代早期，哈佛语言学教授齐普夫（George Kingsley Zipf）在一本书中介绍了语言的许多有趣属性。随意在小说或报纸中取一大段文字，将所有词根据出现次数排序。例如，下面是莎士比亚戏剧《哈姆雷特》的独白"生存还是毁灭"中的词频表：

词	频率	排序
the	22	1
to	15	2
of	15	3

1."比'正态'还要正态"；"在复杂的自然和工程系统中获得的数据中发现（幂律）分布"：Willinger, W., Alderson, D., Doyle, J. C., & Li, L., More 'normal' than normal: Scaling distributions and complex systems. 收录在 R. G. Ingalls 等，*Proceedings of the 2004 Winter Simulation Conference*, pp. 130-141. Piscataway, NJ: IEEE Press, 2004。

and	12	4
that	7	5
a	5	6
sleep	5	7
we	4	8
be	3	9
us	3	10
bear	3	11
with	3	12
is	3	13
'tis	2	14
death	2	15
die	2	16
in	2	17
have	2	18
make	2	19
have	2	18
end	2	20

根据词频降序排列，频数最高的词排第一（"the"），频数第二高的词排第二，等等。一些词的频数一样（例如，"a"和"sleep"都出现了5次），对于这种情况随机排序。

在图17.5中画出了"生存还是毁灭"的词频与排名的关系。图的形状接近幂律。如果选取的文本更多，图形会更接近幂律。

齐普夫用这种方法分析了大量文本（没有借助计算机），他发现，对于大规模文本，词频大致正比于其排名的倒数（也就是1/排名）。这是指数为−1的幂律。排名第二的词的频数大约是排第一的词的一半，第三大约是1/3，等等。这个关系现在被称为齐普夫定律[1]（Zipf 's law），这可能是最著名的幂律。

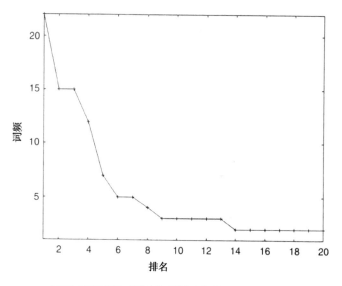

图17.5 齐普夫定律，以莎士比亚的独白"生存还是毁灭"为例

对齐普夫定律有各种解释，齐普夫自己提出，一方面，人们一般都遵循"最省力原则（Principle of Least Effort）"：一旦用到了某个词，对类似的意思再用这个词就比换其他词要省力。另一方面，人们希望语言没有歧义，这又需要用不同的词来表示相似却又不完全一样的

---

1. "这个关系现在被称为齐普夫定律"：齐普夫最初发表这项研究是在一本书中：Zipf, G. K., *Selected Studies of the Principle of Relative Frequency in Language.* Cambridge, MA：Harvard University Press，1932。

意思。齐普夫从数学上证明了这两种倾向在一起会产生观察到的幂律分布。

20世纪50年代，因发现分形而闻名的曼德布罗特从信息量的角度提出了不同的解释[1]。借鉴香农的信息论（参见第3章），曼德布罗特将词视为"讯息"，发送者在将信息量最大化的同时尽量将发送信息的成本最小化。例如，"feline"和"cat"的意思都是猫，但后者更短，因此传送成本也更低（或者更节省能量）。曼德布罗特证明，如果同时优化信息量和传送成本，就会导致齐普夫定律。

几乎同时，西蒙（Herbert Simon）也提出了一种解释[2]，可以说是偏好附连的前身。西蒙设想一个人每次向文本中添加一个词。他认为，人们重用一个词的概率正比于这个词在文本中的当前频数。没出现过的词具有同样的非零概率。西蒙证明这个过程产生的文本会遵循齐普夫定律。

对于曼德布罗特和西蒙的解释哪个正确，争论很激烈[3]（从《信息与控制》杂志不断收到的信件可见一斑）。

结果，几乎与此同时，让所有人都大跌眼镜，心理学家乔治·米

---

1. "曼德布罗特从信息量的角度提出了不同的解释": Mandelbrot. B., An informational theory of the statistical structure of languages. 收录在 W. Jackson（编辑），*Communicaiton Theory*，Woburn，MA：Butterworth，1953，pp. 486–502。

2. "西蒙也提出了一种解释": Simon, H. A., On a class of skew distribution functions. *Biometrika*，42 (3–4)，1955，p. 425。

3. "对于曼德布罗特和西蒙的解释哪个正确，争论很激烈": Mitzenmacher, M., A brief history of generative models for power law and lognormal distributions. *Internet Mathematics*，1 (2)，2003，pp. 226–251。

勒（George Miller）使用简单的概率论证明，[1] 让猴子在键盘上随意敲击，如果（偶然）敲到了空格键就断词，这样得出的文本同样遵循齐普夫定律。

20世纪30 — 50年代针对齐普夫定律提出的许多解释是目前针对自然界中产生幂律的物理或信息机制的争论的缩影。理解幂律分布的根源、意义和在各学科中的共性，是目前许多复杂系统研究领域最为重要的未解决的问题。我相信，随着这些现象背后的科学越来越清晰，你还会不断听到这个问题的消息。

---

1. "心理学家乔治·米勒使用简单的概率论证明"：Miller, G. A., Some effects of intermittent silence. *The American Journal of Psychology*, 70, 1957, pp. 311–314。

第 18 章
进化，复杂化

在第1章我曾问过："生物进化是如何产生出个体如此简单、整体上又如此复杂的生物呢？"通过书中的例子我们可以看到，对生命系统的理解越深入，就越感到惊讶，这样精巧的复杂性居然是通过有利突变和历史偶然的逐步积累形成的。这也正是从达尔文时代到现在神创论或其他超自然"智能设计"的拥护者论证的依据。

进化是如何创造出复杂性，或者说是否能创造复杂性，以及生物复杂性该如何刻画和度量，这些问题都还没有解决。复杂系统研究几十年来最重要的贡献之一就是为这些老问题提供了一些新的研究途径。这一章我将介绍遗传学和基因调控动力学的最新发现，它们为我们带来了一些关于复杂系统进化的惊人的新认识。

遗传，复杂化

在科学研究中，经常有一些新的技术会打开新发现的闸门，从而改变以前建立起来的对研究领域的认识。回到第2章我们可以看到一个这样的例子 —— 计算机的发明使得为天气这样的复杂系统建模仿真成为可能，并因此揭示了混沌的存在。最近，超级天文望远镜的建造在天文学领域导致了关于所谓的暗物质和暗能量的许多新发现，因此引发了对之前的宇宙学知识的重新审视。

过去四十年中，没有什么技术的影响比得上所谓的分子革命对遗传学的影响。对DNA进行快速复制、测序、合成，实施DNA工程，对分子层面的结构进行成像，同时观察数以千计不同基因的表型，这些技术还只是20世纪末21世纪初生物技术取得成就的一小部分。随着新技术的出现，生物学家们可以更细致地观察细胞，更多出人意料的复杂性也随之出现。

在沃森和克里克发现DNA结构之后，DNA基本被视为由基因组成的序列，每个基因编码一种特定的蛋白质，在细胞中实现一定的功能。基因序列本质上被视为细胞的"计算机程序"，通过RNA、核糖体等物质的译码和执行，合成出相应的蛋白质。DNA在复制过程中会有小的随机变化；对有利变化的长期积累最终会导致生物的适应性变化，并产生新的物种。

这种传统观念在过去40年中已经发生了巨变。分子革命一词不仅指遗传学中的新技术，也指这些技术带来的对DNA、基因和进化本质的革命性新观点。

基因是什么

分子革命的一个诱因就是基因概念本身。第6章描述的DNA的机制仍然是成立的 —— 染色体中包含DNA，通过转录和译码产生蛋白

质 —— 但这只是故事的一部分。下面来看看部分新近发现的许多现象，这些现象关注的是基因和遗传的运作机制。

◆基因并不像"一根绳子上串着的豆子"。我在中学学生物时，基因和染色体被解释比喻成一根绳子上串着的豆子（我记得我们还用塑料豆子组装过模型）。后来发现基因并不是相互分开的。有些基因相互重叠 —— 也就是说，它们各自编码不同的蛋白质，但是共用DNA核苷酸。有些基因甚至完全包含在其他基因内部。

◆基因可以在染色体上移动，甚至移动到其他染色体。你也许听说过"跳跃基因（jumping genes）,"实际上基因是可以移动的，染色体的组成也会被重新排列。这在任何细胞中都有可能发生，包括精子和卵子，也就是说可以遗传。这样产生的变异率比DNA复制错误导致的变异率要高得多。一些科学家提出，近亲甚至同卵双胞胎之间的差别可能就是这种"可动遗传因子[1]（mobile genetic element）"造成的。还有人提出，跳跃基因是导致生命多样性的机制之一。

◆单个基因可以编码多个蛋白质。以前一直以为基因和蛋白质是一对一的关系。这个认识在人类基因组被测序后受到怀疑，基因编码的不同蛋白质的数量可能超过100000种，而人类基因组只有大约25000个基因。最近发现的多重剪接（alternative splicing）和RNA编辑（RNA editing）可以帮助解释这个差异。这些过程可以在信使RNA

1."可动遗传因子"：关于可动遗传因子对大脑多样性的可能作用，有一篇专业文献是Muotri, A.R., Chu, V.T., Marchetto, M.C.N., Deng, W., Moran, J.V.& Gage, F.H., Somatic mosaicism in neuronal precursor cells mediated by L1 retrotransposition. *Nature*, 435, 2005, pp.903-910。

转录DNA之后和译码成氨基酸之前以各种方式变化。这意味着同样的基因通过不同的转录事件可以产生出不同的蛋白质。

◆由于如此复杂，以至于最专业的生物学家也经常无法对"基因"的定义达成共识。最近一组科学哲学家和生物学家进行了一项调查[1]，向500名生物学家各提供一些不常见但真实的DNA序列，然后问他们这些序列是不是"基因"，以及他们对自己的答案有多大把握。结果发现对其中许多序列，他们的想法产生了分化，60％的人相信一个答案，40％的人相信另一个答案。《自然》杂志上报告这项调查的文章评论道："对分子遗传学越专长的学者[2]，越不确定基因到底是什么。"

◆生物系统的复杂性主要来自基因网络，而不是单个基因独立作用的简单加总。第16章曾讲过，基因调控网络目前是遗传学的研究重点。以前的绳子串豆子的观念同孟德尔遗传律一样，都是把基因看作线性的——每个基因都各自负责某个表型。而现在的普遍观念则是，细胞中的基因组成了非线性的信息处理网络，一些基因会根据细胞状态控制其他基因的行为——基因并不是独立运作。

◆即使基因的DNA序列不发生变化，基因的功能也会发生可遗传的变化。最近兴起的表观遗传学（epigenetics）研究的就是这种变化。一个例子就是所谓的DNA甲基化（methylation），细胞中的一种酶将特定的分子连接到DNA序列的某些部分，将这些部分"关

1."最近一组科学哲学家和生物学家进行了一项调查": Pearson, H., What is a gene? Nature, 441, 2006, pp.399–401。
2."对分子遗传学越专长的学者": 同上。

闭"。一旦细胞中发生这种现象，这个细胞的所有后代就会产生同样的DNA甲基化。如果DNA甲基化发生在精子或卵子中，就会被遗传。

◆一方面，这类表观遗传现象在所有细胞中都不断在发生，对生命活动的许多方面都很关键，因为它可以关闭不再需要的基因（例如，一旦进入成年期，我们就不再需要像小孩一样生长发育，控制青春期发育的基因就会甲基化）。另一方面，错误的甲基化，或者应当甲基化却没有甲基化，又会导致遗传紊乱和疾病。事实上，一些人认为，正是由于胚胎发育期缺乏必需的甲基化[1]，使得很多克隆胚胎无法存活，许多克隆动物即便存活也会有严重甚至致命的缺陷。

◆最近发现，在大部分生物中，DNA转录为RNA之后很大部分最终都没有被译码成蛋白质[2]。这些所谓的非编码RNA对基因和细胞的功能具有调控作用，这些以前都认为是由蛋白质单独完成的。非编码RNA的作用是目前遗传学中一个非常活跃的研究领域[3]。

遗传学已经变得非常复杂了。这种复杂对生物学的影响巨大。2003年，人类基因组计划发布了完整的人类基因组——人类DNA的全部序列。虽然这个计划获得了大量新发现，但还是没有达到许多

---

1. "胚胎发育期缺乏必需的甲基化"：参见，例如，Dean，W.，Santos，F.，Stojkovic，M.，Zakhartchenko，V.，Walter，J.，Wolf，E.，& Reik，W.，Conservation of methylation reprogramming in mammalian development：Aberrant reprogramming in cloned embryos. *Proceedings of the National Academy of Science*，USA，98（24），2001，pp.13734-13738。

2. "DNA转录为RNA之后很大部分最终都没有被译码成蛋白质"：参见，例如，Mattick，J.S.，RNA regulation：A new genetics? *Nature Reviews：Genetics*，5，2004，pp.316-323；Grosshans，H.& Filipowicz，W.，The expanding world of small RNAs. *Nature*，451，2008，pp.414-416。

3. "非编码RNA的作用是目前遗传学中一个非常活跃的研究领域"：对这个领域目前的一些研究和争议的讨论，参见Hüttenhofer，A.，Scattner，P.，& Polacek，N.，Non-coding RNAs：Hope or Hype? *Trends in Genetics*，21（5），2005，pp.289-297。

人的预期。一些人曾以为人类基因的详尽图谱能让我们彻底理解遗传的运作原理，哪个基因对应哪项特征，并带来医学发现和靶向性基因治疗的革命。虽然发现了一些基因可能是某些疾病的原因，但结果表明仅仅知道DNA的序列还不足以让我们理解人（或其他复杂生物）的全部特性和缺陷。

使得基因序列被寄予如此厚望的一个主要因素是国际生物技术工业。《纽约时报》最近的一篇文章报道了新近发现的这些遗传复杂性对生物技术工业的影响："基因独立运作的想法是1976年之后形成的[1]，这也是第一家生物技术公司成立的时间。事实上，整个生物技术工业的经济基础都建立在这个认识之上。"

问题还不仅仅在于遗传学被迅速修改。生物技术工业一个潜藏的大问题是基因专利的归属。几十年来，生物技术公司对人类DNA中一些被认为"编码了特定的功能性产物"[2]的序列申请了专利。但就像我们在前面看到的，许多复杂特性并不是由某个基因的DNA序列单独决定的。既然这样，这些专利还能成立吗？如果"功能性产物"是表观遗传过程作用或调控基因的结果呢？又或者这个产物不仅需要被申请专利的基因，还需要调控这个基因的基因，以及调控调控基因的基因呢？如果这些调控基因的专利被授予了其他人呢？一旦放弃线性基因的观念，面对本质上的非线性，这些专利的意义就会变得不明不白，好处是专利律师和法官今后不用担心失业了。专利不是唯一

---

1. "基因独立运作的想法是1976年之后形成的": Caruso, D., A challenge to gene theory, a tougher look at biotech. *New York Times*, 2007年7月1日。
2. "编码了特定的功能性产物": 美国专利权法，引自同上。

的问题。就像《纽约时报》指出的："基因组网络化的证据实际上毁掉了对当今生物技术产品商业化进行的所有官方风险评估的科学基础[1]，不管是转基因作物还是医药。"

不仅遗传学，整个进化论都因这些新的遗传学发现受到了挑战。"进化发育生物学（evolutionary developmental biology）"领域就是一个突出的例子。

进化发育生物学

进化发育生物学是一个让人兴奋的领域，这个领域最近的发现据称解释了至少3个遗传和进化的大谜团：

1.人类只有大约25000个基因。复杂性从何而来？

2.人类在遗传上与其他许多物种很类似。例如，我们的DNA超过90％与老鼠一样[2]，超过95％与大猩猩一样。为什么我们的形态与这些动物相差这么大？

3.如果古尔德等人提出的进化间断平衡是正确的，身体形态为何会在很短的进化时期内发生巨大变化呢？

1."基因组网络化的证据实际上毁掉了对当今生物技术产品商业化进行的所有官方风险评估的科学基础"：Caruso，D.，A challenge to gene theory, a tougher look at biotech. *New York Times*，2007年7月1日。
2."我们的DNA超过90％与老鼠一样"：在发表的文献中对人类与其他物种DNA重叠部分的估计各不相同。不过，"超过90％一样"应该是相当可靠的估计。

最近有观点认为，这些问题的答案至少部分在于基因开关（genetic switch）的发现。

发育生物学和胚胎学研究的是单个受精卵如何变成由亿万细胞组成的活生物体的过程。然而，现代综合关注的却是基因；用发育生物学家卡罗尔（Sean Carroll）的话说，现代综合是将胚胎和发育过程视为"'黑箱'，在其中可以将遗传信息变成三维的、活的动物"[1]。这部分归咎于以前的观念，认为多种多样的动物形态最终可以用基因的数量和DNA构成的巨大差异解释。

20世纪80—90年代，这种观念有了很大变化。就像前面说的，DNA测序发现许多不同的物种DNA却很相似。遗传学的进展也使得对胚胎发育过程中基因表达的机制有了更详细的了解。结果发现这些机制与之前预想的差别很大。胚胎学家发现，在研究过的复杂动物中，都存在一小部分"主导基因"调控动物许多身体部位的发育成形。更让人吃惊的是，各物种之间，不管是果蝇还是人类，虽然形态差异极大，主导基因的DNA序列却有许多是相同的。

如果发育过程是受相同的基因掌控，这些动物的形态怎么会如此不同呢？进化发育生物学的支持者提出，物种形态多样性的主要来源不是基因，而是打开和关闭基因的基因开关。这些开关是不编码蛋白质的DNA序列，通常长度为几百个碱基对。它们以前被认为是所谓的

1."'黑箱'，在其中可以将遗传信息变成三维的、活的动物"：Carroll，S. B.，*Endless Forms Most Beautiful：The New Science of Evo Devo and the Making of the Animal Kingdom*.New York：W.W.Norton，2005，p.7。

"垃圾基因"的一部分，但现在发现有基因调控的作用。

　　图18.1是基因开关的工作原理。基因开关是位于某个基因旁边的非编码DNA序列。这个序列一般包含有一组标签子序列，其中每个都可以与特定的蛋白质结合，从而让蛋白质附着到DNA上。旁边的基因是否能被转录，速度多快，都取决于蛋白质与这些子序列的结合情况。允许转录的蛋白质会为进行转录的RNA分子创造强结合点；阻止转录的蛋白质则会阻挡这些RNA分子同DNA结合。其中一些蛋白质还有能消除其他蛋白质的作用。

图18.1　基因"开关"示意图。(a)一段DNA序列，包含一个有两个标签子序列的开关、被开关打开的功能基因以及两个调控主导基因。调控主导基因生成调控蛋白质。(b)调控蛋白质同标签子序列结合，打开功能基因 —— 也就是允许其转录

　　这些特定的调控蛋白质是从何而来呢？同所有蛋白质一样，它们由基因生成，这里是由调控基因对这些蛋白质进行编码，根据细胞的当前状态决定相应基因是开还是关。这些调控基因又是如何判断细胞的状态呢？一些蛋白质可以与这些调控基因本身的开关相结合，从而向其传递细胞状态的信号。这些蛋白质通常是由另外的调控基因编码，这些基因又由其他基因调控。

简而言之，基因调控网络包括功能基因和调控基因，功能基因编码用于细胞结构和运转的蛋白质（和非编码RNA），而调控基因编码的蛋白质则可与目标基因旁边的DNA"开关"相结合，从而开启或关闭相应的基因。

现在可以为这节开头提出的3个问题给出进化发育生物学的答案了。人类（和其他动物）比基因数量所表现的要复杂得多，可能的原因很多，"基因是什么"一节列出了一些。但主要原因还是基因调控网络使得基因表型的可能性极多，因为蛋白质对基因开关的附着情况有很多种。

人类之所以与其他差别极大的物种能有如此多相同的基因，是因为虽然基因是一样的，但基因开关的序列构成却已进化得不一样了。基因开关的微小变化能导致发育过程中基因采取截然不同的开关模式。因此，根据进化发育生物学，生物的多样性主要来自开关而不是基因的进化。这也是为什么形态的巨大变化 —— 可能还包括物种形成 —— 可以在很短的进化时间内发生：主导基因不变，但是开关变了。根据进化发育生物学的观点，进化的主要力量正是这种 —— 长期以来一直被视为"垃圾"的DNA的 —— 变化，而不是新基因的出现。生物学家马蒂克就此评论说："讽刺的是 …… 一直被视为垃圾的[DNA]却藏有人类复杂性的秘密。"[1]

进化发育生物学的一个惊人例证就是燕雀鸟喙的进化。第5章曾

1."讽刺的是 …… 一直被视为垃圾的[DNA]却藏有人类复杂性的秘密"：参见视频Gene Regulation; *Science*, 319, no. 5871, 2008。

讲过，达尔文发现加拉帕格斯群岛燕雀的喙的大小和形状差别很大。直到不久前，大部分进化生物学家都还认为这种差别是几种基因随机变异逐渐积累的渐变过程。但最近发现了一个名为BMP4的基因可以通过调控生成骨骼的基因来控制喙的大小和形状。鸟在发育过程中BMP4的表达越强烈，喙就越强大。另一种名为钙调素（calmodulin）的基因则被发现与长细形的喙有关。卡罗尔·尹（Carol Kaesuk Yoon）在《纽约时报》上撰文介绍，"为了证明BMP4基因确实能触发生长粗壮、能打开坚果的喙，[1] 研究者在小鸡胚胎发育出喙时人为加快了BMP4的产生。结果小鸡长出了宽厚而结实的喙，类似于能啄开坚果的燕雀…… 像BMP4一样，钙调素基因的表达越强，雀喙就会长得越长。如果在小鸡胚胎中人为增加钙调素，小鸡就会长出变长的喙，就像啄食仙人掌的燕雀…… 这样科学家就发现，无需几十上百种基因，只需这两种，就有可能让鸟喙变得或是厚重，或是短粗，或是细长"。结论是鸟喙（及其他特征）形态的巨大变化可以很快发生，而无须等待时间漫长的随机变异。

进化发育生物学挑战进化传统观念的另一个例子是趋同进化（convergent evolution）。在中学生物课上我们学过，章鱼眼睛和人类眼睛—— 形态差异很大 —— 是趋同进化的例子：这两个物种的眼睛是相互独立进化出来的，是自然选择作用于两种不同环境的产物，两种环境中眼睛都具有适应优势。

然而，最近有证据表明，这两种眼睛的进化并不像以前认为的那

---

1. "为了证明BMP4基因确实能触发生长粗壮、能打开坚果的喙"：引自Yoon, C.K., From a few genes, life's myriad shapes. *New York Times*, 2007年6月26日。

样独立。人类、章鱼、苍蝇等物种都具有名为PAX6的基因，这种基因能引导眼睛的发育。瑞士生物学家格林（Walter Gehring）做了一个古怪而富有启发的实验，[1] 实验中格林将老鼠的PAX6基因取出插入到果蝇的染色体中。在不同实验中，PAX6被插入染色体的三个不同部位：这三个部位分别引导腿、翅膀和触须的发育。结果非常怪异：果蝇的腿、翅膀和触须上长出了类似眼的结构。这种结构像果蝇的眼，而不是老鼠的眼。格林得出结论：眼睛不是多次独立进化出来的，而是只有一次，有一个具有PAX6基因的共同祖先。这个结论在进化生物学家中仍然极具争议。[2]

　　虽然主导基因引导的基因调控网络能产生多样性，它们也对进化施加了一些限制。进化发育生物学家认为任何生物的身体形态类型都受主导基因高度约束，这也是为什么自然界中只有少数基本的身体结构类型。如果基因组很不相同的话，也许会有新的身体结构类型，但实际上进化无法让我们变成那样，因为我们非常依赖现在的调控基因。我们的进化可能性是有局限的。根据进化发育生物学的观点，"所有特性都能无限变化"的观念是错误的。

1."格林做了一个古怪而富有启发的实验"：这项研究参见 Travis, J., Eye opening gene. *Science News Online*, 1997年3月10日。
2."这个结论在进化生物学家中仍然极具争议"：对这个争议的讨论，参见，例如，Erwin, D. H., The developmental origins of animal bodyplans. 收录在 S. Xiao & A. J. Kaufman（编辑），*Neoproterozoic Geobiology and Paleobiology*, New York：Springer, 2006, pp. 159–197。

基因调控和考夫曼的"秩序的起源"

理论生物学家考夫曼（图18.2）早在40年前就开始思考基因调控网络及其对进化的影响，当时进化发育生物学还尚未发端。同时他还思考了从这种复杂网络中涌现出的秩序对进化的意义。

图18.2 考夫曼（Daryl Black摄影，经许可重印）

考夫曼是复杂系统的传奇人物。我第一次遇见他是在我读研究生最后一年参加的一次会议上。他的演讲被安排在会议的最开头，我必须说，当时对我来说，那是我听过的最富启发的演讲。我不记得主题具体是什么；我只记得当时听演讲的感觉，我感到他讲得非常深刻，他提出的问题极为重要，我想去和这家伙一起做研究。

考夫曼刚开始是研究物理学，但很快就转向了遗传学研究。他的研究新颖而且极具影响，为他赢得了许多学术荣誉，包括麦克阿瑟"天才"奖，以及圣塔菲研究所的职位。在SFI的研讨会上，考夫曼经常会在听众席上插话："我知道我只是个孤陋寡闻的乡下博士，但……"然后针对他以前不知道的一些很专业的主题滔滔不绝地讲述他即兴的想法，他可以讲上5分钟或更长时间。一位科学记者称他为"世界级的知识即兴演奏家"[1]，这个评价我认为相当中肯。

考夫曼说自己是"孤陋寡闻的乡下博士"只是谦虚。他是最有影响力的复杂系统思想家之一，富有远见，绝不是什么孤陋寡闻的人物。SFI有个笑话，说考夫曼"拥有达尔文进化论的专利"。事实上，他确实拥有在实验室演化蛋白质序列的专利技术，这项技术可以用来发现新的药物。

随机布尔网络

考夫曼可能是第一个发明和研究基因调控网络的简化计算机模型的人。他的模型结构是所谓的随机布尔网络（Random Boolean Network，RBN），是从元胞自动机扩展而来。同其他网络一样，RBN也包含节点以及节点之间的边。类似于元胞自动机，RBN以离散时间步的形式更新节点状态。在每一步各节点可以处于开状态或关状态。

状态只有开和关两种，这也是布尔一词的由来：布尔规则（或函数）的输入是一些等于0或1的数，根据输入得到的输出也要么是0要

1."世界级的知识即兴演奏家"：Horgan，J.，From complexity to perplexity. *Scientific American*，272，1995年6月，pp. 74–79。

么是1。这类规则因数学家布尔而得名，布尔对其进行了深入的研究。

在RBN中，边是有方向的：节点A有边指向节点B，节点B并不必然（但可能）有边指向节点A。各节点的入度（从其他节点指向这个节点的边的数量）都是一样的，记为数字K。

下面来看看如何构建一个RBN：对每个节点，随机选取K个节点（可能包括自己），建立从这些节点指向目标节点的边，然后给这个节点随机赋予一条布尔规则，规则的输入为K个开关状态，输出则为单个开关状态［图18.3（a）］。

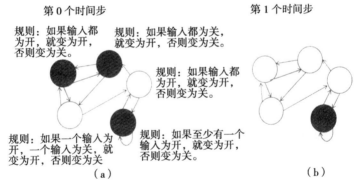

图18.3　(a)5个节点组成的随机布尔网络。各节点的入度（K）等于2。在第0个时间步，各节点处于随机的初始状态：开（黑）或关（白）。(b)各节点更新状态后第1个时间步的网络

RBN运行前，给每个节点赋予随机选择的初始开关状态。在每个时间步，各节点将自己的状态传送到其连接的节点，并从连接到它的节点接收状态输入。然后各节点根据其规则和输入确定自己下一步的状态。图18.3显示了一个5节点的RBN在第1步的变化，每个节点有2个输入。

RBN类似于元胞自动机，但是有两个主要区别：节点不是与空间上相邻的节点相连，而是随机连接，另外元胞自动机各节点的规则是一样的，而RBN的每个节点都有自己的规则。在考夫曼的研究中，RBN被作为基因调控网络的理想模型，其中节点代表"基因"，节点A指向节点B的边则表示"基因A调控基因B"。这个模型显然比真正的基因网络要简单得多。现在在生物学中使用这种理想模型已经很普遍，但在20世纪60年代考夫曼开始研究时还很少有人接受。

混沌边缘的生命

考夫曼和他的学生及同事用各种入度值K进行了大量RBN实验，从随机初始状态开始，然后迭代许多步，节点状态一开始会以类似随机的方式变化，但最终要么停在不动点上（所有节点状态保持不变），要么进入周期振荡（整个网络的状态以较短的周期振荡），要么就根本不停下来，迭代了很久仍然像是随机变化。这种变化实际上是混沌，因为网络状态变化的轨迹敏感依赖于网络的初始状态。

考夫曼发现最终的行为是由网络中的节点数量以及各节点的入度K决定的。随着K从1开始（各节点只有一个输入）逐渐增大到等于全部节点的数量（每个节点都从其他所有节点有输入，包括它自己），RBN的典型行为经历了3种类型（不动点、振荡、混沌）。你可能注意到了这与逻辑斯蒂映射随着R增大时的行为变化类似（参见第2章）。在K=2时考夫曼发现了一个有趣的类型——既不是不动点、振荡，也不是完全混沌。类似于逻辑斯蒂映射的"混沌的发端"，他称之为"混沌边缘"。

考夫曼认为RBN能反映真实的基因网络的行为，他用水在各种温度下的状态作类比："控制从受精卵到成人的发育的基因组网络[1]有可能处于以下三种类型：类似冰冻的有序态，类似气体的混沌态，以及位于有序和混沌之间类似液态的区域。"

考夫曼认为，生物既要具有活性同时又要稳定，RBN所模拟的基因网络应当为"液态"才有意义 —— 既不能太僵硬也不能太混沌。用他的话说："生命存在于混沌的边缘。"[2]

考夫曼用动力系统理论的术语 —— 吸引子、分叉、混沌 —— 来阐述他的发现。将节点可能的状态组合称为网络的全局状态。由于RBN的节点数量有限，因此可能的全局状态的数量也是有限的。如果网络迭代足够长时间，就必然会重复之前出现过的全局状态，接下来就会循环。考夫曼将这种循环称为网络的"吸引子"。通过反复实验，他估计出$K = 2$时产生的不同吸引子的平均数量大致等于节点数量的平方根。

然后考夫曼对模型进行了大胆的解读。身体中所有细胞都具有同样的DNA。然而，细胞的类型却有很多：皮肤细胞、肝细胞，等等。考夫曼认为确定具体细胞类型的就是细胞中的基因表达形式 —— 前面我曾讲过不同细胞的基因表达形式可以差别很大。在RBN模型中，一种吸引子就对应一种"基因表达"形式。因此考夫曼提出他的网络

---

1. "控制从受精卵到成人的发育的基因组网络"：Kauffman, S. A., *At Home in the Universe*. New York：Oxford University Press，1995，p.26。
2. "生命存在于混沌的边缘"：同上，p.26。

中的吸引子就对应于生物体内的一种细胞类型,细胞类型的数量应当接近100000的平方根,大约316种。这与在人类身上发现的细胞种类数量 —— 约为256种 —— 相差不大。

在考夫曼进行这些计算的时候,普遍认为人类基因组包含大约100000个基因(因为人体中大约有100000种蛋白质)。考夫曼很兴奋,他的模型很好地预测了人体中细胞种类的数量。现在我们知道人类基因组只有25000个基因,因此根据考夫曼的模型得出的预测是大约158种。

有序的起源

模型并不完美,但考夫曼相信它揭示了他对生命系统最重要的一般性观点:原则上自然选择对于复杂生物的产生并不是必需的。许多 $K=2$ 的RBN也能表现出"复杂"行为,而其中并不涉及自然选择或进化算法。他的观点是,一旦网络结构变得足够复杂 —— 即有大量节点控制其他节点 —— 复杂和"自组织"行为就会涌现出来。他说:

> 继承了达尔文传统的大部分生物学家都认为[1],个体发育的有序性有赖于某种分子级的鲁布·戈德堡机器慢慢打磨[2],这种机器是通过进化一点一滴累积而成的。我的观点

1."继承了达尔文传统的大部分生物学家都认为": Kauffman, S. A., *At Home in the Universe*.New York: Oxford University Press, 1995, p.26, p.25。
2.译注:美国漫画家鲁布·戈德堡(Rube Goldberg)在他的作品中创作出各种复杂的机械完成各种简单的任务,后来人们以"鲁布·戈德堡机器"命名这种装置,意指"以极为繁复而迂回的方法去完成实际上或看起来可以很容易做到的事情",也指"极为混乱或复杂的系统"。

> 相反：个体发育过程中的美丽秩序大部分是自发的，是极度复杂的调控网络所包含的惊人自组织的自然表达。我们似乎从根本上就错了。秩序，无处不在而且有生命力的秩序，是自然发生的。

考夫曼深受统计力学框架的影响。第3章曾介绍过统计力学。记得统计力学解释了温度这样的属性如何产生自对大量分子的统计。也就是说，人们不用跟踪所有分子的牛顿轨道就能预测系统的温度变化。考夫曼认为他的发现类似于统计力学的定律，其决定的是从大量相互连接调控的组分中涌现出来的复杂性。他称这条定律为"候选的热力学第四定律"[1]。热力学第二定律指出宇宙有熵增的内在趋势，而考夫曼的"第四定律"则提出生命具有复杂化的内在趋势，而这独立于自然选择的任何趋势。这个思想在考夫曼的《秩序的起源》（*The Origins of Order*）一书[2]中有详尽阐释。考夫曼认为，复杂生物的进化部分是由于这种自组织，部分由于自然选择，而且可能自组织才是起主导作用的，对选择的可能性施加了严格限制。

对考夫曼的研究的反响

由于考夫曼的研究意味着"对选择在进化论中的地位进行根本性

---

1. "候选的热力学第四定律"：Kauffman, S. J., *Investigations*. New York：Oxford University Press，2002，p. 3。
2. "考夫曼的《秩序的起源》一书"：Kauffman, S. A., *The Origins of Order*. New York：Oxford University Press，1993。

的重新解读"[1]，可想而知人们对其的反应会有多强烈。这项研究有许多狂热的拥护者（"他的方法开启了新的未来"[2]；这是"对整个生物学进行建模的第一次严肃尝试"[3]）。另一方面，许多人则极为怀疑他的结果和他对结果的宽泛解释。一位评论家说考夫曼的写作风格具有"危险的诱惑力"[4]，并且这样评价《秩序的起源》的："有时候就好像在虚幻的空间悠然漫步[5]，似乎无需理会来自现实的琐屑烦恼。"

实际上，相关的实验证据并不都是站在考夫曼一边。考夫曼自己也承认，将RBN作为基因调控网络的模型需要许多不符合实际的假设：每个节点只能两个状态取其一（而基因表达则有各种程度的强度），每个基因的调控基因都一样多，所有节点都是以离散时间步同步更新。这些简化可能会忽略基因活动的重要细节。

更麻烦的是，"噪声"——错误和其他不确定行为的来源——在真实世界的复杂系统中是不可避免的，基因调控也是如此。生物的基因网络会不断犯错误，但是它们具有弹性——大多数情况下我们的健康不会受这些错误影响。然而，仿真结果表明，噪声对RBN的行为有明显的影响[6]，有时候甚至会阻止RBN到达稳定的吸引子。虽然考夫

1."对选择在进化论中的地位进行根本性的重新解读"：Burian, R. M. & Richardson, R. C., Form and order in evolutionary biology：Stuart Kauffman's transformation of theoretical biology. 收录 在 PSA：Proceedings of the Biennial Meeting of the Philosophy of Science Association, Vol. 2：Symposia and Invited Papers, 1990, pp. 267-287。
2."他的方法开启了新的未来"：同上。
3."对整个生物学进行建模的第一次严肃尝试"：Bak, P., How Nature Works: The Science of Self-Organized Criticality. New York：Springer, 1996。
4."危险的诱惑力"：Dover, G. A., On the edge. Nature, 365, 1993, pp. 704-706。
5."有时候就好像在虚幻的空间悠然漫步"：同上。
6."噪声对RBN的行为有明显的影响"：例如，参见Goodrich, C. S. & Matache, M. T., The stabilizing effect of noise on the dynamics of a Boolean network. Physica A, 379(1), 2007, pp. 334-356。

曼对 RBN 的实验结果做了具体说明，但其中一些也经不起仔细推敲。

例如，考夫曼认为一个典型的网络可能的吸引子数量大约为节点数量的平方根，而他将这个解释为细胞类型。但进一步的仿真表明，吸引子的数量实际上并不是近似等于节点数量的平方根。当然，这并不意味着考夫曼的观点在大的方面就肯定错了；这只是表明，在发展更准确的模型方面还有很多工作要做。发展基因调控网络的准确模型现在是生物学中非常活跃的研究领域。

总结

生命系统的复杂性是如何进化出来的？这个进化生物学中最重要的问题目前仍未得到解决。在这一章我们看到，对生物复杂度的完全理解现在才刚刚开始。我们也看到，对复杂性的进化的理解已经迈出了一些重要的步伐。其中包括一些人提出的"扩展综合（extended Synthesis）"，这个理论认为自然选择仍然很重要，但是其他因素——历史偶然、发育制约（developmental constraint）和自组织——也和自然选择一样重要。进化论者由于受到宗教极端主义的攻击，尤其是在美国，并且经常处于守势，因而不愿意承认自然选择可能不是故事的全部。对于这种窘境，生物学家霍泽尔（Guy Hoelzer）、佩珀（John Pepper）和埃里克·斯密斯（Eric Smith）评论道："加入捍卫达尔文主义的战斗现在已经成为进化生物学家必需的社会责任，[1] 但这种文化范式也带来了对科学的负面影响。对进化过程

---

1. "加入捍卫达尔文主义的战斗现在已经成为进化生物学家必需的社会责任"：Hoelzer, G. A., Smith, E., & Pepper, J. W., On the logical relationship between natural selection and self-organization. *Journal of Evolutionary Biology*, 19 (6), 2007, pp. 1785–1794。

进行新的解释，以对自然选择进行补充，也会激起同样的不经思索的反对立场。"

进化生物学家麦舒（Dan McShea）教了我一个思考这些问题的好办法。[1] 他将进化论者分为三类：适应主义者，认为自然选择才是主要的；历史主义者，相信历史偶然导致了许多进化变化；以及考夫曼这样的结构主义者，关注的是组织结构如何能没有自然选择也能产生。只有这三类人证明他们的研究能够成为一个整体时，进化论才能统一。

麦舒也为我进行了乐观的展望："进化生物学处于知识混沌状态中，[2] 但这个知识混沌极富成效。"

1."进化生物学家麦舒教了我一个思考这些问题的好办法"：麦舒，私人通信。
2."进化生物学处于知识混沌状态中"：麦舒，私人通信。

我要将混沌放入十四行诗，[1]

让他留在那里，让他从此逃遁。

如果他幸运，让他变形、伪装，

洪水、火焰、恶魔——他机敏的谋划，

在甜美秩序的严格界限中游刃有余，

在道貌岸然的强暴中，

我抓住了他的本质和易变的模样，

直到他与秩序混合交叠。

日复一日，年复一年，

他傲慢自大，我们卑躬屈膝：

我抓住了他。他只不过是

简单却没有被理解之物。

我甚至不会逼他忏悔；

或是坦白。我只是将他驯服。

——埃德娜·圣文森特·米莱（Edna St. Vincent Millay），

《采获丰收：新诗集》（*Mine the Harvest: A Collection of New Poems*）

5

尾声

---

1. "我要将混沌放入十四行诗"：收录在 Millay, E. St. Vincent, *Mine the Harvest: A Collection of New Poems. New York*: Harper, 1949, p.130。

第 19 章
复杂性科学的过去和未来

1995年，科学记者约翰·霍根（John Horgan）在世界顶级科普杂志《科学美国人》上发表了一篇文章[1]，攻击整个复杂系统研究，尤其是圣塔菲研究所。他的文章标题"复杂性是不是骗局？"被印在杂志封面上（图19.1）。

这篇文章主要有两个看法。首先，在霍根看来，复杂系统研究不太可能发现什么有用的一般性原则；其次，他相信计算机建模的盛行使得复杂性成了"与事实无关的科学"。另外，文中还有几处过激攻击，将复杂性称为"流行科学"，称其研究者为"复杂学家（complexologist）"。霍根揣测"复杂性"这个词没有什么意义，我们留着它只是因为它具有"公关价值"。

更过分的是，霍根在文中引用我的话说："在某种程度上你可以说所有复杂系统都体现了同样的根本原则，但我不认为那会很有用。"我真的这样说过吗？我怀疑。这样说的背景是什么？我是表示认同这种观点吗？霍根通过电话采访了我一个多钟头，我说了很多；他单单

---

1. "霍根在世界顶级科普杂志《科学美国人》上发表了一篇文章"：Horgan，J.，From complexity to perplexity. *Scientific American*，272，1995年6月，pp. 74-79。

选了最负面的评论。当时我还没有多少同科学记者打交道的经验，我感到非常生气。

图19.1 《科学美国人》杂志在封面上对复杂性进行"羞辱"（Rosemary Volpe 封面设计，经许可重印）

我给《科学美国人》的编辑写了一封信表达我的愤怒，列出了我认为霍根的文章中所有错误和不公平的地方。当然，我的许多同事也这样做了；杂志只发表了其中一封信，不是我那封。

这件事给了我一些教训：和记者打交道要非常小心。但也促使我更努力细致地思考"一般性原则"的概念，以及这个概念可能的意义。

霍根将他的文章扩充成了一本同样充斥着敌意的书，《科学的终结》[1]，他在书中提出所有真正重要的科学发现都已经完成了，以后不会再有了。他在《科学美国人》上写的复杂性文章扩充成了书的一章，并且包括以下消极论断："混沌、复杂性和人工生命的研究还将继续 …… 但他们不会得到任何对自然的伟大洞察 —— 更不可能与达尔文理论或量子力学相提并论。"

霍根有可能是对的吗？发现所有复杂系统的一般性原理或"统一理论"的目标会是徒劳吗？

统一理论和一般性原理

统一理论 [unified theory，或大统一理论（Grand Unified Theory），缩写为GUT] 通常指物理学的一个目标：用一个理论统一宇宙中的基本力。弦论就是对GUT的尝试，但对于弦论是不是正确的，甚至GUT是不是存在，在物理学界还没有达成共识。

假如弦论最后被发现是对的 —— 它是物理学长期追寻的GUT，那将会是极其重大的成就，但那不会是科学的终结，更不会是复杂系统科学的终结。让我们感兴趣的复杂系统行为是无法在基本粒子或是十维的弦这样的层面上进行理解的。即使现实世界中的一切都是由基本粒子组成，它们也不是解释复杂性的适当词汇。这就好像在问到"为什么逻辑斯蒂映射是混沌的"时回答说："因为 $x_{t+1} = Rx_1 (1-x_1)$。"

1."《科学的终结》"：Horgan，J.，*The End of Science : Facing the Limits of Knowledge in the Twilight of the Scientific Age*.Reading，MA：Addison-Wesley，1996。

在某种意义上，对混沌的解释确实包含在这个等式中，就好像免疫系统的行为在某种意义上包含在物理的大统一理论中一样。但这并不构成人类的理解，而这才是科学的终极目标。物理学家克鲁奇菲尔德、法墨尔、帕卡德和罗伯特·肖（Robert Shaw）对此说得非常好："希望物理学能彻底理解基本力从而完结的想法是没有根基的。[1] 一个尺度上组分的相互作用会导致更大尺度上复杂的全局行为，而这种行为一般无法从个体组成的知识中演绎出来。"爱因斯坦也曾开玩笑说："人们相爱不能怪万有引力。"[2]

如果复杂系统的统一理论不是基础物理学，那会是什么呢？又有没有呢？大部分复杂系统研究者可能都会说寻求复杂性的统一理论现在还为时尚早。物理科学发展了两千多年，在认识到质量和能量这两种主要"要素"后很久，才由爱因斯坦用 $E = mc^2$ 将它们统一。物理学还认识到自然界的四种基本力，并且统一了其中至少三种。质量、能量和力，以及它们背后的基本粒子，是物理学理论的基本要素。

对于复杂系统，我们甚至不知道它的基本"要素"或基本"力"是什么；除非你已经知道了统一理论的概念组成或基本要素，否则谈论统一理论没有什么意义。

生态和昆虫学家戈登则表达了以下观点：

1."希望物理学能彻底理解基本力从而完结的想法是没有根基的"：Crutchfield, J. P., Farmer, J. D., Packard, N. H., & Shaw, R. S., Chaos. *Scientific American*, 255, 1986年12月。
2."人们相爱不能怪万有引力"：这句话被普遍认为是爱因斯坦说的。不过，这显然是改自他的原话："堕入情网并不是人类所做的最愚蠢的事——但万有引力规则不需为此负责。"引自Dukas, H. & Hoffmann B.（编辑），*Albert Einstein*，*The Human Side：New Glimpses from His Archives*.Princeton, NJ：Princeton University Press, 1979, p.56。

　　继控制隐喻（metaphors of control）之后[1]，关于复杂性、自组织和涌现的思想——整体大于部分之和——也开始流行起来。但这些解释都只是障眼法，仅仅给出了一些我们无法解释的名词；它们给我的感觉就好比物理学家用等式中两项相等解释粒子的行为，无法让人满意。也许存在复杂系统的一般性理论，但是很明显目前还没有。关注具体系统的细节是理解自组织系统动力学更好的途径。这样可以发现是否存在一般性规律……希望用一般性原理来解释自然界中发现的各式各样复杂系统的规律，这会让我们忽视与模型不符的现象。多了解这类系统的具体特性，就能发现在各系统之间哪些类推有效，哪些类推又无效。

确实有很多一般性原理不是很有用，例如，"所有复杂系统都具有涌现性质（emergent properties）"，因为就像戈登说的，它们给出的是"我们无法解释的名词"。我想，这就是我在说霍根引用的话时所表示的意思。没有单一的原理可以适用于所有复杂系统，我认为从这个意义上说戈登是对的。

用共性而不是一般性原理来称呼可能更好：它们为一些系统或现象的机制给出了新的理解或概念，如果没有它们，很难通过分别研究这些系统或现象然后进行类比来厘清。

共性的发现可以是复杂性研究反馈环的一部分：由具体复杂系统

1."继控制隐喻之后"：Gordon，D. M.，Control without hierarchy. Nature，446（7132），2007，p.143。

的知识总结出共性，反过来又为理解具体系统提供了思想。具体的细节与共性相互启发、约束和丰富对方。

听起来很不错，但有没有例子呢？各种文献中提出了很多共性或普适原理，这本书中我们也看到了一些：混沌系统的普适性质；冯·诺依曼的自复制原理；霍兰德的搜索与开发平衡原理；阿克塞尔罗德的合作进化的基本条件；沃尔夫勒姆的计算等价性原理；巴拉巴西和艾伯特提出偏好附连是真实网络发展的普遍机制；韦斯特、布朗和恩奎斯特提出用分形循环网络解释比例关系；等等。还有很多，受篇幅限制我们无法一一列举。

在第12章我壮着胆子提出了分散系统中适应性信息处理的一些共通原理。我不知道戈登是否会同意，但我相信对于人们研究与我提到的系统类似的系统应该会有用——这些原理也许能给他们一些新的思想，帮助他们理解所研究的系统。例如，我提出了"随机性和或然性很关键"。最近我在一次演讲中阐述了这些原理，听众中一位神经学家就跟着推测了大脑中随机性的可能来源，以及起到了什么作用。听演讲的人中一些人从没有从这个角度思考过大脑，因此这个思想稍微改变了他们的观念，也许在他们以后的研究中就会用到这些新概念。

另一方面，从具体系统到共性也会有反馈。也是在那次演讲中，一些人举了一些复杂适应系统的例子，他们认为这些系统并不符合我的全部原理，这驱使我重新思考我的观点的通用性。正如戈登指出的，我们应当注意不要忽视"与模型不符的现象"。当然，对自然现象的认识有时候也会有错误，而共性也许能引导我们进行辨析。据说爱因

斯坦 —— 他是杰出的理论大师 —— 曾说过："如果事实与理论不符，就改变事实。"当然，这取决于是什么理论和事实。理论越是稳固，你就越应当怀疑与之相抵触的事实，反过来如果与之相抵触的事实越是有根据，你就越应当怀疑你提出的理论。这就是科学的本性 —— 永无止境的提议和质疑。

复杂系统研究的根源

对复杂系统共性的寻找有很长的历史，特别是在物理学中，但发展最快的阶段还是在计算机发明以后。20世纪40年代初，一些科学家提出计算机与动物之间有很强的相似性。

20世纪40年代，以赛亚·梅西基金会（Josiah Macy, Jr. Foundation）资助了一系列交叉科学会议，主题很有趣，包括"生物和社会系统中的反馈机制和循环因果系统""社会的目的论机理"以及"目的论机理与循环因果系统"。这些会议是由一小群探寻各种复杂系统共性的科学家和数学家组织的。这个团体的主要推动者是数学家维纳（图19.2），他在第二次世界大战期间研究高射炮的控制，这段研究经历让他认识到，无论是生物还是工程中的复杂系统，研究的关键都不再是质量、能量和力这些物理学概念，而是反馈、控制、信息、通信和目的（或"目的性"）等概念。

梅西基金会系列会议聚集了当时许多杰出人物，除了维纳，还有冯·诺依曼、麦卡洛克（Warren McCulloch）、米德（Margaret Mead）、贝特森、香农、阿什比（W. Ross Ashby）等人。这些会议促使维纳提

出了一门新的学科，*控制论*[1]（cybernetics），这个词来自希腊语的
"舵手"一词，也就是船的操控者。维纳将控制论归结为"整个控制和
通信的理论[2]，无论是关于机械还是动物"。

图19.2 罗伯特·维纳（1894—1964）（AIP Emilio Segre Visual Archives）

这个松散的控制论团体关注的主题在这本书中都出现过。他们想
知道：信息和计算是什么？它们在生物中是如何表现的？生物与机器
有什么相似之处？反馈在复杂行为中起什么作用？信息处理是如何产
生出意义和目的的？

控制论团体在生物与机器的类似性上做了许多重要工作。例如
冯·诺依曼的自复制自动机将信息与繁殖联系到了一起；阿什比的

1."一门新的学科，控制论"：关于控制论的迷人历史可以参考 Aspray，W.，*John von Neumann and the Origins of Modern Computing. Cambridge*，MA: MIT Press，1990；以及 Heims，S. *The Cybernetics Group.* Cambridge，MIT Press，1991。

2."整个控制和通信的理论"：Wiener，N.*Cybernetics.*Cambridge，MA：MIT Press，1948，p.11。

《大脑设计》[1] 提出将动力学、信息和反馈应用到神经科学和心理学。麦卡洛克和皮茨（Walter Pitts）提出了神经元模型作为逻辑器件，[2] 引发了后来神经网络的研究；米德和贝特森将控制论的思想应用到心理学和人类学；[3] 维纳的著作《控制论》和《人有人的用处》[4] 则试图为这个领域和许多相关学科提供统一的认识。这些成就只是其中部分例子，它们的影响延续至今。

控制论的研究在当时既有人拥护也有人反对。拥护者认为其开创了科学的新时代；批评者则认为它没有什么用，因为太过宽泛模糊，缺乏严格的理论基础。人类学家贝特森认同前一观点，他写道："我一生经历的最重要的两次历史事件是凡尔赛条约的签订和控制论的发现。"[5] 而生物学家和诺贝尔奖获得者德尔布吕克（Max Delbrück）则认为他参加的控制论会议"极为空洞无物"[6]。决策论学家萨维奇（Leonard Savage）说得客气一点，他说后期的一次梅西基金会会议是"非常精英的团体在一起闲谈"[7]。

控制论主义者参加会议的热情逐渐消退，这个领域本身却繁荣起

1."阿什比的《大脑设计》"：Ashby，R.H.，*Design for a Brain*. New York:Wiley，1954。

2."麦卡洛克和皮茨提出了神经元模型作为逻辑器件"：McCulloch，W. & Pitts，W.，A logical calculus of ideas immanent in nervous activity. *Bulletin of Mathematical Biophysics* 5，1942，pp. 115-133。

3."米德和贝特森将控制论的思想应用到心理学和人类学"：参见，例如，Bateson，G.，*Mind and Nature：A Necessary Unity*.Cresskill，NJ：Hampton Press，1979。

4."维纳的著作《控制论》和《人有人的用处》"：Wiener，N.*Cybernetics：Or the Control and Communication in the Animal and the Machine*. Cambridge，MA: MIT Press，1948；Wiener，N.*The Human Use of Human Beings*. Boston：Houghton Mifflin，1950。

5."我一生经历的最重要的两次历史事件是凡尔赛条约的签订和控制论的发现"：贝特森，引自 Heims，S.，*The Cybernetics Group*. Cambridge：MIT Press，1991，p. 96。

6."极为空洞无物"：德尔布吕克，引自Heims，S.，*The Cybernetics Group*. Cambridge：MIT Press，1991，p. 95。

7."非常精英的团体在一起闲谈"：萨维奇，引自Heims，S.，*The Cybernetics Group*，1991，p.96。

来。科学史学家艾斯普瑞（William Aspray）研究了控制论运动，他写道："最后维纳统一控制和通信科学的愿望没有实现[1]。就像其中一位参与者评论的，控制论'宽泛而缺乏实质'。涵盖的主题过于松散，理论工具又过于贫乏笨拙，无法实现维纳所期望的统一。"

还有一个寻找共性的类似尝试，就是所谓的一般系统论[2]，20世纪50年代由贝塔朗菲（Ludwig Von Bertalanffy）发起，他将其描述为"对一般性'系统'有效的原则进行形式化和演绎"[3]。系统是在非常一般性的意义上进行定义：由相互作用的组分组成的集合，组分通过相互作用一起产生出某种形式的系统及行为。当然，这什么都可以描述。一般系统论者最感兴趣的是生物系统的一般性质。系统论学家拉普波特将一般系统论（应用到生物系统、社会系统和其他复杂系统）的主线描述为在变化中保持的一致性，有组织的复杂性以及目标导向性。生物学家马图拉纳（Humberto Maturana）和维埃拉（Francisco Varela）试图用自创生（autopoiesis，或"自我建构"）的概念统一前两条主线，[4] 这个概念表示自我维持的过程，系统（例如一个生物细胞）作为一个整体运转，不断产生出系统本身的构成组分（例如细胞的部件）。对于马图拉纳、维埃拉和他们的许多追随者来说，自创生即便不是唯一，也是一个重要的生命特性。

1."最后维纳统一控制和通信科学的愿望没有实现": Aspray, W., *John von Neumann and the Origins of Modern Computing*. Cambridge：MIT Press，1990，pp. 209–210。

2."一般系统论"：参见 Von Bertalanffy, L., *General System Theory*：*Foundations，Development，Applications*，New York：G. Braziller，1969；或 Rapoport，A. *General System Theory: Essential Concepts and Applications*，Cambridge，MA：Abacus Press，1986。

3."对一般性'系统'有效的原则进行形式化和演绎"：Von Bertanlanffy, L., An outline of general system theory.*The British Journal for the Philosophy of Science*，1（92），1950，pp. 134–165。

4."生物学家马图拉纳和维埃拉试图用自创生的概念统一前两条主线"：参见，例如，Maturana, H. R. & Varela, F. J., *Autopoiesis and Cognition*：*The Realization of the Living. Boston*，MA：D. Reidel Publishing Co.，1980。

同控制论的研究目标一样，这些思想非常吸引人，但是建构严格的数学框架来解释和预测这类系统重要共性的尝试没有获得普遍成功。然而在这些尝试中提出的核心科学问题形成了一些现代科学和工程领域的基础。人工智能、人工生命、系统生态学、系统生物学、神经网络、系统分析、控制理论和复杂性科学都是由这些控制论学家和一般系统论学者播下的种子发展而来。对控制论和一般系统论的研究仍然很活跃，但基本已经被这些从中衍生出来的学科掩盖了。

后来的一些针对复杂系统一般性理论的尝试来自物理学。例如，哈肯（Hermann Haken）的协同学和普里高津（Ilya Prigogine）的耗散结构和非平衡系统理论，[1]都是试图结合热力学、动力系统理论和"临界现象"理论来解释湍流、复杂化学反应这类物理系统以及生物系统的自组织。特别是，普里高津的目标是确定"复杂性的词汇表"：用普里高津和他的同事尼古拉斯（Grégoire Nicolis）的话说，"涉及在各种现象中反复遇到的机制的一系列概念[2]；包括非平衡性、稳定性、分岔和对称破缺，以及长程有序（long-range order）…… 我们相信这些是一个新的科学词汇表的基本组成"。研究在不断沿着这些方向进行，但直到目前仍然没有产生出普里高津所预想的那种具有一致性和一般性的复杂性词汇表，更不要说能将这些不同的概念统一到一起，解释自然界中的复杂性的一般性理论。

1."哈肯的协同学和普里高津的耗散结构和非平衡系统理论"：参见Haken, H., *The Science of Structure : Synergetics*, New York : Van Nostrand Reinhold, 1984；以 及Prigogine, I.*From Being to Becoming : Time and Complexity in the Physical Sciences*, San Francisco : W. H. Freeman, 1980。
2."复杂性的词汇表"，"涉及在各种现象中反复遇到的机制的一系列概念": Nicolis, G.& Prigogine, I., *Exploring Complexity*, New York : W. H. Freeman and Co., 1989, p. x。

五个问题

从这本书所涵盖的主题之广泛可以看到，现代复杂系统科学仍然没有统一成一个整体，而是松散的大杂烩，其中有一些相互重叠的概念。目前在这个标题下统一的只有共同的问题和方法，以及超越早期研究中不那么严格的类比特性，得到更严格的数学和实验的渴望。对于现代复杂系统科学相对于以前的尝试有何新的贡献，或者有没有贡献，存在很多争议。它有多成功呢？

对这个问题有各种看法。最近，一位名叫吉尔森逊（Carlos Gershenson）的学者向他的一些同行（其中包括我）分发了一份复杂系统问题表，并计划在名为《复杂性：5 个问题》（Complexity：5 Questions）的书中发表这些回应。问题如下：

1.你为何会研究复杂系统？

2.你怎样定义复杂性？

3.你喜欢的复杂性方面/概念是什么？

4.在你看来，复杂性最成问题的方面/概念是什么？

5.你如何看待复杂性的未来？

目前我看到了其中 14 份回应。虽然表达的观点多种多样，但还是涌现出了一些共同的想法。大部分人认为复杂性的"普适定律"的可能性过于野心勃勃或过于模糊不清。而且，大部分人都认为定义复杂性是这个领域最成问题的方面，可能根本就是错误的目标。许多人认为复杂性一词没有意义；一些人甚至避免使用它。大部分人不认为已经存在"复杂性科学"，至少不是在科学一词的通常意义上——复杂系统似乎是一个四分五裂的学科，而不是统一的整体。

最后，有少数人担心复杂系统领域会遭遇与控制论等相关尝试同样的命运——也就是说，它将阐明不同系统之间有趣的类似之处，而不会得出一致而严格的数学理论，从而解释和预测它们的行为。

不过，虽然对当前的复杂系统研究有这些消极看法，大部分人对于这个领域以及其对科学已经产生和将要产生的贡献还是抱以高度热情。在生命科学、大脑科学和社会科学中，科学家们研究得越深入，发现的复杂现象就越多。新的技术手段使得这样的发现越来越多，这些发现极需有新的概念和理论来解释复杂性的来源和机制。这些发现需要科学做出改变，抓住复杂系统研究中出现的问题。事实上，在本书前面的例子中可以看到，近年来复杂性科学的主题和结果已经触及几乎所有科学领域，而且像生物学和社会学这样的研究领域已经被这些思想深深改变了。不仅如此，一位学者这样说道："我认为复杂性科学的一些形式正在改变整个科学思想。"一些参与调查的人也表达了类似想法。

除了布朗、恩奎斯特和韦斯特的代谢比例研究和阿克塞尔罗德等重要的具体发现，到目前为止复杂系统研究最有意义的贡献也许是对许多长期持有的科学假设提出了质疑，并且发展出了将复杂问题概念化的新方法。混沌告诉了我们看上去行为随机的系统并不一定是因为有内在的随机性；遗传学的新发现对基因变化在进化中的作用形成了挑战；对随机和自组织的作用的新认识挑战了将自然选择作为进化的核心力量的观念。非线性、分散控制、网络、层次、分布式反馈、信息的统计表示、本质的随机性，这些思想的重要性在科学界和大众中都逐渐被认识到。

新的概念体系经常需要对存在的概念进行拓宽。这本书中我们看到了信息和计算的概念如何被拓展到涵盖生命系统，甚至复杂社会系统；适应和进化的概念如何被拓展到生物王国之外；生命和智能的观念如何被拓展到自复制机器和进行类比的计算机程序。

这种思考方式逐渐进入主流科学。我在SFI暑期学校与年轻的研究生和博士后进行交流时清楚地看到这一点。20世纪90年代初，同学们对暑期学校讲授的新思想和新颖的科学世界观都极为兴奋。但进入21世纪以后，主要得益于SFI等研究机构的大力宣传，这些思想和世界观已经渗入许多学科的文化，逐渐习以为常了，有时候甚至对复杂系统变得如此"主流"感到失望。我想，这应当视为一种成功。最后，复杂系统研究强调多学科合作，现在看来这对目前那些最为重要的科学问题的研究非常关键。

复杂性的未来，等待卡诺

在我看来，复杂系统科学正分化成两个独立的方向。沿其中一个方向，复杂性研究的思想和工具被提炼出来，并应用到更广泛的领域。在这本书中我们已经看到，相似的思想和工具被应用到物理学、生物学、流行病学、社会学、政治学和计算机科学等截然不同的领域。在一些我没有讨论的领域，如神经科学、经济学、生态学、气候学和医学，复杂系统的思想也占据了越来越重要的地位 —— 复杂性和交叉科学的种子撒播得越来越远。

另一个方向则更具争议，它从更高的层面上来审视这些领域，寻求解释性和预测性的数学理论，将复杂系统之间的共性严格化，并且能解释和预测涌现现象。

在我参加的一次复杂性会议上，对于这个领域应当向哪个方向发展，进行了一次热烈的讨论。在一时的失落气氛中，一位与会者说："'复杂性'曾让人兴奋过，但现在已经死了。我们应当另起炉灶。"

我们应当如何描述它呢？现在也许清楚了，这才是问题的关键 —— 我们没有合适的词汇表来精确描述我们所研究的对象。我们用复杂性、自组织和涌现来描述我们感兴趣的系统的共同现象，但是我们还是不能以更严格的方法刻画这些共性。我们需要新的词汇表，不仅能抓住自组织和涌现的概念构成，还能解释它们如何涵盖所谓的功能性、目的或意义（参见第12章）。这些不清晰的词汇需要用新的更清晰的词汇来定义，以反映出对所研究的现象的新理解。就像我在书中介绍的，复杂系统的许多研究都涉及对来自动力学、信息、计算和进化的概念进行整合。应当通过这种整合形成新的概念词汇表和新的数学。数学家斯托加茨这样说道："我认为我们可能缺乏与微积分相当的新概念体系[1]，能根据复杂系统的无数相互作用得到其结果的方法。这种超级微积分，即使告诉了我们，也有可能超出人类的理解能力。到底怎样我们不得而知。"

要想理解、预测或是引导和控制具有涌现性质的自组织系统，就必须有适当的概念词汇表和适当的数学。发展出这样的概念和数学工具在过去和现在都是复杂系统科学所面临的最大挑战。

这个领域有个笑话，说我们是在"等待卡诺"。卡诺（Sadi Carnot，图 19.3）是 19 世纪初的一位物理学家，他提出了热力学的一些关键概念。与之类似，我们也在等待出现适当的概念和数学来描述我们在自然界看到的各种形式的复杂性。

要实现这个目标我们更需要一位牛顿式的人物。我们现在所面临的概念问题，就类似于微积分发明之前牛顿所面临的问题。在牛顿的传记中，科学作家格雷克（James Gleick）这样描述："他受困于语言的混乱[2] —— 有些词汇定义不清，有些词汇甚至还没有出现 …… 牛顿相信，只要他能找到合适的词汇，他就能引领整个运动科学。…… "

1. "我认为我们可能缺乏与微积分相当的新概念体系"：Strogatz, S., *Sync : How Order Emerges from Chaos in the Universe*, *Nature*, *and Daily Life*. New York : Hyperion, 2004, p. 287。
2. 他受困于语言的混乱"：Gleick, J., *Isaac Newton*, New York: Pantheon Books, 2003, pp. 58–59。

图19.3 卡诺(1796—1832)[布瓦利(Boilly)版画,摄影学会,柏林,由美国物理学会西格尔图像档案提供,哈佛大学藏品。]

通过发明微积分,牛顿最终创造了所需的词汇。借助于无穷小、微分、积分和极限等概念,微积分为严格描述变化和运动提供了数学语言。这些概念在数学中已经存在,但是不完整;牛顿能够发现它们之间的关联,并且构建出和谐统一的宏大建筑将它们结合到一起,让它们彻底一般化。这幢宏大的建筑使得牛顿能够创造出动力学体系。

我们能够类似地发明出复杂性的微积分吗 —— 一种能抓住复杂系统的自组织、涌现行为和适应性的起源和机制的数学语言?一些人已经开始着手于这项宏伟计划。例如,第10章曾介绍过,沃尔夫勒姆正在以元胞自动机中的动力学和计算为基础,创造他所认为的新的基础性的自然理论。前面提到，普里高津和他的追随者曾尝试用一些物理学概念作为基础建立复杂性理论。物理学家巴克（Per Bak）在动力系统理论和相变概念的基础上提出了自组织临界性的概念，[1] 并将其作为自组织和涌现的一般性理论。物理学家克鲁奇菲尔德提出了计算力学（computational mechanics），[2] 将动力系统、计算理论和统计推断理论结合到一起，解释复杂和适应性行为的涌现和结构。

不过这些方法，以及我没有提到的其他一些方法，都还远没有成为被广泛接受的复杂系统的解释性理论。它们都包含有一些重要的新思想，目前仍然是活跃的研究领域。当然，目前仍然不清楚是否存在这样一个理论；有可能不同系统中的复杂性的产生和运作过程完全不同。在这本书中我介绍了一些复杂系统理论的可能片段，分别涉及信息、计算、动力学和进化等领域。需要做的是发现它们的内在关联，并将它们融合成协调一致的整体 —— 也许可以称其为"复杂性背后的简单性"[3]。

虽然这本书中介绍的许多科学仍然处于初期阶段，但对我来说，实现这种远大目标的前景正是复杂系统研究真正的迷人之处。有一件事情很清楚：追寻这些目标，要具有在知识上冒险和不惧失败的精神，敢于超越主流科学，进入疑点重重的未知领域，伟大的科学都是这样

---

1. "物理学家巴克在动力系统理论和相变概念的基础上提出了自组织临界性的概念"：参见Bak, P., *How Nature Works : The Science of Self-Organized Criticality.* New York : Copernicus, 1996。

2. "物理学家克鲁奇菲尔德提出了计算力学"：参见，例如，Crutchfield , J. P., The calculi of emergence.*Physica D*, 75, 1994, 11-54。

3. "复杂性背后的简单性"："我不会在乎复杂性前面的简单性，但我会为复杂性背后的简单性奉献一生。"这句名言通常被认为是霍姆斯（Oliver Wendell Holmes）说的，但我没有在他的著作中找到出处。也有人认为这句话是诗人霍普金斯（Gerald Manley Hopkins）说的。

的。借用作家和探险家纪德（André Gide）的一句话："不敢远离海岸线，就别想发现新大陆[1]。"朋友们，让我们一起向复杂性的新疆域进发吧。

1."不敢远离海岸线，就别想发现新大陆"：Gide, A., *The Counterfeiters*.D.Bussy英文翻译. New York：Vintage, 1973, p. 353. 原版：Journal des Faux-Monnayeurs. Paris：Librairie Gallimard, 1927。

附录
访谈——梅拉妮·米歇尔谈复杂性

《泛在》杂志（*Ubiquity*）2011年4月

梅拉尼·米歇尔，1990年在密歇根大学获博士学位，导师是侯世达。她曾在圣塔菲研究所和俄勒冈研究院任职，2004年加入波特兰州立大学，现为波特兰州立大学计算机科学教授和圣塔菲研究所外聘教授，著有《复杂》一书。这本书由牛津大学出版社出版，内容引人入胜、富有启发性，被评为亚马逊网站2009年度十佳科学图书。米歇尔的研究范围涵盖人工智能、机器学习、生物启发计算、认知科学和复杂系统。

《泛在》：先问一个简单的问题，什么是"复杂性"？

米歇尔：这个问题"看似简单"——其实是最复杂的问题！复杂性研究之所以产生，是因为一些学者强烈地感觉到，一些高度"复杂"的自然、社会和技术系统之间具有深刻的相似性。这种系统的例子包括大脑、免疫系统、细胞、昆虫社会、经济、万维网，等等。说它们"相似"，并不是说必然存在掌控这些不同系统的唯一的一组原理，而是说所有这些系统都表现出"适应性的"、"类似生命的"、"智能性的"

和"涌现性的"行为。这些术语都没有精确的定义，也使得目前还不可能形式化地定义"复杂系统"。

有一个通俗的复习系统定义：由大量相互作用的组分组成的系统，与整个系统比起来，组分相对简单，没有中央控制，组分之间也没有全局性的通信，并且组分的相互作用导致了复杂行为。这里"复杂行为"指的是前面列出的那些术语（适应性、涌现，等等）。

《泛在》：存在复杂性科学吗？

米歇尔：我认为复杂性研究是不同学科的松散组合，研究复杂系统并寻求厘清这些系统之间的共同原则。100多年前，哲学家和心理学家威廉·詹姆士曾说过，心理学还不是科学，只是"有希望成为科学"。我认为这对于今天的复杂性研究来说也同样成立。我个人尽量避免使用"复杂性科学"（complexity science）一词，而是用"复杂性研究"（the sciences of complexity）。

《泛在》：圣塔菲研究所（SFI）于1984年成立，是复杂系统研究的中心。你是如何加入SFI的？

米歇尔：我当时是密歇根大学的研究生，攻读计算机科学的博士学位，导师是侯世达。我选了霍兰德教授的"遗传算法"课，他是SFI的早期成员之一。我对这个领域产生了浓厚的兴趣，霍兰德邀请我到SFI访问了一个暑假。我迷上了这里，很想找机会再去。在暑期访问大约一年后，我获得了博士学位。当时SFI正好有一个主持"适应性计算"项目的职位。霍兰德再次推荐了我，我在那里全职工作了一段时间，并最终成为研究所的一员。

《泛在》：你又是怎么去波特兰州立大学的？

米歇尔：我在圣塔菲的时候，研究所规定任职期限为五年，不可延期。期限结束后，我和我丈夫想搬到波特兰，我就申请了波特兰的俄勒冈研究院计算机科学的职位。俄勒冈研究院最近与俄勒冈卫生科技大学合并了。我在俄勒冈研究院的第二年，由于研究院目标的一系列变化，我们系的大部分教员，包括我自己，都受邀加入了波特兰州立大学（PSU）的计算机科学系。这是两个系很有趣而且史无前例的合并，PSU的计算机科学系扩大了一倍。

《泛在》：我们马上还会谈到计算机科学，不过能不能首先请你总结一下对复杂性研究有贡献的其他学科？

米歇尔：有很多学科都有贡献，而且数量还在不断增长！可以说几乎科学的所有主要分支对复杂系统研究都有一定的贡献，社会科学、历史和哲学的各分支也是一样。我不能确定边界在哪里。

《泛在》：你的书详细讨论了生物学与复杂性的互动，并将生物学与计算联系起来。信息处理在生命系统中扮演了什么角色？

米歇尔：对这个问题的回答可以写一本书（而且我确实打算以后写一本！）。简单地说就是，信息处理是描述生命系统行为的另一种方式；也就是说，不同于典型的生物学文献中的那种方式。信息处理或计算的框架，能帮助我们统一在生命系统中发现的一些不同特性。在《复杂》中，我讨论了蚁群、免疫系统和细胞代谢，通过将它们的行为都视为"计算"来描述它们的相似性，这样我就能提出在这些非常不一样的生物系统中一些共同的信息处理原理。但是有必要指出，生命系统中的"信息处理"和"计算"的完整概念仍然相当模糊 —— 许多人用这些术语来描述生物现象，但对其的定义或形式化并没有达成共识。有时候很难清楚地知道人们谈论的是什么。

《泛在》：计算机科学应该为这个一般性领域做些什么？

米歇尔：计算机科学可以有许多贡献。计算机仿真是研究复杂系统的核心方法。高性能计算机建模工具和方法对于这个领域的推进具有绝对的重要性。但我认为，计算机科学还有更重要的作用，那就是为思考自然界中的信息处理提供形式化框架。复杂和适应系统的一个标志是以复杂的方式处理信息的能力。例如，整个生物学领域都越来越多地用信息处理的观念来作为理解适应性行为的框架。

我相信计算机科学以及更一般性的计算理论，最终会将目前还不正式而且模糊的信息处理概念形式化。我个人认为信息处理将会成为理解生命系统的一个统一框架。

《泛在》：你的博士论文中介绍了你写的一个能进行类比的计算机程序。写得相当漂亮！

米歇尔：谢谢。这是我仍然在研究的课题。

《泛在》：进行类比与复杂性有什么关系？

米歇尔：进行类比是认知的核心。在这里无法深入阐释，我写的《作为感知的类比》(Analogy-Making as Perception)，侯世达的《流动的概念与创造性类比》(Fluid Concepts and Creative Analogies)和即将出版的《表面与本质》(Surfaces and Essences，与伊曼纽尔·桑德合著)，都是关于这个主题，书中描述了类比存在于智能核心的许多方式。侯世达和我建立的人们如何进行类比的模型中体现了它与复杂性的关系。这个模型涉及蚁群、免疫系统等复杂生命系统所共有的一些适应性信息处理的重要机制。在我的新书中用了一章来描述其中的关联。

《泛在》：网络科学有什么用途？

米歇尔：网络科学试图研究各学科中的各种网络，并给出共通的原理和方法。当然，网络以各种面目被研究了数百年：图论是对网络的数学研究；社会学家和社会心理学家研究社会网络；工程师研究电力网络和互联网这类技术网络；生物学家研究食物网；遗传学家研究基因调控网络；等等。但大多数时候各学科之间没有相互沟通。最近人们才开始发现这些不同系统之间有趣的共性。例如，20世纪90年代末，瓦茨和斯托加茨给出了网络的"小世界性"的数学定义，并证明了电力网络、线虫的神经网络和演员的社会网络都具有这种特性。此后小世界性得到了深入研究，并在许多学科研究的网络中都有发现。

同样也是在20世纪90年代末，巴拉巴西和艾伯特提出了"无尺度网络"的概念（本质上是具有分形结构的网络），并证明了许多自然和技术网络都具有无尺度结构。由于许多（也许是所有）复杂系统都可以被视为网络，个体（节点）与有限数量的其他个体进行通信（连接），因此网络的交叉学科研究有可能揭示复杂网络的普遍共性。

《复杂》中用了几章来探讨网络科学的内容和影响。巴拉巴西的《链接》（*Linked*）[1] 和瓦茨的《六度》（*Six Degrees*）都对这门新涌现的学科有很好的介绍。更专业的介绍可以参见纽曼最近写的《网络引论》（*Networks: An Introduction*）一书。

《泛在》：有一个问题是"无尺度"是否适用于互联网。大卫·奥尔德逊在2009年的《泛在》访谈中提出，互联网以及谷歌云这类互联网上的子系统具有针对性的工程设计，比无尺度模型所预测的更具有稳健性。

米歇尔：奥尔德逊的例子（路由跟踪数据、谷歌服务器）指的是互联网（由服务器和其间的通信连接组成），与我前面提出的万维网的例子不是一个概念（万维网是由超链接组成的逻辑结构），而万维网才被许多人认为具有无尺度性。但大的问题仍然成立；总体上很难判断一个大型网络是否确实是"无尺度的"，还是具有某种其他结构。精确地说，"无尺度"一词指的是具有连接度幂律分布的数学性质。在现实世界中，这个性质只能被近似满足，没有绝对的"无尺度"

1.译注：中文版为《链接：网络新科学》，湖南科学技术出版社。

网络，就像自然界中没有完美的分形一样。因此问题是：在何种程度上我们可以说网络是无尺度的，这种近似对于理解网络的行为有用吗？这是网络科学文献中许多争议的主题，但是有许多经验研究表明，包括万维网在内的许多自然和技术网络具有（近似的）无尺度特性。

《泛在》：依你看，复杂性研究以及计算机科学的总体目标应当是什么？

米歇尔：我认为有两个关联的目标，都还远远没有达到。

首先是发现不同的复杂系统之间的共同原理，从而得到对这些系统的洞察，并产生出分析这些系统的新方法。无尺度网络就是共同原理的一个例子，我们刚刚讨论过。生物学家则借鉴了谷歌的网页排名算法（一种利用了万维网的无尺度结构的计算方法），用来研究食物网中不同物种的重要性，从而更好地认识灭绝的风险，这就是新的分析方法的一个例子。（相关研究可以参见一篇文章：Allesina S, *Pascual M, Googling Food Webs: Can an Eigenvector Measure Species' Importance for Coextinctions?* PLoS Comput Biol，5(9),2009.）

其次，更具雄心的目标也许是发展出数学理论，以一般性的方式描述复杂性，并对许多不同系统的现象进行解释和预测。例如，有了这样的理论，就有可能以形式化的方式明确昆虫群体、经济系统和大脑等复杂系统所共有的动力学、适应、集体决策和控制以及"智能"背后的机制。这样一个理论应当结合动力系统理论、计算理论、统计物理、随机过程、控制理论、决策论等领域的理论研究。对于是否存在这样一个理论目前都还不清楚，更不要说这个理论是什么样子。

数学家斯托加茨称这个目标为寻找"复杂性的微积分"。从一些方面来看，这个类比很贴切：牛顿、莱布尼茨等人寻找的就是运动的一般性理论，以解释和预测服从物理力的任意物体的动力学，无论是地上的还是天上的。在牛顿之前的时代，这个理论已经有了一些片段（例如，已经存在"无穷小""导数""积分"等概念），但还没有人将这些片段合到一起，给出完整的一般性理论来解释以前没有统一认识的各种现象。与此类似，我们也有与复杂系统有关的各种理论片段，但还没有人知道如何将它们合到一起，产生出某种更具一般性和统一性的理论。

《泛在》：你真的认为复杂性的微积分会出现吗？

米歇尔：这种一般性理论曾是20世纪40年代和50年代控制论运动的圣杯；从许多方面来说，目前的复杂系统研究是那场运动的延续。一些批评意见认为复杂系统会与控制论有类似的命运：不能超越建设性的隐喻和分散的片段，无法给出更严格和有用的框架。我个人的看法要乐观一些，但也不好说……复杂性研究还很年轻，还具有很多革新性发展的潜力，我希望它能不断吸引世界上一些最具创造性的年轻学家加入。

http://ubiquity.acm.org/article.cfm?id＝1967047

感谢ACM和《泛在》提供中文版权

参考文献

Achacoso, T. B. and Yamamoto, W. S. *AY's Neuroanatomy of C. Elegans for Computation*. Boca Raton, FL: CRC Press, 1991.

Adami, C.*Introduction to Artificial Life*, Springer, 1998.

Agutter P. S and Wheatley D. N. Metabolic scaling: Consensus or Controversy?*Theoretical Biology and Medical Modeling*, 18, 2004, pp. 283–289.

Albert, R. and Barabási, A-L. Statistical mechanics of complex networks.*Reviews of Modern Physics*, 74, pp. 48–97, 2002.

Ashby, H. R.*Design for a Brain*.New York: Wiley, 1954.

Aspray, W.*John von Neumann and the Origins of Modern Computing*. Cambridge, MA: MIT Press, 1990.

Aubin, D. and Dalmedico, A. D. Writing the history of dynamical systems and chaos:*Longue Durée* and revolution, disciplines, and cultures. *Historia Mathematica*, 29, 2002, pp. 273–339.

Axelrod, R.*The Evolution of Cooperation*. New York: Basic Books, 1984.

Axelrod, R. An evolutionary approach to norms.*American Political Science Review*, 80 (4), 1986, pp. 1095–1111.

Axelrod R. Advancing the art of simulation in the social sciences. In Conte, R., Hegselmann, R., Terna, P. (editors).*Simulating Social Phenomena*. (Lecture Notes in Economics and Mathematical Systems 456).Berlin: Springer-Verlag, 1997.

Bak, P.*How Nature Works: The Science of Self-Organized Criticality*. New York: Springer, 1996.

Barabási, A.-L.*Linked: The New Science of Networks*. Cambridge, MA: Perseus, 2002.

Barabási, A.-L. and Albert, R. Emergence of scaling in random networks.*Science*, 286, 1999, pp. 509–512.

Barabási, A.-L. and Oltvai, Z. N. Network biology: Understanding the cell's functional organization.*Nature Reviews: Genetics*, 5, 2004, pp. 101–113.

Barrett, P. (editor).*Charles Darwin's Notebooks*, 1836–1844: Geology, *Transmutation of Species*, *Metaphysical Enquiries*. Ithaca, NY: Cornell University Press, 1987

Bassett, D. S. and Bullmore, D. Small-world brain networks.*The Neuroscientist*, 12, 2006, pp. 512–523.

Bateson, G. H.*Mind and Nature: A Necessary Unity.* Skokie, IL: Hampton Press, 1979.

Beinhocker, E. D.The *Origin of Wealth: Evolution*, *Complexity*, *and the Radical Remaking of Economics.* Cambridge, MA: Harvard Business School Press, 2006.

Bennett, C.H.The thermodynamics of computation-a review.*International Joural of Theoretical Physics*, 21, 1982, PP. 905–940.

Bennett, C.H.Dissipation, information, computational complexity and the definition of organization.In Pines, D.(editor), *Emerging Syntheses in Science.*Redwood City, CA: Addison-Wesley, 1985, pp. 215–233.

Bennett, C.H.How to define complexity in physics, and why.In W.H.Zurek(editor), *Complexity*, *Entropy*, *and the Physics of Information.*Reading, MA: Addison-Wesley, 1990, PP.137–148.

Berlekamp, E., Conway, J.H., and Guy, R.*Winning Ways for Your Mathematical Plays*, volume 2.San Diego, CA: Academic Press, 1982.

Bickhard, M.H.The biological foundations of cognitive science.In Mind 4: *Proceedings of the 4th Annual Meeting of the Cognitive Science Society of Ireland.*Dublin, Ireland: J.Benjamins, 1999.

Bolton, R.J.and Hand, D.J.Statistical fraud detection: A review.Statistical Science, 17(3), 2002, PP.235–255.

Bonabeau, E.Control mechanisms for distributed autonomous systems: Insights from social insects.In L.A.Segel and I.R.Cohen(editors), *Design Principles for the Immune System and Other Distributed Autonomous Systems.*New York: Oxford University Press, 2001.

Bonabeau, E., Dorigo, M., and Theraulaz, G.*Swarm Intelligence*: *From Natural to Artificial Systems.*New York: Oxford University Press, 1999.

Borrell, B.Metabolic theory spat heats up.*The Scientist(News)*, November 8, 2007. (http://www.the-scientist.com/news/display/53846/)

Bovill, C.*Fractal Geometry in Architecture and Design.*Boston: Birkhäiuser. 1996.

Bowker, J.(editor).*The Cambridge Illustrated History of Religions.*Cambridge, UK: Cambridge University Press, 2002.

Bowlby, J.*Charles Darwin*: *A New Lire.*New York: Norton, 1992.

Box, G.E.P.and Draper, N.R.*Empirical Model Building and Response Surfaces.*New York: Wiley, 1997.

Burgard, A.P., Nikolaev, E.V., Schilling, C.H., and Maranas, C.D.Flux coupling analysis of genome-scale metabolic network reconstructions.*Genome Research*, 14, 2004, PP.301–312.Burian, R.M.and Richardson, R.C.Form and order in evolutionary biology: Stuart Kauffman's transformation of the oretical biology.*In PSA: Proceedings of the Biennial Meeting of the Philosophy of Science Association*, VOL. 2: Symposia and Invited Papers, 1990, 267–287.
-

Burkhardt, F.and Smith, S.(editors).*The Correspondence of Charles Darwin*, Volume 1.Cambridge, UK: Cambridge University Press, 1985.
-

Burks, A.W.Von Neumann's self-reproducing automata.In A. W. Burks(editor), *Essays on Cellular Automata*.Urbana: University of Illinois Press, 1970.
-

Calvino, I.Invisible Cities.New York: .Harcourt Brace Jovanovich, 1974.(Translated by W.Weaver.)
-

Carlson, J.M.and Doyle, J.Complexity and robustness.*Proceedings of the National Academy of Science*,USA, 99, 2002, PP.2538–2545.
-

Carroll, S.B.*Endless Forms Most Beautiful: The New Science of Evo Devo and the Making of the Animal Kingdom*.New York: Norton, 2005.
-

Caruso, D.A challenge to gene theory, a tougher look at biotech.*New York Times*, July 1, 2007.
-

Churchland, P.S., Koch, C., and Sejnowski, T.J.What is computational neuroscience?In E.L.Schwartz(editor), *Computational Neuroscience*.Cambridge, MA: MIT Press, 1994, PP.46–55.
-

Clauset, A., Shalizi, C.R., and Newman, M.E.J.Power-law distributions in empirical data.Preprint, 2007. (http: //arxiv.org/abs/0706.1062)
-

Coale, K.Darwin in a box.*Wired*, June 14, 1997.
-

Cochrane, E. Viva Lamarck: A brief history of the inheritance of acquired characteristics. *Aeon*, 2(2), 1997, 5–39.
-

Cohen, I. Informational landscapes in art, science, and evolution.*Bulletin of Mathematical Biology*, 68, 2006, pp. 1213–1229.
-

Cohen, I. Immune system computation and the immunological homunculus. In O. Niestrasz, J. Whittle, D. Harel, and G. Reggio (editors),*MoDELS* 2006, *Lecture Notes in Computer Science*, 4199, 2006, pp. 499-512. Berlin: Springer-Verlag.
-

Cohen, R., ben-Avraham, D., and Havlin, S. Efficient immunization strategies for computer networks and populations.*Physics Review Letters*, 91(24), 2003, pp. 247–901.
-

Connell, J. H.*Minimalist Mobile Robotics: A Colony-Style Architecture for an Artificial Creature.* San Diego, CA: Academic Press, 1990.

Cook, M. Universality in elementary cellular automata.*Complex Systems*, 15(1), 2004, pp. 1–40.

-

Coullet, P. and Tresser, C. Itérations d' endomorphismes et groupe de renormalization. *Comptes Rendues de Académie des Sciences*, *Paris A*, 287, 1978, pp. 577-580.

-

Coy, P., Woolley, S., Spiro, L. N., and Glasgall, W. Failed wizards of Wall Street. *Business Week*, September 21, 1998.

-

Crutchfield, J. P. The calculi of emergence.*Physica D*, 75, 1994, pp.11-54.

-

Crutchfield, J. P., Farmer, J. D., Packard, N. H., and Shaw, R. S. Chaos.*Scientific American*, 255, December 1986.

-

Crutchfield ,J. P. ,and Hanson ,J. E. Turbulent pattern bases for cellular automata.*Physica D*, 69, 1993, pp. 279–301.

-

Crutchfield, J. P., Mitchell, M., and Das, R. Evolutionary design of collective computation in cellular automata. In J. P. Crutchfield and P. K. Schuster (editors),*Evolutionary Dynamics—Exploring the Interplay of Selection*, *Neutrality*, *Accident*, *and Function*. New York: Oxford University Press, 2003, pp. 361–411.

-

Crutchfield, J. P. and Shalizi, C. R. Thermodynamic depth of causal states: When paddling around in Occam' s pool shallowness is a virtue.*Physical Review E*, 59 (1), 1999, pp. 275–283.

-

Crutchfield, J. P. and Young, K. Inferring statistical complexity.*Physical Review Letters* 63, 1989, pp. 105–108.

-

Cupitt, R. T. Target rogue behavior, not rogue states.The *Nonproliferation Review*, 3, 1996, pp. 46–54.

-

Cupitt, R. T. and Grillot, S. R. COCOM is dead, long live COCOM: Persistence and change in multilateral security institutions.*British Journal of Political Science*, 27, 1997, pp. 361-389.

-

Darwin, C.*The Autobiography of Charles Darwin*. Lanham, MD: Barnes & Noble Publishing, 2005. Originally published 1887.

-

Darwin, C. and Barlow, N. D.*The Autobiography of Charles Darwin* (Reissue edition).New York: Norton, 1993. (Originally published 1958.)

-

Darwin, E.*The Temple of Nature; or*, *The Origin of Society: A Poem with Philosophical Notes*. London: J. Johnson, 1803.

-

Dawkins, R.*The Extended Phenotype* (Reprint edition).New York: Oxford University Press, 1989. (Originally published 1982.)

-

Dean, W., Santos, F., Stojkovic, M., Zakhartchenko, V., Walter, J., Wolf, E., and Reik, W. Conservation of methylation reprogramming in mammalian development:

Aberrant reprogramming in cloned embryos.*Proceedings of the National Academy of Science*, USA, 98(24), 2001, pp. 13734–13738.

-

Dennett, D. R.*Elbow Room: The Varieties of Free Will Worth Wanting.* Cambridge, MA: MIT Press, 1984.

-

Dennett, D. R. *Consciousness Explained.* Boston: Little, Brown & Co, 1991.

-

Dennett, D. R. *Darwin's Dangerous Idea.* New York: Simon & Schuster, 1995.

-

Descartes, R. *A Discourse on the Method.* Translated by Ian Maclean. London: Oxford World's Classics, Oxford University Press, 2006（1637）.

-

Dietrich, M. R. The origins of the neutral theory of molecular evolution.*Journal of the History of Biology*, 27(1), 1994, pp.21–59.

-

Dorigo, M. and Stützle, T.*Ant Colony Optimization*, MIT Press, 2004.

-

Dover, G. A. On the edge.*Nature*, 365, 1993, pp. 704–706.

-

Dukas, H. and Hoffmann B. (editors).*Albert Einstein*, *The Human Side : New Glimpses from His Archives.* Princeton University Press, 1979.

-

Dunne, J. A. The network structure of food webs. In M. Pascual and J. A. Dunne (editors). *Ecological Networks: Linking Structure to Dynamics in Food Webs.* New York: Oxford University Press, 2006, pp. 27–86.

-

Dunne, J. A. Williams, R. J. and Martinez, N. D. Food-web structure and network theory: The role of connectance and size.*Proceedings of the National Academy of Science*, USA, 99(20), 2002, pp. 12917–12922.

-

Eddington, A. E.*The Nature of the Physical World.* New York: Macmillan, 1928.

-

Eigen, M. How does information originate? Principles of biological self-organization. In S. A. Rice (editor),*For Ilya Prigogine.* New York: Wiley 1978, pp. 211–262.

-

Eigen, M.*Steps Towards Life.* Oxford: Oxford University Press, 1992.

-

Einstein, A.*Out of My Later Years* (revised edition).Castle Books, 2005.（originally published 1950, New York: Philosophical Books.）

-

Eldredge, N. and Tattersall, I.*The Myths of Human Evolution.* New York: Columbia University Press, 1982.

-

Erwin, D. H. The developmental origins of animal bodyplans. In S. Xiao and A. J. Kaufman (editors),*Neoproterozoic Geobiology and Paleobiology.* New York: Springer, 2006, pp. 159–197.

-

Everdell, W. R.*The First Moderns: Profiles in the Origins of Twentieth-Century Thought.* Chicago, IL: University of Chicago Press, 1998.

Feigenbaum, M. J. Universal behavior in nonlinear systems.*Los Alamos Science*, 1(1), 1980, pp. 4–27.

-

Fell, D. A. and Wagner, A. The small world of metabolism.*Nature Biotechnology*, 18, 2000, pp. 1121–1122.

-

Felton, M. J. Survival of the fittest in drug design.*Modern Drug Discovery*, 3(9), 2000, pp. 49-50.

-

Floridi, L., Open problems in the philosophy of information.*Metaphilosophy*, 35(4), 2004, pp. 554–582.

-

Fogel, D. B.*Evolutionary Computation: The Fossil Record.* New York: Wiley-IEEE Press, 1998.

-

Forrest, S.*Emergent Computation. Cambridge*, MA: MIT Press, 1991.

-

Franks, N. R. Army ants:Acollective intelligence.*American Scientist*, 77(2), 1989, pp. 138–145.

-

Freud, S.*Moses and Monotheism.* New York: Vintage Books, 1939.

-

Friedheim, R. L. Ocean governance at the millennium: Where we have been, where we should go: Cooperation and discord in the world economy.*Ocean and Coastal Management*, 42(9), pp. 747–765, 1999.

-

Fry, I.*The Emergence of Life on Earth: A Historical and Scientific Overview.* Piscataway, NJ: Rutgers University Press, 2000.

-

Galan, J. M. and Izquierdo, L. R. Appearances can be deceiving: Lessons learned reimplementing Axelrod's 'Evolutionary Approaches to Norms'. *Journal of Artificial Societies and Social Simulation*, 8(3), 2005. (http://jasss.soc.surrey.ac.uk/8/3/2.html)

-

Garber, D. Descartes, mechanics, and the mechanical philosophy.*Midwest Studies in Philosophy*, 26 (1), 2002, pp. 185–204.

-

Gell-Mann, M. *The Quark and the Jaguar.* New York: Freeman, 1994.

-

Gell-Mann, M. What is complexity?*Complexity*, 1(1), 1995, pp. 16–19.

-

Gide, A.*The Counterfeiters.* Translated by D. Bussy.NewYork: Vintage, 1973, p.353. Original: *Journal des Faux-Monnayeurs*, Librairie Gallimard, Paris, 1927.

-

Gladwell, M.*The Tipping Point: How Little Things Can Make a Big Difference.* Boston: Little, Brown, 2000.

-

Gleick, J.*Chaos: Making a New Science.* New York: Viking, 1987.

-

Gleick, J.*Isaac Newton*, New York: Pantheon Books, 2003.

-

Goldstine, H. H.*The Computer, from Pascal to von Neumann.* Princeton, NJ: Princeton University Press, 1993. First edition, 1972.

-

Goodrich, C. S. and Matache, M. T. The stabilizing effect of noise on the dynamics of a Boolean network,*Physica* A, 379(1), 2007, pp. 334–356.

-

Gordon, D. M. Task allocation in ant colonies. In L. A. Segel and I. R. Cohen (editors),*Design Principles for the Immune System and Other Distributed Autonomous Systems.* New York: Oxford University Press, 2001.

-

Gordon, D. M. Control without hierarchy.*Nature*, 446(7132), 2007, p. 143.

-

Gould, S. J. Is a new and general theory of evolution emerging?*Paleobiology*, 6, 1980, pp. 119-130.

-

Gould, S. J. Sociobiology and the theory of natural selection. In G.W. Barlow and J. Silverberg (editors),*Sociobiology: Beyond Nature/Nurture?*pp.257–269.Boulder, CO: Westview Press Inc.,1980.

-

Government Accounting Office.*Long-Term Capital Management: Regulators Need to Focus Greater Attention on Systemic Risk.* Report to Congressional Request, 1999. (http://www.gao.gov/cgi-bin/getrpt?GGD-00-3)

-

Grant, B. The powers that be.*The Scientist*, 21(3), 2007.

-

Grene, M. and Depew, D.,*The Philosophy of Biology: An Episodic History.* Cambridge, U.K.: Cambridge University Press, 2004.

-

Grinnell, G. J. The rise and fall of Darwin 's second theory.*Journal of the History of Biology*, 18(1), 1985, pp. 51–70.

-

Grosshans, H. and Filipowicz, W. The expanding world of small RNAs.*Nature*, 451, 2008, pp. 414–416.

-

Hales, D. and Arteconi, S. SLACER: A Self-Organizing Protocol for Coordination in Peer-to-Peer Networks.*IEEE Intelligent Systems*, 21(2), 2006, pp. 29–35.

-

Hardin, G. The tragedy of the commons.*Science*, 162, 1968, pp. 1243–1248.

-

Heims, S.*The Cybernetics Group.* Cambridge, MA: MIT Press, 1991.

-

Heims, S. J.*John von Neumann and Norbert Wiener: From Mathematics to the Technologies of Life and Death.* Cambridge: MIT Press, 1980.

-

Hobbes, T.*Leviathan.* Cambridge, U.K.: Cambridge University Press(1651/1991).

-

Hodges, A.*Alan Turing: The Enigma.* New York: Simon & Schuster, 1983.

-

Hoelzer, G. A. Smith, E., and Pepper, J. W., On the logical relationship between natural selection and *self-organization.Journal of Evolutionary Biology*, 19(6), 2007, pp.

1785–1794.
-
Hofmeyr, S. A. An interpretive introduction to the immune system. In L. A. Segel and I. R. Cohen (editors),*Design Principles for the Immune System and Other Distributed Autonomous Systems*. New York: Oxford University Press, 2001.
-
Hofmeyr, S. A. and Forrest, S. Architecture for an artificial immune system.*Evolutionary Computation*, 8(4), 2000, pp.443–473.
-
Hofstadter, D. R.*Gödel, Escher, Bach: an Eternal Golden Braid*. New York: Basic Books, 1979.
-
Hofstadter, D. R. Mathematical chaos and strange attractors. Chapter 16 in *Metamagical Themas*. New York: Basic Books, 1985.
-
Hofstadter, D. R. The Genetic Code: Arbitrary? Chapter 27 *in Metamagical Themas*. Basic Books, 1985.
-
Hofstadter D.*Fluid Concepts and Creative Analogies*. New York: Basic Books, 1995.
-
Hofstadter, D.*I am a Strange Loop*. New York: Basic Books, 2007.
-
Hofstadter, D. R. and Mitchell, M. The Copycat project: A model of mental fluidity and analogy-making. In K. Holyoak and J. Barnden (editors), *Advances in Connectionist and Neural Computation Theory*, *Volume 2*: Analogical Connections, 1994, pp.31–112.
-
Holland, J. H.*Adaptation in Natural and Artificial Systems*. Cambridge, MA: MIT Press, 1992. (First edition, 1975.)
-
Holland, J. H.*Emergence: From Chaos to Order*. Perseus Books, 1998.
-
Hölldobler, B. and Wilson, E. O. *The Ants*. Cambridge, MA: Belknap Press, 1990.
-
Holtham, C. Fear and opportunity.*Information Age*, July 11, 2007.（http://www.informationage.com/article/2006/february/fear_and_opportunity）
-
Horgan, J. From complexity to perplexity.*Scientific American*, 272, June 1995, pp.74–79.
-
Horgan, J.*The End of Science: Facing the Limits of Knowledge in the Twilight of the Scientific Age*. Reading, MA: Addison-Wesley, 1996.
-
Huberman, B. A. and Glance, N. S. Evolutionary games and computer simulations. *Proceedings of the National Academy of Science*, USA, 90, 1993, pp.7716–7718.
-
Hüttenhofer, A., Scattner, P., and Polacek, N. Non-coding RNAs: Hope or Hype?*Trends in Genetics*, 21(5), 2005, pp.289–297.
-
Huxley, J.*Evolution: The Modern Synthesis*. New York, London: Harper & Brothers, 1942.
-

Jeong, H., Tombor, B., Albert, R., Oltvai, Z. N., and Barbási, A.-L. The large-scale organization of metabolic networks.*Nature*, 407, 2000, pp. 651–654.
-

Joy, B. Why the future doesn't need us.*Wired*, April 2000.
-

Kadanoff, Leo P. Chaos: A view of complexity in the physical sciences. *In From Order to Chaos: Essays: Critical, Chaotic, and Otherwise.* Singapore: World Scientific, 1993.
-

Kauffman, S. A.*The Origins of Order.* New York: Oxford University Press, 1993.
-

Kauffman, S. A.*At Home in the Universe.* New York: Oxford University Press, 1995.
-

Kauffman, S. A.*Investigations.* New York: Oxford University Press, 2002.
-

Keller, E. F. Revisiting "scale-free" networks.*BioEssays*, 27, 2005, pp. 1060-1068.
-

Kleinfeld, J. S. Could it be a big world after all? The "six degrees of separation" myth. *Society*, 39, 2002.
-

Kleinfeld, J. S. Six degrees: Urban myth?*Psychology Today*, 74, March/April 2002.
-

Kollock, P. The production of trust in online markets. In E. J. Lawler, M. Macy, S. Thyne, and H. A. Walker (editors)*Advances in Group Processes*, 16. Greenwich, CT: JAI Press, 1999.
-

Kozlowski, J. and Konarzweski, M. Is West, Brown and Enquist's model of allometric scaling mathematically correct and biologically relevant?*Functional Ecology*, 18, 2004, pp. 283–289.
-

Kubrin, D. Newton and the cyclical cosmos: Providence and the mechanical philosophy. *Journal of the History of Ideas*, 28(3), 1967.
-

Kurzweil, R.*The Age of Spiritual Machines: When Computers Exceed Human Intelligence.* New York: Viking, 1999.
-

Langton, C. G.*Artificial Life: An Overview.* Cambridge, MA: MIT Press, 1997.
-

Laplace, P. S.*Essai Philosophique Sur Les Probabilites.* Paris: Courcier, 1814.
-

Lee, B. and Ajjarapu, V. Period-doubling route to chaos in an electrical power system.*IEE Proceedings*, *Part C*, 140, 1993, pp. 490–496.
-

Leff, H. S. and Rex, A. F.*Maxwell's Demon: Entropy, Information, Computing.* Princeton, NJ: Princeton University Press. Second edition 2003, Institute of Physics Pub., 1990.
-

Leibniz, G. In C. Gerhardt (Ed.),*Die Philosophischen Schriften von Gottfried Wilhelm Leibniz.* Volume Ⅶ. Berlin: Olms, 1890.
-

Lesley, R. Xu, Y., Kalled, S. L., Hess, D. M., Schwab, S. R., Shu, H.-B., and Cyster, J. G. Reduced competitiveness of autoantigen-engaged B cells due to increased dependence on BAFF.*Immunity*, 20(4), 2004, pp. 441–453.

Levy, S. The man who cracked the code to everything.*Wired*, Issue 10.06, June 2002.

Lewin, R.*Complexity: Life at the Edge of Chaos.* New York: Macmillan, 1992.

Li, M. and Vitanyi, P.*An Introduction to Kolmogorov Complexity and Its Applications.* 2nd Edition. New York: Springer-Verlag, 1997.

Li, T. Y. and Yorke, J. A. Period three implies chaos.*American Mathematical Monthly* 82, 1975, p. 985.

Liebreich, M. How to Save the Planet: Be Nice, Retaliatory, Forgiving, & Clear. White Paper, New Energy Finance, Ltd., 2007. (http://www.newenergyfinance.com/docs/Press/NEF_WP_Carbon-Game-Theory_05.pdf)

Liljeros, F., Edling, C. R., Nunes Amaral, L. A., Stanely, H. E., and Aberg, Y. The web of human sexual contacts.*Nature*, 441, 2001, pp. 907–908.

Lioni, A., Sauwens, C., Theraulaz, G., and Deneubourg, J.-L. Chain formation in O*Ecophylla longinoda. Journal of Insect Behavior*, 14(5), 2001, pp. 679–696.

Liu, H. A brief history of the concept of chaos, 1999.(http://members.tripod.com/~huajie/Paper/chaos.html)

Lloyd, S. The calculus of intricacy.*The Sciences*, 30, 1990, pp. 38–44.

Lloyd, S. Measures of complexity: A non-exhaustive list . *IEEE Control Systems Magazine*, August 2001.

Lloyd, S. and Pagels, H. Complexity as thermodynamic depth.*Annals of Physics*, 188, 1988, pp. 186–213.

Locke, J.*An Essay concerning Human Understanding.* Edited by P. H. Nidditch. Oxford: Clarendon Press, 1690/1975.

Lohr, S. This boring headline is written for Google.*New York Times*, April 9, 2006.

Lorenz, E. N. Deterministic nonperiodic flow.*Journal of Atmospheric Science*, 357, 1963, pp. 130–141.

Lovelock, J. E.*The Ages of Gaia.* New York: Norton, 1988.

Luisi, P. L.*The Emergence of Life: from Chemical Origins to Synthetic Biology.* Cambridge, U.K.: Cambridge University Press, 2006.

Mackenzie, D. Biophysics: New clues to why size equals destiny.*Science*, 284(5420), 1999, pp. 1607-1609.

Macrae, N. *John von Neumann.* New York: Pantheon Books, 1992.

Maddox, J. Slamming the door.*Nature*, 417, 2007, p. 903.
-

Malone, M.S.God, Stephen Wolfram, and everything else.*Forbes ASAP*, November 27, 2000.(http://members.forbes.com/asap/2000/1127/162.html)
-

Mandelbrot. B. An informational theory of the statistical structure of languages. In W. Jackson (editor),*Communication Theory*, Woburn, MA: Butterworth, 1953, pp. 486–502.
-

Mandelbrot, B. B.*The Fractal Geometry of Nature*. New York: W. H. Freeman, 1977.
-

Markoff, J. Brainy robots start stepping into daily life,*New York Times*, July 18, 2006.
-

Marr, D.*Vision*. San Francisco: Freeman, 1982.
-

Mattick, J. S. RNA regulation: A new genetics?*Nature Reviews: Genetics*, 5, 2004, pp. 316–323.
-

Maturana, H. R. and Varela, F. J.*Autopoiesis and Cognition : The Realization of the Living*, Boston: D. Reidel Publishing Co., 1980.
-

Maxwell, J. C.*Theory of Heat*. London: Longmans, Green and Co, 1871.
-

May, R. M. Simple mathematical models with very complicated dynamics.*Nature*, 261, 459–467, 1976.
-

Mayr, E. An overview of current evolutionary biology. *In New Perspectives on Evolution*, 1991, pp. 1-14.
-

McAllister, J. W. Effective complexity as a measure of information content.*Philosophy of Science*,70, 2003, pp. 302–307.
-

McClamrock, R. Marr 's three leves: A re-evaluation.*Minds and Machines*, 1(2), 1991, pp. 185-196.

McCulloch, W. and Pitts, W. A logical calculus of ideas immanent in nervous activity. *Bulletin of Mathematical Biophysics*,5, 1942, pp. 115–133.
-

McShea, D. W. The hierarchical structure of organisms: A scale and documentation of a trend in the maximum.*Paleobiology*, 27(2), 2001, pp. 405–423.
-

Metropolis, N., Stein, M. L., and Stein, P. R. On finite limit sets for transformations on the unit interval.*Journal of Combinatorial Theory*, 15(A), 1973, pp. 25–44.
-

Milgram, S. The small-world problem.*Psychology Today*,1, 1967, pp. 61–67.
-

Millay, E. St. Vincent.*Mine the Harvest: A Collection of New Poems*. New York: Harper, 1949.
-

Miller, G. A. Some effects of intermittent silence.*The American Journal of Psychology*,

70, 1957, pp. 311–314.
-

Millonas, M. M. The importance of being noisy. *Bulletin of the Santa Fe Institute*, Summer, 1994.
-

Minsky, M. *The Society of Mind*, Simon & Schuster, 1987.
-

Mitchell, M. Computation in cellular automata: A selected review. In T. Gramss et al. (editors), *Nonstandard Computation*. Weinheim, Germany: Wiley-VCH, 1998, pp. 95–140.

Mitchell, M. *Analogy-Making as Perception*, MIT Press, 1993.
-

Mitchell, M. Analogy-making as a complex adaptive system. In L. Segel and I. Cohen (editors), *Design Principles for the Immune System and Other Distributed Autonomous Systems*. New York: Oxford University Press, 2001.
-

Mitchell, M. Life and evolution in computers. *History and Philosophy of the Life Sciences*, 23, 2001, pp. 361–383.
-

Mitchell, M. Complex systems: Network thinking. *Artificial Intelligence*, 170(18), 2006, pp. 1194–1212.
-

Mitchell, M. Crutchfield, J. P., and Das, R. Evolving cellular automata to perform computations: A review of recent work. *In Proceedings of the First International Conference on Evolutionary Computation and its Applications (EvCA' 96)*. Moscow: Russian Academy of Sciences, 1996, pp. 42–55.

Mitzenmacher, M. A brief history of generative models for power law and lognormal distributions. *Internet Mathematics*, 1(2), 2003, pp. 226–251.
-

Montoya, J. M. and Solé, R. V. Small world patterns in food webs. *Journal of Theoretical Biology*, 214(3), 2002, pp. 405–412.
-

Moore, C. Recursion theory on the reals and continuous-time computation. *Theoretical Computer Science*, 162, 1996, pp. 23–44.

Moravec, H. *Robot: Mere Machine to Transcendent Mind*. New York: Oxford University Press, 1999.
-

Morton, O. Attack of the stuntbots. *Wired*, 12.01.2004.
-

Mukherji, A., Rajan, V., and Slagle, J. R. Robustness of cooperation. *Nature*, 379, 1996, pp. 125–126.
-

Muotri, A. R., Chu, V. T., Marchetto, M. C. N., Deng, W., Moran, J. V. and Gage, F. H. Somatic mosaicism in neuronal precursor cells mediated by L1 retrotransposition. *Nature*, 435, 2005, pp. 903–910.

Nagel, E. and Newman, J. R. *Gödel's Proof*. New York: New York University Press, 1958.
-

Newman, M.E.J. Power laws, Pareto distributions and Zipf's law.*Contemporary Physics*, 46, 2005, pp. 323–351.

-

Newman, M.E.J., Moore, C., and Watts, D. J. Mean-field solution of the small-world network model.*Physical Review Letters*, 84, 1999, pp. 3201–3204.

Newman, M.E.J., Forrest, S., and Balthrop, J. Email networks and the spread of computer viruses.*Physical Review E*, 66, 2002, pp. 035–101.

Nicolis, G. and Progogine, I.*Exploring Complexity.* New York: W.H. Freeman, 1989.

-

Niklas, K. J. Size matters!*Trends in Ecology and Evolution*, 16(8), 2001, p. 468.

-

Nowak, M. A. Five rules for the evolution of cooperation.*Science*, 314(5805), 2006, pp. 1560-1563.

Nowak, M. A., Bonhoeffer, S., and May, R. M. Spatial games and the maintenance of cooperation.*Proceedings of the National Academy of Sciences*, USA, 91, 1994, pp. 4877-4881.

-

Nowak, M. A., Bonhoeffer, S., and May, R. M. Reply to Mukherji et al.*Nature*, 379, 1996, p. 126.

-

Nowak, M. A. and May, R. M. Evolutionary games and spatial chaos.*Nature*, 359(6398), 1992, pp. 826-829.

-

Nowak, M. A. and Sigmund, K. Biodiversity: Bacterial game dynamics.*Nature*, 418, 2002, pp. 138-139.

Packard, N. H. Adaptation toward the edge of chaos. In J.A.S. Kelso, A. J. Mandell, M. F. Shlesinger (editors),*Dynamic Patterns in Complex Systems*, pp. 293-301. Singapore: World Scientific, 1988.

-

Pagels, H.The *Dreams of Reason.* New York: Simon & Schuster, 1988.

-

Paton, R., Bolouri, H., Holcombe, M., Parish, J. H., and Tateson, R. (editors). *Computation in Cells and Tissues: Perspectives and Tools of Thought.* Berlin: Springer-Verlag, 2004.

-

Peak, D., West, J. D., Messinger, S. M., and Mott, K. A. Evidence for complex, collective dynamics and emergent, distributed computation in plants.*Proceedings of the National Academy of Sciences*, USA, 101(4), 2004, pp. 918-922.

-

Pearson, H. What is a gene?*Nature*, 441, 2006, pp.399-401.

-

Pierce, J. R. *An Introduction to Information Theory: Symbols, Signals, and Noise.* New York: Dover, 1980. (First edition, 1961.)

-

Pines, D. (editor).*Emerging Syntheses in Science.* Reading, MA: Addison-Wesley, 1988.

-

Poincaré，H.*Science and Method*. Translated by Francis Maitland. London: Nelson and Sons，1914.
-

Poundstone，W.*The Recursive Universe*. William Morrow，1984.
-

Poundstone，W.*Prisoner's Dilemma*.New York:Doubleday，1992.
-

Price，D. J. Networks of scientific papers.*Science*,149，1965，pp. 510–515.
-

Provine，W. B.*The Origins of Theoretical Population Genetics*. University of Chicago Press，1971.
-

Rapoport，A.*General System Theory: Essential Concepts and Applications*，Cambridge，MA: Abacus Press，1986.
-

Redner，S. How popular is your paper? An empirical study of the citation distribution. *European Physical Journal B*，4(2)，1998，pp. 131–134.
-

Regis，E.*Who Got Einstein's Office? Eccentricity and genius at the Institute for Advanced Study*. Menlo Park，CA: Addison-Wesley，1987.

Rendell，P. Turing universality of the game of Life. In A. Adamatzky (editor),*Collision-Based Computing*. London: Springer-Verlag，2001，pp. 513–539.

Robbins，K. E.，Lemey，P.，Pybus，O. G.，Jaffe，H. W.，Youngpairoj，A. S.，Brown，T. M.，Salemi，M.，Vandamme，A. M. and Kalish，M. L.，U.S. human immunodeficiency virus type 1 epidemic: Date of origin，population history，and characterization of early strains. *Journal of Virology*，77(11)，2003，pp. 6359-6366.

Rota，G-C，In memoriam of Stan Ulam –The barrier of meaning.*Physica D*，2，1986，pp. 1–3.
-

Rothman，T. The evolution of entropy. Chapter 4 in *Science à la Mode*. Princeton，NJ: Princeton University Press，1989.
-

Russell，B.A *History of Western Philosophy*，Touchstone，1967 (First edition，1901).
-

Schlossberg，D.LAX Computer Crash Strands International Passengers.*Consumer Affairs.com*，August 13，2007.(http://www.consumeraffairs.com/news04/2007/08/lax_computers.html)
-

Schneeberger，A. Mercer，C. H.，Gregson，S. A.，Ferguson，N. M.，Nyamukapa，C. A.，Anderson，R. M.，Johnson，A. M.，and Garnett，G. P. Scale-free networks and sexually transmitted diseases: A description of observed patterns of sexual contacts in Britain and Zimbabwe.*Sexually Transmitted Diseases*，31(6)，2004，pp. 380–387.

Schwartz，J. Who needs hackers?*New York Times*，September 12，2007.
-

Selvam，A. M. The dynamics of deterministic chaos in numerical weather prediction models.*Proceedings of the American Meteorological Society*，8th Conference on Numerical Weather Prediction，Baltimore，MD，1988.

Shalizi, C. Networks and Netwars, 2005. Essay at(http://www.cscs.umich.edu/~crshalizi/weblog/347.html).

-

Shalizi, C. Power Law Distributions, 1/f noise, Long-Memory Time Series, 2007. Essay at(http://cscs.umich.edu/~crshalizi/notebooks/power-laws.html).

-

Shannon, C. A mathematical theory of communication. *The Bell System Technical Journal*, 27, 1948, pp. 379-423, 623-656.

-

Shaw, G. B. *Annajanska, the Bolshevik Empress*. Whitefish, MT: Kessinger Publishing, 2004. (Originally published 1919.)

-

Shouse, B. Getting the behavior of social insects to compute. *Science*, 295(5564), 2002, p. 2357.

-

Sigmund, K. On prisoners and cells. *Nature*, 359(6398), 1992, p. 774.

-

Simon, H. A. On a class of skew distribution functions. *Biometrika*, 42(3-4), 1955, p. 425.

-

Simon, H. A. The architecture of complexity. *Proceedings of the American Philosophical Society*, 106(6), 1962, pp. 467-482.

Sompayrac, L. M. *How the Immune System Works*, 2nd edition, Blackwell Publishing, 1991.

-

Stam, C. J. and Reijneveld, J. C. Graph theoretical analysis of complex networks in the brain. *Nonlinear Biomedical Physics*, 1(1), 2007, p. 3.

-

Stoppard, T. *Arcadia*. New York: Faber & Faber, 1993.

-

Strogatz, S. *Nonlinear Dynamics and Chaos*. Reading, MA: Addison-Wesley, 1994.

-

Strogatz, S. *Sync: How Order Emerges from Chaos in the Universe, Nature, and Daily Life*. New York: Hyperion, 2004, p. 287.

Szilard, L. On the decrease of entropy in a thermodynamic system by the intervention of intelligent beings. *Zeitschrift fuer Physik*, 53, 1929, pp. 840-856.

-

Tattersall, I. *Becoming Human: Evolution and Human Uniqueness*. New York: Harvest Books, 1999.

-

Travis, J. Eye-opening gene. *Science News Online*, May 10, 1997.

-

Turing, A. M. On computable numbers, with an application to the *Entscheidungsproblem*. *Proceedings of the London Mathematical Society*, 2(42), 1936, pp. 230-265.

-

Ulam, S. M. and von Neumann, J. On combination of stochastic and deterministic processes (abstract). *Bulletin of the American Mathematical Society*, 53, 1947, 1120. Varn, D. P., Canright, G. S., and Crutchfield, J. P. Discovering planar disorder in close-packed structures from X-ray diffraction: Beyond the fault model. *Physical Review B*, 66, 2002,

pp. 174110-1-174110-4.
-

Verhulst, P.-F. Recherches mathematiques sur la loi d'accroissement de la population. *Nouv. mem. de l'Academie Royale des Sci. et Belles-Lettres de Bruxelles,*18, 1845, pp. 1-41.
-

Von Bertalanffy, L. An outline of general system theory.*The British Journal for the Philosophy of Science*, 1(92), 1950, pp. 134–165.
-

Von Bertalanffy, L.*General System Theory: Foundations*, *Development*, *Applications*, New York: G. Braziller, 1969.
-

Von Neumann, J.*Theory of Self-Reproducing Automata* (edited and completed by A. W. Burks).Urbana: University of Illinois Press, 1966.
-

Wagner, N. R. The logistic equation in random number generation.*Proceedings of the Thirtieth Annual Allerton Conference on Communications*, *Control*, *and Computing*, University of Illinois at Urbana-Champaign, 1993, pp. 922–931.
-

Wang, H.Reflections on *Kurt Gödel*. Cambridge, MA: MIT Press, 1987.
-

Watts, D. J.*Six Degrees: The Science of a Connected Age.*New York: Norton, 2003.
-

Watts, D. J. and Strogatz, S. H. Collective dynamics of "small world" networks.*Nature*, 393, 1998, pp. 440–442.
-

Weiner, J.*The Beak of the Finch: A Story of Evolution in Our Time.*New York: Knopf, 1994.
-

Wiener, N.*The Human Use of Human Beings.*Boston: Houghton Mifflin, 1950.
-

Wiener, N.*Cybernetics: Or the Control and Communication in the Animal and the Machine.* Cambridge, MA: MIT Press, 1948.
-

Wiener, P. Antibiotic production in a spatially structured environment.*Ecology Letters*, 3(2), 2000, pp. 122-130.
-

West, G. B., Brown, J. H., and Enquist, B. J. The fourth dimension of life: Fractal geometry and allometric scaling of organisms.*Science*, 284, 1999, pp. 1677-1679.
-

West, G. B. and Brown, J. H. Life's universal scaling laws.*Physics Today*, 57(9), 2004, p. 36.
-

West, G. B. and Brown, J. H. The origin of allometric scaling laws in biology from genomes to ecosystems: Towards a quantitative unifying theory of biological structure and organization.*Journal of Experimental Biology*, 208, 2005, pp. 1575-1592.
-

West, G. B., Brown, J. H., and Enquist, B. J. Yes, West, Brown and Enquist's model of allometric scaling is both mathematically correct and biologically relevant. (Reply to Kozlowski and Konarzweski, 2004.)*Functional Ecology*, 19, 2005, pp.735–738.
-

Westfall, R. S.*Never at Rest: A Biography of Isaac Newton.* Cambridge, U.K.: Cambridge

University Press, 1983.

Whitfield, J. All creatures great and small.*Nature*, 413, 2001, pp. 342–344.

Williams, F. Artificial intelligence has a small but loyal following.*Pensions and Investments*, May 14, 2001.

Williams, S. Unnatural selection.*Technology Review*, March 2, 2005.

Willinger, W., Alderson, D., Doyle, J. C., and Li, L. More "normal" than normal: Scaling distributions and complex systems. In R. G. Ingalls et al.,*Proceedings of the 2004 Winter Simulation Conference*, pp. 130–141. Piscataway, NJ: IEEE Press, 2004.

Wolfram, S. Universality and complexity in cellular automata.*Physica D*, 10, 1984, pp. 1–35.

Wolfram, S. Twenty problems in the theory of cellular automata.*Physica Scripta*, T9, 1985, pp. 170–183.

Wolfram, S.*A New Kind of Science*. Champaign, IL: Wolfram Media, 2002.

Wright, R. Did the universe just happen?*Atlantic Monthly*, April 1988, pp. 29–44.

Yoon, C. K. From a few genes, life's myriad shapes.*New York Times*, June 26, 2007.

Yule, G. U. A mathematical theory of evolution, based on the conclusions of Dr. J. C. Willis. *Philosophical Transactions of the Royal Society of London*, Ser. B, 213, 1924, pp. 21–87.

Ziff, E. and Rosenfield, I. Evolving evolution.*The New York Review of Books*, 53(8), May 11, 2006.

Zipf, G. K.*Selected Studies of the Principle of Relative Frequency in Language*. Cambridge, MA: Harvard University Press, 1932.

Zuse, K.Rechnender Raum. Braunschweig: Friedrich Vieweg & Sohn, 1969. English translation: *Calculating Space*. Cambridge, MA: MIT Technical Translation AZT-70-164-GEMIT, Massachusetts Institute of Technology (Project MAC), 02139, February 1970.

Zykov, V. Mytilinaios, E., Adams, B., and Lipson, H. Self-reproducing machines. *Nature*, 435, 2005, pp.163–164.

图书在版编目（CIP）数据

复杂 /（美）梅拉妮·米歇尔著；唐璐译 . — 长沙：湖南科学技术出版社，2018.1（2025.4 重印）
（第一推动丛书 . 综合系列）
ISBN 978-7-5357-9436-9
Ⅰ . ①复… Ⅱ . ①梅… 唐… Ⅲ . ①系统论—普及读物 Ⅳ . ① N94-49
中国版本图书馆 CIP 数据核字（2017）第 210805 号

湖南科学技术出版社通过安德鲁·纳伯格联合国际有限公司获得本书中文简体版中国大陆独家出版
发行权
著作权合同登记号　18-2016-042

FUZA
复杂

著者
[美] 梅拉妮·米歇尔

译者
唐璐

出版人
潘晓山

责任编辑
吴炜 戴涛 杨波

装帧设计
邵年 李叶 李星霖 赵宛青

出版发行
湖南科学技术出版社

社址
长沙市芙蓉中路一段416号
泊富国际金融中心

网址
http://www.hnstp.com
湖南科学技术出版社
天猫旗舰店网址
http://hnkjcbs.tmall.com

邮购联系
本社直销科 0731-84375808

印刷
湖南省汇昌印务有限公司

厂址
长沙市望城区丁字湾街道兴城社区

邮编
410299

版次
2018 年 1 月第 1 版

印次
2025 年 4 月第 13 次印刷

开本
880mm×1230mm　1/32

印张
14.25

字数
296 千字

书号
ISBN 978-7-5357-9436-9

定价
69.00 元